曾维忠

四川农业大学教授、博士生导师，四川省学术和技术带头人、西南减贫与发展研究中心主任；主要研究方向为区域经济与绿色发展。主持完成国家社科基金、教育部人文社会科学基金等省部级以上科研项目 20 余项，发表学术论文 80 余篇；获四川省科技进步和社会科学优秀成果奖一等奖 2 项、二等奖 2 项、三等奖 4 项。

杨　帆

博士，四川大学公共管理学院、中国西部反贫困研究中心助理研究员，美国路易斯安那州立大学、德国柏林洪堡大学访问学者；主要研究方向为生态经济与贫困治理。主持或主研国家社科基金等科研项目 10 余项，在 Journal of Forest Economics、《林业科学》等期刊发表学术论文 30 余篇；获第八届钱学森城市学“城市流动人口问题”金奖提名奖。

"十三五" 国家重点图书出版规划项目

森林碳汇扶贫

理论、实证与政策

POVERTY ALLEVIATION VIA FOREST CARBON SEQUESTRATION

Theory, Evidence and Policy

曾维忠 杨帆 著

社会科学文献出版社
SOCIAL SCIENCES ACADEMIC PRESS (CHINA)

本书是国家社会科学基金项目“推进西南民族地区森林碳汇扶贫的政策研究”（15BJY093）的“优秀”结题成果

序

联合国《2030年可持续发展议程》提出的17个可持续发展目标中，有两个重要目标，分别是“在全世界消除一切形式的贫困”以及“采取紧急行动应对气候变化及其影响”。不断推动多重效益森林碳汇交易，既是世界各国建立市场化、多元化生态保护补偿机制，保护我们赖以生存的地球家园，携手适应和减缓气候变化，促进可持续发展的具体行动，也是中国构建人类命运共同体、落实增汇减排承诺、加强生态文明建设的重要组成部分，还是2018年1月国家发展改革委、国家林业局、财政部、国务院扶贫办等六部委联合颁布的《生态扶贫工作方案》中明确加大对贫困地区支持的五大方式之一。它为推进政府、企业、公众更广泛、更灵活地参与到应对气候变化与反贫困的行动中，加快推进民族地区生态补偿脱贫一批、绿水青山变成金山银山和乡村振兴战略实施开辟了新的方法和路径。如何更好地发掘和释放森林碳汇不可忽视的减贫潜力，日益得到了学术界、各国政府和国际社会的广泛关注和高度重视。

改革开放以来，特别是党的十八大以来，中国扶贫开发取得了举世瞩目的成就，脱贫攻坚战取得决定性进展，创造了人类发展历史上的奇迹，为世界其他国家和地区的反贫困实践提供了中国智慧、中国经验和中国方案。其中，积极推动森林碳汇与扶贫开发有机结合，在为全球气候变化治理做出表率、做出巨大贡献的同时，也为构建起“大扶贫”工作格局，推进在林业应对气候变化领域进行应对气候变化和反贫困双赢的创新实践，积累了经验和典型案例。然而，我们也清醒地认识到，尽管当前我国森林碳汇项目开发主要集中在边远贫困地区，西南地区主要集中在少数民族地区，但作为市场机制主导的森林碳汇项目开发，其核心目标是实现碳交易，很难自动关注和达成贫困人口受益和发展机会创造的社会扶贫核心目标。因此，深入开展森林碳汇扶贫理论与实证研究，特别是着力探讨如何促使森林碳汇市场及其项目开发更有利于贫困人口受益和发展机会创造的相关研究就显得极为紧迫和重要。

非常高兴看到由曾维忠教授主持的国家社会科学基金项目研究完成及在此基础上撰写的专著《森林碳汇扶贫：理论、实证与政策》一书出版。本书立足实现应对气候变化与扶贫双赢的战略高度，在从理论上阐明了森林碳汇扶贫的基本内涵和本质特征，剖析了森林碳汇项目开发对区域和个体减贫的作用机制，厘清了森林碳汇扶贫利益相关者及其基本利益诉求，诠释了森林碳汇扶贫系统的构成要素，揭示了森林碳汇项目开发与扶贫相结合的动力机制，搭建了森林碳汇扶贫的理论分析框架，深入分析了西南民族地区森林碳汇扶贫现状、经验与挑战的基础上，选取在西南少数民族地区既已陆续实施，并完成前期造林或再造林的森林碳汇项目为研究对象，实证研究了森林碳汇项目社区农户持续参与意愿、行为选择与参与障碍、精英带动与精英俘获、民族传统习俗与森林碳汇商业文化适应性、农户扶贫效应感知及其关键影响因素，创建了森林碳汇扶贫绩效评价指标体系，定量测评和验证了典型项目开发的阶段性综合扶贫绩效，提出了以关注贫困地区贫困人口受益和发展机会创造为核心理念的森林碳汇扶贫发展思路、政策框架及政策建议。

总体来看，全书体系完整、结构清晰、观点鲜明、逻辑严谨、论证有力、资料翔实、结论科学，将规范研究与实证研究、定性研究与定量研究相结合，提出了具有科学性、前瞻性、针对性和可操作性的政策建议，对于充分发挥森林碳汇应对气候变化和扶贫双重功能有着特殊、重大的现实意义，是一部理论研究与实践前沿紧密结合的力作，主要特色体现在以下三个方面。

第一，学术的前瞻性。尽管国内外学者在对森林碳汇越发深入的研究中，已日益紧密地将森林碳汇与反贫困直接联系起来并取得了丰硕成果，但专注于扶贫视角下的森林碳汇研究仍相对匮乏，森林碳汇扶贫研究仍是一个相对边缘化的新议题。该研究重点关注如何更好地发挥森林碳汇的减贫潜力，促使森林碳汇项目开发向更有利于贫困人口受益和发展机会创造转型。这既是贫困研究领域的核心问题，亦是森林碳汇研究、生态补偿研究等相关领域研究的重要组成部分，具有明显的前瞻性、探索性和学科交叉性。

第二，研究视角新颖，拓展了森林碳汇扶贫研究的理论基础。将森林碳汇扶贫视为贫困研究和生态补偿研究的一个交叉点，率先提出了贫困人口受益和发展机会创造、森林碳增汇与扶贫的权衡关系这两大深入开展森林碳汇扶贫研究的基本科学问题，较为系统地阐明了森林碳汇扶贫的基本内涵和本质特征，搭建了森林碳汇扶贫研究的分析框架，弥补了森林碳汇扶贫理论研究明显滞后于实践发展的不足，对深化森林碳汇扶贫研究具有一定的开拓之功。

第三，研究内容富有创新性，研究方法有突破。强调不能片面将森林碳汇项目等同于一般的产业扶贫项目，突出充分尊重包括贫困人口在内的农户主观意愿和价值判断，率先围绕应对气候变化与减贫双赢目标，紧扣森林碳汇扶贫的本质特征，对森林碳汇扶贫实践亟待解决的一系列关键问题进行深入、系统的研究并有所突破，在一定程度上弥补了论述性探讨居多、实证研究较少，定性阐述为主、定量分析缺乏等研究不足之处，为西南民族地区乃至中国推进应对气候变化与反贫困双赢的实践提供了创新思路和科学证据。如积极关注西南少数民族聚居区经济社会、文化传统的特殊性，开发设计了农户对传统文化和以森林碳汇项目为载体的现代商业文化认同测量量表，识别了农户适应策略及其主要影响因素。针对森林碳汇项目扶贫效应典型的多样性、空间异质性、时间动态性与滞后性等特征，首次构建了森林碳汇扶贫绩效评价指标体系，为森林碳汇项目扶贫绩效评估提供了一种相对客观、便捷的动态评价方法。率先将情景风险引入农户扶贫效应感知价值理论模型中并得到验证，建模揭示了农户对森林碳汇项目开发扶贫效应感知价值与其支持项目后期运营意愿的关系。

森林碳汇扶贫研究作为气候变化全球治理、绿色减贫、生态扶贫研究的重要组成部分，是当前学术研究与实践前沿的重大课题。国际应对气候合作谈判、新时代中国碳排放交易市场建设与森林碳汇实践的深入，以及依托不同类型森林碳汇项目、瞄准相对贫困人口的森林碳汇扶贫的推进等，都需要越来越多的专家学者、政策制定者和实践者积极持续关注、参与和推动，不断深化研究和扩大成果分享，为推动全球应对气候变化严峻挑战、落实《2030年可持续发展议程》、促进森林碳汇更多更好地惠及欠发达地区的贫困人口、构建人类命运共同体做出积极贡献。

黄承伟

2019年10月于北京

前　言

森林碳汇源于国际的市场化生态补偿，其典型特征是通过经济激励，实现应对气候变化和减贫的共赢。随着《京都议定书》、“巴厘路线图”、《哥本哈根协议》和《巴黎协定》等一系列国际应对气候变化协议的起草或签订，国际森林碳汇交易市场及其产业发展初具规模，尤其是国内碳汇造林再造林项目纷纷在贫困地区试点展开，鼓励减贫的自愿减排“熊猫标准”（PS）出台以及中国统一碳交易市场启动，森林碳汇日益成为我国落实增汇减排承诺、解决惠农扶贫问题和建立市场化生态保护补偿机制等行动共同的着力点和现实路径。然而，一个不容忽视的事实是，尽管当前森林碳汇项目开展主要集中在边远贫困地区，但作为由市场机制主导的森林碳汇项目，其核心目标与关键是实现碳交易，很难自动关注和达成贫困人口受益和发展机会创造的社会扶贫核心目标。在世界各国日益对气候变化和反贫困这两个全球性问题给予高度重视，国内大力实施精准扶贫精准脱贫、乡村振兴战略和推进生态文明建设等宏观背景下，如何发挥政策的支持和干预作用，制定科学、可行的引导性、激励性、保障性和规范性政策，规制市场运行，弥补市场失灵，从而促进在森林碳汇项目的规划设计、认证注册、组织建设、监测评估等环节中突出扶贫的内容和行动，提升目标人口瞄准、减贫路径、益贫效果以及监测的精准性，确保目标减贫农户能够真正从项目开发中受益，防止出现贫困地区自然资源外部化和去贫困农户化的现象就显得极为重要。

西南民族地区是我国森林碳汇发展优先布局区和项目主要试点区，

也是少数民族和贫困人口的集中分布区，其中绝大部分为我国集中连片特困地区和主体功能区分类中的限制开发区或禁止开发区，但其宜林地等资源丰富，气候、土壤等立地条件适宜林木生长，具备开发森林碳汇项目得天独厚的优势和巨大的碳汇扶贫潜力。从发挥政府宏观调控作用的视角专题研究推进西南民族地区森林碳汇扶贫的政策，对更好地发挥西南民族地区开发森林碳汇项目得天独厚的优势和巨大的碳汇扶贫潜力，推进绿水青山“变现”金山银山，实现新形势下生态文明、政治稳定、民族团结、社会和谐等都具有特殊、重要的现实意义与实践价值。

立足实现应对气候变化与扶贫双赢的战略高度，围绕本研究的主要目标与亟待解决的基本科学问题，本着“理论—实践—理论”的基本原则，遵循“理论研究—实证分析—路径探讨—政策建议”和“宏观分析—个案解析—微观考察”的总体思路，在借鉴国内外已有相关研究成果，从理论上阐明了森林碳汇扶贫的基本内涵和本质特征，剖析了森林碳汇项目开发对区域和个体减贫的影响机制，厘清了森林碳汇扶贫利益相关者及其基本利益诉求，诠释了森林碳汇扶贫系统的构成要素，揭示了森林碳汇项目开发与扶贫相结合的动力机制，搭建了森林碳汇扶贫理论分析框架，深入分析了西南民族地区森林碳汇扶贫现状与挑战的基础上，本书选取在我国西南少数民族地区既已陆续实施，并完成前期造林或再造林的森林碳汇项目为研究对象，综合运用经济学、管理学、民族学、生态学、社会学等相关理论和 Logistic、有序 Probit、AHP、SEM 模型等多种计量方法，从项目实施区域及其社区农户微观尺度，实证研究了在西南民族贫困地区实施的森林碳汇项目中的社区农户持续参与意愿、行为选择与参与障碍、精英带动与精英俘获、民族传统习俗与森林碳汇商业文化适应性、农户扶贫效应感知及其关键影响因素，创建了森林碳汇扶贫绩效评价指标体系，定量测评和验证了典型项目开发的阶段性综合扶贫绩效，提出了以关注贫困地区贫困人口受益和发展机会创造为核心理念的森林碳汇扶贫发展思路、政策框架及政策建议。主要研究结论如下。

第一，森林碳汇扶贫是以贫困人口受益和发展机会创造为宗旨的森林碳汇产业发展方式。森林碳汇扶贫是中国在参与和引领世界应对气候变化行动中催生的一种新兴开发式、参与式、造血式扶贫形式，具有扶贫客体明确性、主体多元性、效应多维性以及鲜明的政策性等典型特征，形成的内生动力包括减排义务驱使、经济利益牵动和企业公共形象提升，外生动力包括减排标准约束、政府政策推动和社会需求拉动。其作为一项系统工程，仅仅依靠应对气候变化及森林碳汇产业政策自身的引导是远远不够的，必须通过政府的适度干预，尤其是与各种产业扶贫、生态建设等政策相互融合，诱导和促进森林碳汇扶贫主体协同、扶贫资源整合、扶贫方式集成，才能为达成贫困人口受益和发展机会创造的扶贫目标注入新动力与新活力。应坚持“政府引导、企业主导、农户参与、第三方评估”的基本原则，不断建立和完善以贫困农户获益为核心的益贫机制，在推进森林碳汇市场繁荣、产业可持续发展及项目可持续经营的进程中，以政府政策推动下的市场化路径，达成贫困人口受益和发展机会创造的扶贫目标。

第二，制定和推广鼓励减贫的中国森林碳汇自愿减排规则是森林碳汇扶贫转型发展的基础。调查发现，与森林碳汇项目试点相伴而行的森林碳汇扶贫获得了长足的发展，但简单地将在贫困地区实施森林碳汇项目等同于森林碳汇扶贫、片面地将森林碳汇项目等同于一般产业扶贫项目的认识仍普遍存在。从整体上看，把贫困人口受益和发展机会创造扶贫目标纳入森林碳汇项目规划设计、认证注册、组织建设、监测评估等各个环节的格局尚未形成，局部以“扶真贫、真扶贫”为导向的森林碳汇扶贫实践尚处于政府主导下的探索性试验阶段，政策出台更多的是地方政府为契合当前精准扶贫精准脱贫紧迫要求、破解森林碳汇开发实践难题而进行的强制性制度变迁，制度安排具有典型的短期性、突击性、碎片化特征，实践的延续性、可持续性不强。推动森林碳汇扶贫可持续发展的宏观管理制度供给不足，具有决定性作用、凸显扶贫功能的森林碳汇标准和方法学等规范性制度，以及与之关系重大的碳汇权抵押或贴息贷款、碳汇林保险、碳汇林间伐采伐等特惠性政策亟待建立，与产业扶贫、生态建设相关的财税、金融、投资、森林生态补偿、技术援助等普惠性政策亟待整合，如何因地制宜地制定和推广凸显“扶真贫、真扶贫”的中国森林碳汇自愿减排规则，不断强化森林碳汇扶贫配套政策供给侧改革，是推动森林碳汇扶贫由聚焦贫困地区的“单轮驱动”型向既有区域整体，又更加锚定贫困人口的“双轮驱动”型变革与转型的基础。

第三，强化扶贫功能应成为中国森林碳汇制度变迁的一个重要选择。实证结果表明，在西南民族贫困地区实施的大规模碳汇造林再造林项目开发已经产生了多重客观扶贫效应，随着时间的推移，扶贫绩效呈上升趋势，但即便是同一森林碳汇项目在不同实施区域的扶贫绩效也存在显著差异。72.56%的样本农户认为森林碳汇扶贫开发利大于弊，利大于弊的森林碳汇项目开发扶贫效应感知价值对农户支持项目后期可持续运营的意愿具有显著正向作用，影响路径系数为0.61。这表明强化森林碳汇扶贫功能既是提升森林碳汇市场吸引力、提升森林碳汇项目市场份额、降低森林碳汇产业发展不确定性的客观要求，又是降低项目交易成本和实践风险，赢得项目社区农户广泛合作、长期支持，实现森林碳汇项目可持续经营的重要保障。因此，强化扶贫功能应成为中国森林碳汇制度变迁的一个重要选择，不断提高包括贫困人口在内的农户参与项目开发的获得感，是推进应对气候变化和减贫双赢的关键。

第四，切实提高贫困人口参与度和获得感是推进森林碳汇项目可持续运营的重要路径。研究结果显示，包括贫困人口在内的社区农户持续参与森林碳汇项目开发的意愿不强，46.35%的样本农户持中立态度、24.69%的样本农户不愿意继续参与项目运营，其中，年龄、参与土地面积、家庭收入水平、兼业化程度、项目组织模式、前期收益满意度、后期收益预期、政府扶持力度、林业信息获取难易、道路交通状况等因素对农户持续参与意愿具有显著影响。这表明在林地相对细碎化的西南民族贫困地区实施大规模碳汇造林再造林项目，密切关注收入水平低，参与林地面积小，更加依赖传统农业生计的贫困家庭的参与机会、参与程度和参与风险，扶助其公平合理地获得参与收益，有利于降低农户退出项目开发的风险、巩固前期造林成果，对实现项目长期可持续运营及其固碳量的建设目标至关重要。

第五，尽管森林碳汇项目扶贫开发存在精英俘获现象，但社区精英参与森林碳汇项目的组织意愿依然不强。研究结果显示，现阶段的森林碳汇项目开发过程中存在精英俘获现象，精英俘获程度总体为0.2544，其中，体制精英俘获程度为0.0954、经济精英俘获程度为0.2010、传统精英俘获程度为0.0919，经济精英俘获程度占比最大。与此同时，仅有五成以上（55.3%）的社区精英愿意动员组织、示范带动农户参与森林碳汇项目扶贫开发，其中，年龄、是否从事（过）林业相关工作、家庭收入主要来源、对森林碳汇项目的收益认知、对项目建设的难易认知、与村民的关系、对森林碳汇政策的认知、精英类别等因素显著影响农村精英的组织意愿。这表明推进森林碳汇扶贫实践，不仅取决于体制内精英的担当作为，而且与社区德高望重的老者、文化程度较高的农户、宗族头人等体制外精英作用发挥程度密切相关。森林碳汇扶贫开发既不能把社区经济精英的个人合理、合情、合规利益排除在外，也应注意积极避免和防范其精英俘获。

第六，发挥非正式制度和村民自治的作用是推动西南民族地区森林碳汇扶贫的重要策略。实证结果表明，四川凉山彝族聚居区农户对传统文化认同显著高于以森林碳汇项目为载体的现代商业文化认同，样本农户平均的传统文化认同得分为4.05，平均的商业文化认同得分为3.48。整合和分离是农户对待传统文化和商业文化采取的两种主要适应策略，其中，女性、中年人、受教育程度越高、参与项目土地面积越大的农户，文化适应程度越高。这表明在边远贫困地区，尤其是少数民族贫困地区实施市场机制主导下的森林碳汇项目，仅仅依靠合同规范、经济激励和行政手段等是不明智的，应充分关注项目社区本土文化、传统习俗，尤其是传统农耕文化中朴素的生态理念、生态意识，发挥非正式制度和村民自治的作用，不断强化正式制度与非正式制度的有效融合。

第七，充分发挥社区功能是森林碳汇扶贫的重要保障。样本分析结果表明，伴随项目实施的推进，项目社区的总体功能水平处于增长状态，且2016年的总体目标功能水平明显高于2013年，表明在碳汇项目的实施过程中，社区在发挥项目推进功能的同时，其社会、经济以及环境水平亦得到了相应的提升。从2013年到2016年，各个社区的组织宣传功能、收益分配功能、项目维护功能的值有所波动，但总体呈上升趋势，尤其是收益分配功能和项目维护功能的提升非常明显。这说明随着森林碳汇项目的推进，社区功能将由组织宣传功能逐渐向项目维护功能转变，社区对项目的组织、实施、后期维护和收益分配等均产生直接或间接的影响，是推动项目可持续运营与减贫双赢不可或缺的单元。

第八，建立完善项目运行的长效稳定机制，防范潜在的自然与市场风险，是保障项目给地区经济发展和扶贫带来涓滴效应的长期驱动力。研究结果显示，森林碳汇项目的实施对区域经济发展具有显著的推动作用，但囿于项目周期较长，这种推动作用在短期内不能立竿见影，具有明显的滞后效应，项目实施的时间越长，对当地经济发展的促进作用越大；项目主要通过优化产业结构、提高居民储蓄水平、提升地区政府财政收支水平等促进当地经济发展。因此，继续拓展森林碳汇项目的覆盖区域，加大专项投资力度，引导项目向生态脆弱的深度贫困地区倾斜，提升当地的经济发展能力，实现区域发展、生态保护与精准扶贫的有机统一；对项目的成效评估不能仅局限在项目开展后的短期阶段，而应更加注重项目的长期效应；适度引导项目参与农户对项目长期效益的关注，进一步增强其参与意愿；加快改善地区融资环境，充分发挥森林碳汇对地区经济可持续发展的促进作用和扶贫的涓滴效应。

第九，降低情景风险是推进西南民族地区森林碳汇扶贫开发的重要抓手。研究结果显示，农户感知利益和感知风险直接影响其森林碳汇扶贫效应感知价值。其中，农户感知经济、社会和生态利益对其森林碳汇扶贫效应感知价值均具有显著正向影响，影响路径系数分别为0.36、

0.35、0.22，影响程度依次为感知经济利益 > 感知社会利益 > 感知生态利益；农户感知经济、心理和情景风险对其森林碳汇扶贫效应感知价值均具有显著负向影响，影响路径系数分别为 -0.28、-0.25、 -0.16，影响程度依次为感知情景风险 > 感知心理风险 > 感知经济风险。由此可见，保障项目社区农户经济利益最大化，积极降低包括森林碳汇项目开发在内的林业生态建设所带来的衍生负面影响，是提高农户参与项目开发获得感，推动应对气候变化和减贫双赢的重要策略。

囿于自身知识结构、研究能力，加之西南民族地区农户居住分散、语言沟通障碍、交通不便、调研成本高等多种无法克服的困难，难以获得各项目实施区域大样本或时序数据，研究中存在以某一时间点或局部区域状况来反映整体状况、以当前建档立卡贫困户代替全体贫困人口等问题，研究结果与西南民族地区森林碳汇扶贫的整体状况难免存有差异，研究结论尚需实践检验。森林碳汇产业与制度创新始终是森林碳汇扶贫的两大基石。由于国际应对气候变化挑战的制度安排仍在不断变化，相关国家或地区陆续建立的国内范围或地区性碳排放权交易体系和低碳政策差异显著，中国碳交易市场建设及其碳汇造林再造林实践尚处于发展阶段，减少毁林和森林退化所致排放（REDD）、伐木制品等新兴议题日益受到广泛的关注。对于如何追踪国际气候谈判成果与制度变迁最新进展，如何衔接后小康时代的相对贫困问题，如何面向乡村振兴战略实施，在探讨不同森林碳汇机制下的森林碳汇扶贫路径选择与制度创新中涉及较少，仍需多学科、跨领域的专家学者、政策制定者和实践者的广泛参与，不断深化研究和分享成果，为中国乃至世界实现应对气候变化和减贫双赢做出积极贡献。

目　录

第一章　绪论

第一节　选题背景与研究意义

森林是陆地生态系统中最大的碳库，在吸收二氧化碳、降低大气中的温室气体浓度、减缓全球气候变暖等方面具有十分重要且独特的作用。开展碳汇造林再造林、森林可持续经营或减少毁林已成为国际社会公认、积极倡导的适应和减缓气候变化的重要应对策略，也是《中国应对气候变化国家方案》[①] 的重要内容。随着后京都时代的来临，尤其是随着基于京都或非京都市场的碳汇造林再造林项目在贫困地区纷纷试点开展，有关森林碳汇与反贫困的内在联系，日益成为新时期国内外森林碳汇研究和实践关注的新兴议题。

一　选题背景

（一）森林碳汇是世界应对气候变化和反贫困共赢的重要内容

应对气候变化和反贫困是当今世界共同的重要历史使命，不仅关系着人类的生存与发展，而且关系着世界的稳定、和谐与繁荣。清洁发展机制（Clean Development Mechanism，CDM）作为《京都议定书》（Kyoto Protocol，1997 年）确立的三种灵活减排机制之一，其中国际社会达成的有关森林碳汇的核心理念是要求发达国家通过在发展中国家投资减排或

---

① 详见中国政府网，http：//www.gov.cn/gongbao/content/2007/content_678918.htm，2017 年 6 月 3 日。

固碳项目履行减限排承诺的同时，能够为项目实施东道国提供额外的资金和先进技术，积极帮助发展中国家缓解贫困。近年来，随着后京都时代的来临以及“巴厘路线图”（Bali Roadmap，2007 年）、《哥本哈根协议》（Copenhagen Accord，2009 年）、《巴黎协定》（The Paris Agreement，2016 年）等一系列国际应对气候变化文件的起草或签订，与其他减排方式相比，具有更经济、更高效的优点的森林碳汇逐渐成为二氧化碳减排的重要替代方式。伴随碳汇计量技术和市场交易规则的日趋完善，国际森林碳汇交易市场及其产业快速发展，森林碳汇在适应、减缓气候变化和反贫困方面所发挥的不可替代的作用得到了国际社会的广泛认可和高度重视，日益成为人类实现应对气候变化和反贫困共赢的重要内容。

（二）森林碳汇是中国落实增汇减排承诺和惠农扶贫的重要举措

根据《京都议定书》和《联合国气候变化框架公约》（United Nations Framework Conventionon Climate Change，UNFCCC 或 FCCC）确定的“共同但有区别的责任”原则，尽管中国目前暂不承担强制减排温室气体的义务，但作为一个负责任的发展中大国和温室气体排放量大国，中国政府一直致力于降低二氧化碳等温室气体排放、减缓全球气候变暖，特别对林业在应对气候变化中的战略地位和独特作用给予了高度关注，对发展森林碳汇、开展碳汇造林再造林及其相关工作给予了充分重视和积极支持。在中央政府及各部委颁布和实施的《中国应对气候变化国家方案》《“十二五”控制温室气体排放工作方案》[①]《林业应对气候变化“十三五”行动要点》[②]《林业适应气候变化行动方案（2016—2020 年）》[③]《关于推进林业碳汇交易工作的指导意见》[④]《建立市场化、

① 详见中国政府网，http：//www. gov. cn/zwgk/2012 - 01/13/content_ 2043645. htm，2012 年 1 月 13 日。

② 详见中国林业网，http：//www. forestry. gov. cn/portal/hljb/s/4994/content - 882674. html，2016 年 6 月 23 日。

③ 详见中国林业网，http：//www. forestry. gov. cn/main/72/content - 890960. html，2016 年 7 月 22 日。

④ 详见中国林业网，http：//www. zglyth. com/html/7255/7255. html，2014 年 5 月 7 日。

多元化生态保护补偿机制行动计划》[①] 等一系列文件和政策支持下，国内森林碳汇交易市场及其产业发展初具规模，基于“京都规则”和“非京都规则”的森林碳汇项目与日俱增。尤其是伴随着立足国内市场的中国核证自愿减排标准（CCER）以及鼓励减贫的“熊猫标准”（PS）的实施，2017 年在全国七个碳排放交易试点的基础上，正式启动的中国碳排放交易市场将超过欧盟碳市场[②]，迅速达到史无前例的交易规模，森林碳汇日益成为我国积极参与应对气候变化国际合作、履行增汇减排承诺、解决惠农扶贫问题等的重要组成部分。在此基础上，2018 年 1 月，国家发展改革委、国家林业局、财政部、水利部、农业部和国务院扶贫办等六部委联合印发了《生态扶贫工作方案》[③]，明确要求结合全国碳排放权交易市场建设，积极推动清洁发展机制和温室气体自愿减排交易机制改革，研究支持林业碳汇项目获取碳减排补偿，加大对贫困地区的支持力度，将森林碳汇扶贫提升到前所未有的高度。

（三）森林碳汇是西南民族地区推进生态文明建设和绿色减贫的重要机遇

西南民族地区生态区位极其重要，宜林地等资源非常丰富，气候和土壤等立地条件均极为适宜树木生长，是世界重要的天然碳库，具备开发森林碳汇项目得天独厚的优势，是中国“应对气候变化林业行动计划”重点实施区域，也是国家森林碳汇发展优先布局区和项目主要试点区。其试点工作起步早，并已走在全国前列，如截至 2017 年，我国在联合国清洁发展机制执行理事会（Executive Board，EB）注册清洁发展机制森林碳汇项目 5 个，西南地区就占了 2 个。

---

① 详见国家发展和改革委员会网站，http：//www. ndrc. gov. cn/zcfb/zcfbtz/201901/t20190111_ 925436. html，2018 年 12 月 28 日。

② 资料参见网易新闻网，http：//news. 163. com/17/1219/22/D62792E800018AOQ. html，2017 年 12 月 19 日。

③ 详见中国政府网，http：//www. gov. cn/xinwen/2018 －01/24/content_ 5260157. htm，2018 年 1 月 24 日。

以诺华川西南林业碳汇、社区和生物多样性项目，中国四川西北部退化土地的造林再造林项目，云南腾冲小规模再造林景观恢复项目，“熊猫标准”下的云南西双版纳竹林造林项目，华特迪士尼川西南大熊猫栖息地恢复森林碳汇项目，中国绿色碳汇基金会公益项目等为代表的森林碳汇项目主要实施区，主要集中在四川、云南和贵州等省的边远贫困山区。这些项目实施区往往既是少数民族和贫困人口的集中分布区，绝大部分也是我国集中连片特困地区和主体功能区分类中的限制开发区或禁止开发区。森林碳汇项目的实施不仅为这些边远贫困地区带来了经济收入、就业机会和新技术，而且为率先在民族地区实行资源有偿使用制度和生态补偿制度，尤其是加快西南民族地区绿色减贫发展、将绿水青山“变现”金山银山和同步全面建成小康社会提供了新契机、新途径与新手段。

综上所述，在世界各国对应对气候变化和反贫困这两个全球性问题给予了高度重视，中国大力实施精准扶贫精准脱贫、乡村振兴战略和推进生态文明建设等宏观背景下，本书选取在西南民族地区陆续试点实施，并已进入前期造林或再造林的具有代表性的“京都规则”或“非京都规则”的森林碳汇项目进行实证研究，研究结论具有说服力，提出的政策建议对我国乃至世界探索契合区域经济、社会、文化特点的森林碳汇扶贫战略、实践模式及其可持续发展路径，实现应对气候变化与反贫困双赢都具有重要的理论借鉴和实践启示价值。

二 研究意义

（一）现实意义

尽管当前我国森林碳汇项目开展主要集中在边远贫困地区，西南地区主要集中在少数民族地区，然而，一个不容忽视的问题是，作为市场机制主导的森林碳汇项目，其核心目标与关键是实现碳交易，很难自动关注和达成贫困人口受益和发展机会创造的社会扶贫核心目标。因此，如何发挥政策的支持和干预作用，制定相应的引导性、激励性、保障性和规范性政策，规制市场运行，从而促进在项目的规划设计、认证注册、组织建设、监测评估等环节中突出扶贫的内容和行动，提升目标人口瞄准、减贫路径、益贫效果以及监测的精准性，确保目标减贫农户能够真正从项目开发中受益，防止出现贫困地区自然资源外部化和去贫困农户化的现象就显得极为重要。本研究成果对更好地发挥西南民族地区开发森林碳汇项目得天独厚的优势和巨大的碳汇扶贫潜力，推进绿水青山“变现”金山银山，实现新形势下美丽中国、政治稳定、民族团结、社会和谐等建设都具有特殊、重要的现实意义与实践价值。

（二）理论价值

减贫是包括森林碳汇项目在内的众多生态补偿项目最常见的目标。基于生态补偿项目社会公平性考虑和项目实施的客观扶贫效果，有关生态补偿与缓解贫困关系的研究成为近年来国内外生态补偿研究中普遍关注的议题，但迄今对于二者之间权衡关系以及如何更有效地发挥生态补偿的减贫潜力等研究都亟待深入。[①] 本研究将森林碳汇扶贫视为贫困研究和生态补偿研究的一个交叉点，着力探讨如何促使森林碳汇产业及其项目开发更有利于贫困人口受益和发展机会创造，这既是贫困研究领域的核心问题，也是生态补偿研究、包容性增长研究等相关领域研究的重要组成部分，从而不仅能为扶贫理论创新和生态补偿理论拓展提供新的研究视角、路径和方法，而且能将减贫工具设计、路径选择与制度安排等都向前推进一步。

综上，本研究无论从理论上，还是从森林碳汇扶贫实践上来看，都

① 王立安、钟方雷：《生态补偿与缓解贫困关系的研究进展》，《林业经济问题》2009年第3期，第201～205页；Milder, J. C., Scherr, S. J., Bracer, C., “Trends and Future Potential of Payment for Ecosystem Services to Alleviate Rural Poverty in Developing Countries,” *Ecology and Society* 15（2）（2010）：4；朱立志、谷振宾：《生态减贫：包容性发展视角下的路径选择》，2014年中国可持续发展论坛；徐建英、刘新新、冯琳等：《生态补偿权衡关系研究进展》，《生态学报》2015年第20期，第6901～6907页。

是处于前沿性并值得深入探讨的课题，有着重要的学术和实践价值，无疑是当前和未来一段时期亟须探讨和解决的重大课题之一。

第二节　研究目标与对象

一　研究目标

本研究立足实现应对气候变化与扶贫双赢的战略高度，主旨在于揭示包括社区精英、贫困人口在内的农户森林碳汇项目参与意愿、行为选择、扶贫效应感知及其关键影响因素，定量测评典型项目开发的阶段性综合扶贫绩效，为推动森林碳汇扶贫由聚焦贫困地区的“单轮驱动”型向既有区域整体，又更加强调精准到人的“双轮驱动”型变革与转型提供科学证据和政策建议。具体而言主要包括以下四方面：一是剖析森林碳汇项目开发对区域和个体减贫的影响机制，厘清利益相关者及其基本利益诉求，揭示森林碳汇项目开发与扶贫相结合的动力机制，阐明森林碳汇扶贫的基本内涵、基本要素和本质特征，搭建理论分析框架，为深入开展森林碳汇扶贫研究提供理论借鉴和参考；二是考察西南民族地区森林碳汇扶贫实践现状，探明农户参与意愿、参与障碍与行为选择、精英带动与精英俘获、项目扶贫综合绩效和扶贫效应农户感知；三是构建森林碳汇扶贫绩效评价指标体系，对典型项目开发的扶贫绩效进行综合评价、分析和实证检验；四是基于理论与实证研究结论，提出立足西南民族地区，强调以关注贫困人口受益和发展机会创造为核心理念的森林碳汇扶贫发展思路、政策框架，以及具有科学性、前瞻性和适用性的决策参考与政策依据。

二　研究对象

本研究以西南民族地区为选点区域，研究范围包括云南、贵州、四川和重庆四省（市），不包括西藏，并以在该区域陆续实施、已进入前期造林或再造林、具备代表性的“京都规则”和“非京都规则”的碳汇造林再造林项目为研究对象。

第三节　研究思路与内容

一　研究思路

立足于实现应对气候变化与反贫困共赢的战略高度，在国内大力实施精准扶贫精准脱贫、绿色减贫发展、乡村振兴战略和推进生态文明建设等宏观背景及其政策体系框架下，围绕本研究主要目标与亟待解决的基本科学问题，本着“理论—实践—理论”的基本原则，遵循“理论研究—实证分析—路径探讨—政策建议”和“宏观分析—个案解析—微观考察”的总体思路，注重将历史文献回顾、定性分析、微观抽样调查与数据分析、对比分析与案例研讨相结合，在强调研究的理论适应性与系统性，构建森林碳汇扶贫理论分析框架，深入分析西南民族地区森林碳汇扶贫现状的基础上，本书选取在西南民族地区陆续实施，并已进入前期造林或再造林的具有代表性的“京都规则”和“非京都规则”的森林碳汇项目为研究对象，聚焦森林碳汇扶贫的4个理论与实践前沿问题——农户参与、精英带动、益贫效应感知与综合扶贫绩效监测评估，有侧重地深入展开实证研究。最后，就深化西南民族地区森林碳汇扶贫的发展思路、政策框架、配套政策进行探索性思考。简要技术路线如图1－1所示。

二　研究内容

本书共十七章，逻辑结构分为以下四大部分。

第一部分为绪论，即第一章。主要介绍研究背景、研究意义、研究目标、研究对象、研究思路和内容、数据来源和研究方法，并对可能的创新和不足之处进行说明。

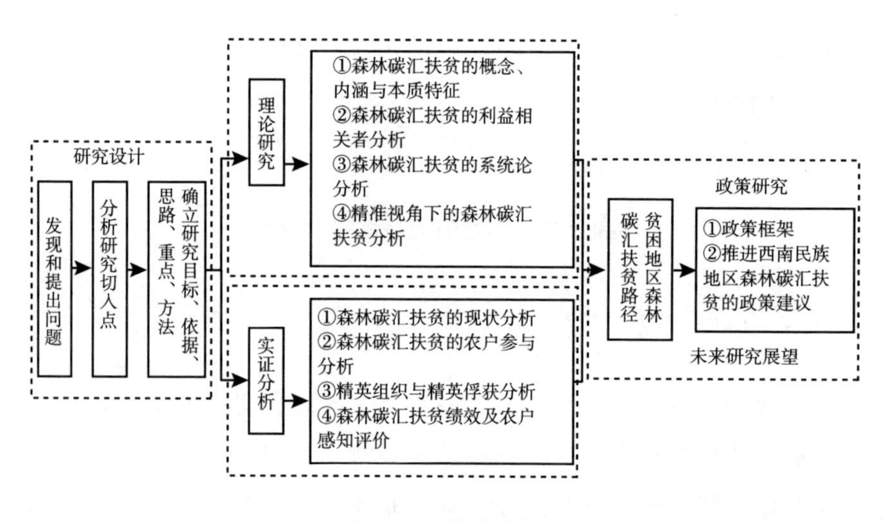

图 1－1　技术路线

第二部分为理论篇，即第二～四章。在对核心概念进行界定的基础上，通过对扶贫视域下的森林碳汇研究进展的梳理，提出深入开展森林碳汇扶贫研究的两大基本科学问题。强调扶贫理论和生态补偿理论的结合，围绕基本科学问题，从理论层面阐明森林碳汇扶贫的基本内涵和本质特征，深入分析森林碳汇项目开发与扶贫相结合的动力机制，剖析森林碳汇项目开发对区域和个体减贫的影响机制，论述森林碳汇的扶贫主体、扶贫资源和扶贫方式以及与之紧密联系的动力系统、参与系统和环境系统，尤其是在区别于“在贫困地区开发森林碳汇项目”的关键点的基础之上，搭建精准视角下的理论分析框架，提出推进森林碳汇扶贫的理论预期和实证研究主题。最后，回顾了国内外森林碳汇扶贫政策演进。

第三部分为实证篇，包含第五～十六章。围绕第二部分提出的理论与实践前沿问题，从实践层面，由宏观到微观，在深入分析西南民族地区森林碳汇扶贫的实践现状，发展面临的新机遇、新挑战，进一步揭示森林碳汇与减贫之间的关联的基础上，主要利用课题组微观调研取得的第一手调查数据资料，对西南民族地区森林碳汇扶贫农户参与、精英带动、益贫效应感知与综合扶贫绩效评价等开展实证研究，为深化森林碳汇扶贫的政策创新提供实证支撑和科学证据。

第四部分为道路篇，即第十七章。结合已有研究结论，立足西南民族贫困地区在生态类型、资源环境、民族文化、经济和人口特征等多方面的独特性，针对研究发现的问题，提出推进森林碳汇扶贫发展的政策框架、政策建议和配套政策，指出有待进一步研究的问题及未来研究方向。

第四节　数据来源与研究方法

一　数据来源

本研究所使用的数据主要来源于两个方面。一是实地调查数据。主要依托国家社会科学基金项目“推进西南民族地区森林碳汇扶贫的政策研究”，课题组先后多次深入主体在四川、云南和贵州三省民族地区的“中国四川西北部退化土地的造林再造林项目”“诺华川西南林业碳汇、社区和生物多样性项目”“云南腾冲小规模再造林景观恢复项目”“云南西双版纳竹林造林项目”“贵州省扎佐林场碳汇造林项目”5个碳汇造林再造林项目实施区的11个县（区）35个乡（镇）72个贫困村的110余个造林或再造林地块（社区）进行实地考察，对1200余名社区农户与150余名各级相关政府部门、企事业单位、非政府组织负责人和工作人员进行了问卷调查、座谈交流或深度访谈，构建了一个综合数据库，取得了第一手调查数据资料，后面各章节所使用的数据均来自此数据库。二是公开出版的《中国农村贫困监测报告》（2012～2017年）、《中国统计年鉴》（2010～2017年）等的部分数据，西南四省（市）——四川、云南、贵州、重庆及其甘孜藏族自治州、阿坝藏族羌族自治州、保山市腾冲县（2015年改县为市）、西双版纳傣族自治州等相关市州部分统计数据和相关《政府工作报告》、研究报告、报刊及互联网数据，以及诺华川西南林业碳汇、社区和生物多样性项目等代表性碳汇造林再造林项目规划报告、年度工作总结（2010～2018年）。

二　研究方法

本书以经济学、管理学、民族学、生态学、社会学等多学科理论分析为根基，以实证研究为重点，注重理论分析与实证研究相结合、区域宏观与农户微观相结合、定性分析与定量分析相结合、理论研究与实际应用相结合。具体而言，本书主要采用以下研究方法。

一是文献研究法。通过梳理扶贫视域下的森林碳汇研究进展，得出当前国际国内研究的不足或薄弱点，提出了深入开展森林碳汇扶贫研究的两大基本科学问题，进而为制定本书研究思路、技术路线、研究内容提供了认识基础；侧重运用利益相关者理论、系统论、精准扶贫理论，在定性分析项目利益相关者的类型及其基本利益诉求，森林碳汇扶贫系统的构成要素及其运行机制，精准视角下的森林碳汇扶贫理论导向及其实践逻辑的基础之上，搭建了理论分析框架，为整个研究提供了理论基础和理论预期。

二是田野调查法。为使研究结果更为接近实际，课题组采用德尔菲、小组讨论和李克特量表法相结合的方法设计调查问卷，并在预调查和多次修订基础之上，深入四川、云南和贵州三省调研，既包括对行业相关政府部门、企事业单位、非政府组织负责人和工作人员的座谈交流、焦点式访谈、问卷调查，也包括采取典型抽样与分层抽样相结合的方法，对项目社区农户进行的入户问卷调查与半结构式访谈。

三是统计分析法。在强调理论分析和描述性统计分析的同时，运用SPSS、AMOS等软件，采用Logistic、有序Probit、AHP、SEM模型等多种计量方法，对收集到的数据进行建模、分析、处理和实证研究。具体方法将在每一章节的方法介绍部分做详细说明。

四是比较分析法。此方法贯穿于本研究的诸多部分，既包括四川、云南和贵州三省之间，也包括不同森林碳汇项目之间、同一碳汇项目在不同实施区域之间的对比分析，还包括对不同规则和运作模式下的农户参与障碍、扶贫效果进行的对比分析和讨论。

第五节　研究创新与不足

一　研究创新与特色之处

与当前国内外同类研究比较，本研究在学科交叉、视角选取、学术观点、系统性和阶段性成果应用等方面独具特色，可能的创新之处有以下三方面。

第一，研究选题具有探索性。尽管国内外在对森林碳汇越发深入的研究中，已日益紧密地将森林碳汇与反贫困直接联系起来并取得了丰硕成果，但专注于扶贫视角下的森林碳汇研究相对匮乏，森林碳汇扶贫仍是一个相对边缘化的新议题。本研究重点关注如何更好地发挥森林碳汇的减贫潜力，促使森林碳汇项目开发向更有利于贫困人口受益和发展机会创造的方向变革与转型。这既是贫困研究领域的核心问题，亦是森林碳汇研究、生态补偿研究等相关领域研究的重要组成部分，选题具有明显的前瞻性、探索性。

第二，研究视角新颖，拓展了森林碳汇扶贫研究的理论基础。强调不能简单地将在贫困地区实施森林碳汇项目等同于森林碳汇扶贫，突出扶贫理论和生态补偿理论的结合，将森林碳汇扶贫视为贫困研究和生态补偿研究的一个交叉点，率先提出了贫困人口受益和发展机会创造、森林碳增汇与扶贫的权衡关系，这两大深入开展森林碳汇扶贫研究的基本科学问题，较为系统地阐明了森林碳汇扶贫的基本内涵和本质特征，搭建了森林碳汇扶贫研究的分析框架，弥补了森林碳汇扶贫理论研究明显滞后于实践发展的不足，对深化森林碳汇扶贫研究具有开拓之功。

第三，研究内容富有创新性，研究方法有突破。强调不能片面地将森林碳汇项目等同于一般的产业扶贫项目，突出充分尊重包括贫困人口在内的农户主观意愿和价值判断，率先围绕应对气候变化与减贫双赢目标，紧扣森林碳汇扶贫的本质特征，对西南民族地区森林碳汇扶贫实践亟待解决的一系列关键问题进行深入、系统研究并有所突破，不仅在一定程度上突破了论述性探讨居多、实证研究较少，定性阐述为主、定量分析缺乏等研究局限，而且为西南民族地区乃至中国推进应对气候变化与反贫困双赢的实践提供了创新思路和科学证据。如积极关注西南少数民族聚居区经济社会、文化传统的特殊性，开发设计了农户对传统文化和以森林碳汇项目为载体的现代商业文化认同测量量表，识别了农户文化适应策略及其主要影响因素。针对森林碳汇项目扶贫效应典型的多样性、空间异质性、时间动态性与滞后性等特征，首次构建了森林碳汇扶贫绩效评价指标体系，为森林碳汇项目扶贫绩效评估提供了一种相对客观、便捷的动态评价方法。率先将情景风险引入农户扶贫效应感知价值理论模型中并得到验证，建模揭示了农户对森林碳汇项目开发扶贫效应感知价值与其支持项目后期运营意愿的关系。

此外，项目研究与成果应用紧密结合，阶段性成果不仅已在*Journal of Forest Economics*、*International Forestry Review*、《资源科学》、《林业科学》、《农业经济问题》以及《中国人口·资源与环境》等SSCI、CSSCI收录期刊发表学术论文20余篇，形成了政策决策咨询报告1份，而且在四川省林业和草原局、四川省科技厅、四川省扶贫和移民工作局等相关政府部门高度重视和诺华集团（中国）等的大力支持下，在全国率先启动实施了森林碳汇扶贫示范工程，既有力地推动了森林碳汇扶贫实践，也为完善本项研究成果提供了初步的实践验证，体现了本项目研究较高的学术与应用价值。

新闻链接：

四川省启动森林碳汇扶贫示范工程[①]

人民网成都5月18日电（记者 宋豪新）16日上午，四川省森

① 资料来源：人民网，http：//sc. people. com. cn/n2/2018/0518/c345509 - 31597650. html，2018年5月18日。

林碳汇产业扶贫示范工程启动暨研讨会在成都召开。本次会议由四川省林业厅主办，四川农业大学和四川省大渡河造林局承办。四川省林业厅、省科技厅、四川省扶贫和移民工作局、四川农业大学、四川省农村发展研究中心、四川省绿化基金会、四川省林学会、凉山州林业局、大自然保护协会、昭觉县、越西县、雷波县等相关人员出席会议。

作为世界应对气候变化和反贫困共赢的重要内容，森林碳汇是我国落实增汇减排承诺和生态减贫的重要举措。四川是国家首批林业碳汇项目试点省份和森林碳汇发展优先布局区，具备开发森林碳汇项目得天独厚的优势和巨大的碳汇扶贫潜力。在世界各国积极应对全球气候变暖，我国实施生态文明建设、精准扶贫和乡村振兴战略的背景下，四川抢抓我国全面启动全国碳交易市场的时代机遇，率先开展“森林碳汇扶贫示范工程”试点建设，为借力森林碳汇推进精准扶贫提供可复制、可推广的四川案例和实践经验。（责编：章华维、高红霞）

二　研究存在的不足

囿于自身知识结构、研究能力，加之西南少数民族地区农户居住分散、语言沟通障碍、交通不便、调研成本高等多种无法克服的困难，难以获得各项目实施区域大样本或时序数据，研究中存在以某一时间点或局部区域状况来反映整体状况、以当前建档立卡贫困户代替全体贫困人口等问题，研究结果与西南民族地区森林碳汇扶贫的整体状况难免存有差异，研究结论尚需实践检验；森林碳汇产业与制度创新始终是森林碳汇扶贫的两大基石。由于国际应对气候变化挑战的制度安排仍在不断变化，相关国家或地区陆续建立的国内范围或地区性碳排放权交易体系和低碳政策差异显著，中国碳交易市场建设及其碳汇造林再造林实践尚处于发展阶段，减少毁林和森林退化所致排放、伐木制品等新兴议题日益受到广泛的关注。对于如何追踪国际气候谈判成果与制度变迁最新进展，如何面向后小康时代的相对贫困问题，在探讨不同森林碳汇机制下的森林碳汇扶贫路径选择与制度创新中涉及较少，仍需多学科、跨领域的专家学者、政策制定者和实践者的广泛参与，不断深化研究和分享成果，为中国乃至世界实现应对气候变化和减贫双赢做出积极贡献。

第二章　核心概念界定与文献综述

第一节　森林碳汇扶贫的相关概念

一　森林

森林（Forest）是以木本植物为主体的生物群落，是集中的乔木与其他植物、动物、微生物和土壤之间相互依存、相互制约，并与环境相互影响，从而形成的一个生态系统的总体。它具有丰富的物种、复杂的结构、多种多样的功能，被誉为“地球之肺”。森林具有丰富的自然价值和社会价值，就自然价值而言，森林是大自然的“调度师”，它调节自然界中空气和水的循环，影响气候的变化，保护土壤不受风雨的侵蚀，减轻环境污染给人类带来的危害，是控制全球气候变暖的缓冲器；就社会价值而言，森林可以改善人类的居住环境，为人类提供生产和生活所必需的各种资源，是多种动物的栖息地，也是多类植物的生长地，是地球生物繁衍最为活跃的区域，保护着生物多样性资源，是天然的物种库和基因库。[①] 森林是陆地生态系统中最大的碳库，扩大森林覆盖面积是未来30~50年经济可行、成本较低的减缓和应对气候变化的重要措施。森林具有巨大的汇集二氧化碳的功能，这个功能被称为“碳汇”。同时，毁林以及林地退化、森林火灾和病虫害

① 李俊清、牛树奎、刘艳红：《森林生态学》（第三版），高等教育出版社，2017。

等，又将其储存的二氧化碳释放到大气中，成为“碳源”。采取措施加强森林生态系统的碳储存和碳汇功能，减少来自森林的碳排放，已经成为应对气候变化的全球共识和行动，也成为中国两次承诺自主减排的目标之一。[①]

二　森林碳汇

森林碳汇（Forest Carbon Sinks）是指森林生态系统吸收大气中的二氧化碳并将其固定在植被和土壤中，从而降低大气中二氧化碳浓度的过程，属自然科学范围。[②] 其概念起源于《联合国气候变化框架公约》缔约国签订的《京都议定书》对碳汇（Carbon Sinks）的界定，在后续的研究和实践中，逐渐增加了海洋碳汇、草地碳汇、森林碳汇等概念用以区分。林业碳汇是一个中国化的概念，在国外文献中，林业碳汇和森林碳汇是一致的，未加以区分，都以“Forest Carbon Sinks”来描述，因而其起源同森林碳汇一致。在国内研究中，为了区分可用于碳交易的那一部分森林碳汇，国内学者开始使用林业碳汇的概念，目前，关于林业碳汇较为明确的界定是，通过实施造林再造林和森林管理以及减少毁林等活动，吸收大气中的二氧化碳并结合碳汇交易的过程、活动或机制，其是森林碳汇的重要组成部分，具备自然属性和社会经济属性。由于森林碳汇比林业碳汇的范围更大，在国际气候谈判、缔结、生效过程中，对碳汇造林再造林（AR）、减少毁林和森林退化所致排放（REDD）以及改进森林管理（IFM）减少碳排放均予以认可，它受到了更为广泛的关注，因此在国内外的研究和实践中，森林碳汇与林业碳汇并无显著区别，往往更多地使用森林碳汇。[③]

① 李怒云：《中国林业应对气候变化政策与行动》，《中国社会科学报》2016 年 11 月 4 日。

② 吕植：《中国森林碳汇实践与低碳发展》，北京大学出版社，2014。

③ 资料参见碳排放交易网，http：//www.tanpaifang. com/tanhui/2014/0529/32890. html，2014 年 5 月 29 日。

三 森林碳汇项目

森林碳汇项目是通过造林再造林、森林管理和森林保护等吸收空气中的二氧化碳，减少或防止将森林中储存的二氧化碳排放到空气中以及进行森林碳信用交易过程的项目。按照项目运行的法律依据、标准和程序，一般将之分为“京都规则”的碳汇项目和潜在的“非京都规则”的碳汇项目两大类。[①] 从全球来看，CDM 只承认通过造林再造林（AR）、减少毁林和森林退化所致排放（REDD）以及改进森林管理（IFM）减少碳排放等三种方式，REDD 以及 REDD + 项目尚未被正式纳入 CDM 框架之下，实际行动进展相对缓慢。因此，森林碳汇项目更多的是指基于“京都规则”或“非京都规则”的碳汇造林再造林项目，其中《京都议定书》下的 CDM - AR 项目土地合格性[②]、地块边界、选择计入期、基线情景识别、额外性[③]、泄漏调查、核证减排量（CER）与非持久性（No-Permanence）的核查核证、注册备案等都设有严格的标准和程序。从国内实践来看，按照开发实施主体不同，碳汇造林再造林项目一般有独立开发和合作开发两种模式，包括单边项目、双边项目和多边项目等多种类型。按照注册备案、认证标准的不同，通常分为 CDM 项目（清洁发展机制标准）、VCS 项目（国际核证碳减排标准）、CCER 项目（中国核证自愿减排标准）以及 CCB（气候、社区和生物多样性标准）、PS（熊猫标

---

① 李怒云：《中国森林碳汇》，中国林业出版社，2007，第 10 ~ 13 页；李怒云、龚亚珍、章升东：《林业碳汇项目的三重功能分析》，《世界林业研究》2006 年第 3 期，第 1 ~ 5 页。

② 土地合格性是森林碳汇项目能否注册为 CDM - AR 项目的基本前提，明确规定造林再造林地块是 50 年以上或者 1989 年 12 月 31 日以来一直为无林的退化荒山荒地，即不同时满足郁闭度≥0.2，连续面积≥1 亩，成林后树高≥2 米三个条件的严格要求。

③ 额外性包括两层基本含义：一是减少的温室气体排放量或者增加的固碳量相对于任何没有项目下发生的减少或增多是额外的，即天然碳储存必须计入基线；二是减少温室气体排放量或者固碳行为是额外的，具体包括技术、资金、投资、环境和政策额外性。

准）、中国绿色碳汇基金会开发的绿色碳汇 CGCF 等其他碳汇项目四大类[①]，见图 2－1。

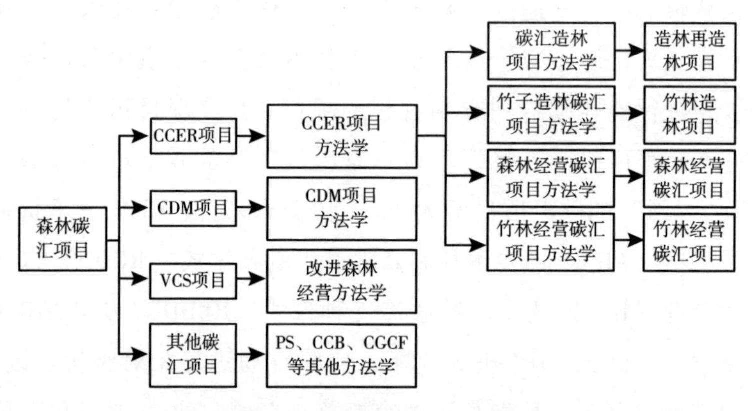

图 2－1　中国森林碳汇项目分类

就中国 CCER 项目来看，造林再造林项目和森林经营碳汇项目是重要组成部分。两者在申报程序上都参照《温室气体自愿减排交易管理暂行办法》对森林碳汇项目开发程序的规定，经国家发改委批准授权的 6 家具有审核资质的温室气体自愿减排项目审定与核证机构审定、核证后，在国家发改委备案登记温室气体自愿减排量。但两者在实际开发过程中，基于不同的项目方法学，存在显著的差异。首先，造林再造林项目和森林经营碳汇项目虽然都是以增加碳汇为主要目的的林业活动，但是森林经营碳汇项目是在已成林的林地上开展森林经营活动，而造林再造林项目是以造林为主要活动，即从主要活动上看，两者差异较大。其次，对土地合格性的规定，两者存在相反特性，森林经营碳汇项目主要以符合国家规定的乔木林地为基础，造林再造林项目对土地的要求则是在 1989 年 12 月 31 日以来的无林地上进行造林再造林，将符合国家乔木林规定的林地资源排除在项目参与之外。再次，造林再造林项目起步较早，自 2003 年开始在四川、云南、广西等地开展试点项目，森林

① 吕植：《中国森林碳汇实践与低碳发展》，北京大学出版社，2014；何宇、陈叙图、苏迪：《林业碳汇知识读本》，中国林业出版社，2016。

经营碳汇项目起步于 2005 年，大部分森林经营碳汇项目尚处于规划设计阶段，且在方法学、计量监测标准等方面对造林再造林项目具有高度依赖性（见表 2－1）。最后，从国内实践来看，截至 2017 年，在国家发改委完成备案的 CCER 项目共 99 个，其中，造林再造林项目 68 个，占 68.69%，亦是当前 CCER 项目的重要组成部分。

综上所述，鉴于造林再造林项目在实践上具有代表性，本研究所指的森林碳汇项目是基于“京都规则”或“非京都规则”的森林碳汇造林再造林项目。

表 2－1 森林经营碳汇项目与造林再造林项目对比

对比内容	造林再造林项目	森林经营碳汇项目
方法学	碳汇造林项目方法学	森林经营碳汇项目方法学
项目内容	以增加碳汇为主要目的的造林活动	以增加碳汇为主要目的的森林经营活动
土地要求	1989 年 12 月 31 日以来的无林地	符合国家规定的乔木林地
主要活动	造林活动：确定种源、育苗、整地、补植、除草等； 营林活动：抚育、间伐、施肥	森林经营：补植补造、抚育采伐、复壮、综合措施

四 贫困

贫困作为一种社会物质生活和精神生活匮乏的现象，是一个世界性、历史性、动态性和区域性概念。伴随时间、空间以及人类思想理念的转换而不断演进，其定义经历了一个从简单到复杂、从狭义到广义的动态过程，包括了与绝对贫困概念相对应的相对贫困概念的提出，与客观贫困概念相对应的主观贫困概念的发展，与收入贫困概念相对应的能力贫困概念的创立等多个历史阶段[①]，迄今还没有一个统一的定义。总

① 杨国涛、周慧洁、李芸霞：《贫困概念的内涵、演进与发展述评》，《宁夏大学学报》（人文社会科学版）2012 年第 6 期，第 139～143 页。

体而言，尽管众多学者或机构分别从不同视角阐释了贫困的内涵，但本质上都是匮乏内容的不断拓展。从区域性和个体性来看，贫困一般包括区域贫困与个体贫困两个方面，通常所指的个体贫困的内涵可以概括为三种基本类型：用于日常生活的物质匮乏的收入贫困、获取生活资料能力不足的能力贫困以及政治文化权利缺失的权利贫困。[①] 现在，一个普遍性的共识是，贫困不仅是一个单一的收入低下的问题，而且是一个包括住房、财产、资源、能力、机会不均、权利不足和抵抗风险能力低、脆弱易返贫等多维度问题。[②] 基于西南民族地区的贫困现状，本研究所讨论的贫困涵盖了上述两个方面和三种基本类型：即贫困不仅局限于部分家庭的收入和支出水平低下，还包括整个区域的结构性贫困；不仅指经济意义上的物质生活资料匮乏而导致生活水平低于社会标准的狭义贫困，还包括由区域社会经济、文化教育发展滞后等所导致的贫困人口多维贫困。

五　贫困人口

贫困人口就是指处于贫困状态的人口，通常划分为绝对贫困人口与相对贫困人口。绝对贫困人口是指个人或家庭依靠其劳动所得和其他合法收入不能维持其基本的生存需要的人口。大多数国家将生活水平达不到一种社会可以接受的最低标准，即处于贫困线以下的人口归为绝对贫困人口，不同国家、不同时期的绝对贫困线不尽相同。相对贫困人口是指个体或家庭所拥有的资源虽然可以满足其基本的生活需要，但是不足以使其达到社会的平均生活水平，往往只能维持远远低于平均生活水平的人口。[③] 一般是把社群总人口的一定比例确定为相对贫困人口，如世

① 郭熙保：《论贫困概念的内涵》，《山东社会科学》2005 年第 12 期，第 49 ~ 54 页。

② 鲜祖德、王萍萍、吴伟：《中国农村贫困标准与贫困监测》，《统计研究》2016 年第 9 期，第 3 ~ 12 页。

③ 郭熙保、罗知：《论贫困概念的演进》，《江西社会科学》2005 年第 11 期，第 38 ~ 43 页。

界银行认为，收入只有（或少于）平均收入 1/3 的社会成员便可视为相对贫困人口，有些国家把低于平均收入 40% 的人口归为相对贫困人口。本研究所指贫困人口主要是处于现行国家农村贫困标准，即家庭人均纯收入低于 2010 年不变价格 2300 元的绝对农村贫困人口，并在实证研究中采用当前国家精准扶贫精准脱贫工作识别出来的建档立卡贫困人口（户）代替。

六　社区

社区（Community）一词是 20 世纪 30 年代由费孝通先生自英文意译而来，至今尚无统一的定义。相对权威的概念由世界卫生组织（WHO）于 1974 年提出，是指某一固定的地理区域范围内的社会团体，其成员有着共同兴趣，彼此认识、互相来往，行使社会功能、创造社会规范，形成特有的价值体系和社会福利事业，每个成员均经由家庭、近邻、社区而融入更大的社区。随着现代经济社会的发展，尤其是社区规模、结构、功能的变化，这个概念一直处于演变之中，但基本内涵仍然是指生活在同一地理区域内，既有共同语言和风俗、相近价值观念和共同利益，又有相对独立的经济或者文化认同体系的社会群体，其既是社会的最简单形式，又是一种自然状态，可以按行政、自然、社会、经济、文化等因素划分成不同的社区类型。[①] 森林碳汇项目中的社区概念具有一定独特性。一些学者在关于社区与森林碳汇的研究中将参与项目的群体看作一个社区，[②] 一些学者将有权利、机会参与项目的成员组成的群体看作社区。本研究所指的社区是坐落于碳汇项目开发实施地块附近的农村自然社区，社区通过集体谈判、集体行动或者参与项目管理，获取最大利益及推动项目可持续经营，其因项目地块大小的不同，可能是一个或多个行政村相连的一定自然地理区域。核心要义是社区农户扎

① 刘视湘：《社区心理学》，开明出版社，2013。

② Pratihast, A., Herold, M., et al., "Mobile Devices for Community-Based REDD + Monitoring: A Case Study for Central Vietnam," *Sensors* 13 (1) (2012): 21-38.

根于项目开发所占用土地周边，是或直接或间接、或短期或长期、或受益或受损于森林碳汇项目开发的利益相关者群体。

七 扶贫

扶贫即扶持贫困，是为帮助贫困地区和贫困人口开发经济、发展生产、摆脱贫困的一种社会工作，旨在通过帮助贫困户或贫困地区改变穷困面貌。基本内容和特点包括三个方面。一是有近期、远期规划和明确的目标，并有为实现规划要求而制订的具体计划、步骤和措施。把治标和治本有机地结合起来，以治本为主。二是不仅仅帮助贫困户通过发展生产解决生活困难，更重要的是帮助贫困地区发展经济，融入现代化发展潮流，从根本上摆脱贫困，走勤劳致富的道路。三是把政府各有关部门和社会力量调动起来，互相配合，共同为贫困户和贫困地区开发提供有效帮助。[①] 改革开放以来，中国扶贫开发经历了以区域瞄准为重点的救济式扶贫（1978～1985年）、贫困县瞄准为重点的开发式扶贫（1986～2000年）、贫困村瞄准为重点的综合性扶贫（2001～2010年）和贫困户瞄准为重点的精准扶贫（2011年至今）等四个阶段，实现了农村扶贫治理由“天女散花”和“大水漫灌”式的粗放式扶贫向精准化扶贫的转型。[②]

八 扶贫绩效

绩效（Performance）通常解释为成绩、成效、效益，就是把业绩、工作效果和效率结合起来，往往是指组织团队或个人在一定资源环境的条件下，衡量任务完成的优越性、反馈目标实现的程度和效率。其最早应用于投资项目管理，并逐步拓展到人力资源、企业经营、政府活动等

---

① 范小建：《中国扶贫开发的回顾和展望》，《老区建设》2011年第21期，第10～12页。

② 陆汉文、黄承伟：《中国精准扶贫发展报告（2016）：精准扶贫战略与政策体系》，社会科学文献出版社，2016。

多个领域的绩效管理中。从管理学的角度看，它是组织期望的结果，是组织为实现其目标而展现在不同层面上的有效输出，包括个人绩效和组织绩效两个方面。在经济管理领域，它是指社会经济活动的结果和成效。[①] 不失一般性的理解，扶贫绩效即扶贫活动产生的业绩、效果、效应和效率。伴随扶贫研究与实践深入，有关区域扶贫、旅游扶贫、扶贫项目、扶贫资金、精准扶贫、金融扶贫等绩效评价成果日益丰硕，一般可以分为客观与主观、静态与动态、宏观与微观、定性与定量、单维度与多维度等绩效评价。本研究所关注的森林碳汇扶贫绩效，既包括侧重宏观尺度的碳汇项目客观扶贫绩效，也包括基于项目社区农户微观尺度的扶贫效应主观感知。

九　生态补偿

生态补偿（Eco-compensation）被普遍认为是以市场机制和经济激励改善生态环境、协调环境保护与经济发展的重要手段，目前尚无统一的定义。其概念起源于生态学理论，专指自然生态补偿的范畴。自20世纪90年代以来，生态补偿被引入社会经济领域，更多地被理解为一种资源环境保护的经济刺激手段。[②] 通常对生态补偿的理解有广义和狭义之分。广义的生态补偿既包括对生态系统和自然资源保护所获得效益的奖励或破坏生态系统和自然资源所造成损失的赔偿，也包括对造成环境污染者的收费。狭义的生态补偿则主要是指前者。[③] 依据补偿条块，可以分为纵向补偿和横向补偿。按照补偿路径，可以分为资金补偿、实物补偿、政策补偿和智力补偿等。根据资源配置方式，可以分为财政转移支付、政策补偿、生态补偿基金等政府主导补偿，碳汇交易、排污权交易、水权交易、环境税、生态产品服务标志等市场主导补偿；从地域

① 卓越：《公共部门绩效管理》，福建人民出版社，2004。

② 赖力、黄贤金、刘伟良：《生态补偿理论、方法研究进展》，《生态学报》2008年第6期，第2870～2877页。

③ 王金南、庄国泰：《生态补偿机制与政策设计》，中国环境科学出版社，2006。

层次的角度，可分为全球性补偿、区际补偿、地区性补偿、项目性补偿 4 个层次的补偿模式。[①] 在具体的实践上，生态补偿的核心目标与关键是实现生态系统服务的供给，典型特征是通过经济激励而实现生态系统保护和减贫的双赢，因此在世界范围内得到了广泛实施。[②] 本研究所讨论的森林碳汇是森林生态效益价值市场化补偿重要途径之一，重点关注项目补偿模式下森林碳汇生态补偿的社会经济效益，以及扶贫视域下的森林碳汇研究和实践进展、优化管理与制度安排。

第二节　国内外研究进展[③]

森林碳汇研究是全球气候变化研究的重要课题，一直是国内外众多学科研究的热点。其中，关于森林碳汇与反贫困的探讨，可追溯到 20 世纪 90 年代初期具有扶贫和减排双重目标的森林碳汇项目。清洁发展机制（CDM）作为《京都议定书》确立的三种灵活减排机制之一，其中国际森林碳汇的核心理念是要求发达国家通过在发展中国家投资减排或固碳项目履行减限排承诺的同时，能够为项目实施东道国提供额外的资金和先进技术，积极促进发展中国家可持续发展。[④] 正如一些研究者所强调的，消除贫困是可持续发展的核心内

---

① 张维康、傅新红、曾维忠：《我国流域生态补偿研究：一个经济学视角的综述》，《中南林业科技大学学报》（社会科学版）2012 年第 5 期，第 55 ~ 60 页；赖力、黄贤金、刘伟良：《生态补偿理论、方法研究进展》，《生态学报》2008 年第 6 期，第 2870 ~ 2877 页。

② 徐建英、刘新新、冯琳等：《生态补偿权衡关系研究进展》，《生态学报》2015 年第 20 期，第 6901 ~ 6907 页。

③ 本节相关内容参见曾维忠、刘胜、杨帆等《扶贫视域下的森林碳汇研究综述》，《农业经济问题》2017 年第 2 期，第 102 ~ 109 页。

④ Noble, I., Scholes, R. J., "Sinks and the Kyoto Protocol," *Climate Policy* 1 (1) (2001): 5 - 25; Montagnini, F., Nair, P. K. R., "Carbon Sequestration: An Underexploited Environmental Benefit of Agroforestry Systems," *Agroforestry Systems* 61 (1 - 3) (2004): 281 - 295; Nair, P. K. R., Kumar, B. M., Nair, V. D., "Agroforestry as a Strategy for Carbon Sequestration," *Journal of Plant Nutrition and Soil Science* 172 (1) (2009): 10 - 23.

容之一，CDM森林碳汇项目既为发达国家援助贫穷发展中国家提供了一种崭新模式，也可望在一定程度上帮助发展中国家缓解贫困。[①] 进入21世纪，在《波恩政治协议》和《马拉喀什协定》把造林再造林碳汇项目选定为“第一承诺期”唯一合格的CDM碳汇项目，并进入实质性操作阶段后，造林再造林碳汇项目的减贫功能与效用日益受到学术界的普遍重视。主流观点认为开展森林碳汇项目是一个既能帮助发达国家以较低成本实现减排任务，又能促进发展中国家可持续发展的双赢选择，有利于实现应对气候变化和反贫困的共赢。[②] 近年来，随着后京都时代的来临，森林碳汇适应与减缓气候变化以及促进可持续发展的作用更加凸显，基于“京都规则”和“非京都规则”的碳汇造林再造林项目试点与日俱增，学术界进一步将森林碳汇与贫困地区发展及农户可持续生计、贫困人口参与及利益分享等反贫困问题直接联系起来，并在国内研究和实践中提出了森林碳汇扶贫这一新概念。[③]

---

① Scurlock, J. M. O., Hall, D. O., “The Global Carbon Sink: A Grassland Perspective,” *Global Change Biology* 4 (2) (1998): 229 - 233; Lobovikov, M., Lou, Y. P., Schoene, D., et al., “The Poor Man's Carbon Sink: Bamboo in Climate Change and Poverty Alleviation,” *Non-Wood Forest Products Working Document* 8 (2009).

② 陈继红、宋维明：《中国CDM林业碳汇项目的评价指标体系》，《东北林业大学学报》2006年第1期，第87～88页；龚亚珍、李怒云：《中国林业碳汇项目的需求分析与设计思路》，《林业经济》2006年第6期，第36～38页；Perez, C., Roncoli, C., Neely, C., et al., “Can Carbon Sequestration Markets Benefit Low-income Producers in Semi-arid Africa? Potentials and Challenges,” *Agricultural Systems* 94 (1) (2007): 2 - 12; Antle, J. M., Stoorvogel, J. J., “Payments for Ecosystem Services, Poverty and Sustainability: The Case of Agricultural Soil Carbon Sequestration,” *Payment for Environmental Services in Agricultural Landscapes* (2009): 133 - 161。

③ 黄东：《森林碳汇：后京都时代减排的重要途径》，《林业经济》2008年第10期，第12～15页；马盼盼：《森林碳汇与川西少数民族贫困地区发展研究——基于凉山越西碳汇扶贫的案例分析》，硕士学位论文，四川省社会科学院，2012；丁一、马盼盼：《森林碳汇与川西少数民族地区经济发展研究——以四川省凉山彝族自治州越西县为例》，《农村经济》2013年第5期，第38～41页；刘永富：《打好扶贫攻坚战全面建成小康社会》，《光明日报》2014年10月17日，第10版。

一　森林碳汇产业发展与减贫

森林碳汇是基于市场机制下多层次（国际、区域、国家和地方）生态补偿制度创新的产物，森林碳汇市场形成及产业可持续发展，无疑是实现其扶贫功能的前提。国内外学者普遍认为，虽然世界各国应对气候变化挑战的立场和具体举措仍存分歧，2016 年签署的《巴黎协定》也并不完美，但森林碳汇具有比其他减排方式更经济、更高效的优点，已逐渐成为二氧化碳减排的主要替代方式，伴随碳汇计量技术和市场交易规则的日趋完善，其产业发展前景可期、商业机会巨大，具有不可忽视的减贫潜力。[①] Cacho 等通过对 CDM 森林碳汇与减贫关系的分析，认为应对全球气候变暖创造了碳排放额新需求，可交易的碳封存“产品”不需要运输、没有质量差异，从而为偏远地区小农开辟了新市场，为解决贫困问题带来了新契机。[②] Milder 等测算，到 2030 年，森林碳汇市场交易能帮助发展中国家 250 万 ~500 万名低收入林农减轻贫困。[③]《森林碳市场状况》（2011 ~2014 年）报告显示，近年来国际碳市场中的森林碳汇交易呈上升趋势，当前非京都森林碳汇项目市场交易量和交易额所占比重远高于京都森林碳汇项目市场。[④] 由于自愿市场带有一定的公益

① Schneider, K., Lenz, V., Klar, C., et al., “Plant Growth, Biomass Production, and Plant Water Use under Global Change Conditions,” Abstracts of EcoSummit 2007 - Ecological Complexity and Sustainability-Challenges & Opportunities for 21st Century's Ecology, 2007; Chen, C. C., Mccarl, B., Chang, C. C., et al., “Evaluation the Potential Economic Impacts of Taiwanese Biomass Energy Production,” *Biomass & Bioenergy* 35 (5) (2011): 1693 - 1701；洪玫：《森林碳汇产业化初探》，《生态经济》2011 年第 1 期，第 113 ~115 页；漆雁斌、张艳、贾阳：《我国试点森林碳汇交易运行机制研究》，《农业经济问题》2014 年第 4 期，第 73 ~79 页。

② Cacho, O. J., Marshall, G. R., Milne, M., “Transaction and Abatement Costs of Carbon-sink Projects in Developing Countries,” *Environment and Development Economics* 10 (5) (2005): 597 -614.

③ Milder, J. C., Scherr, S. J., Bracer, C., “Trends and Future Potential of Payment for Ecosystem Services to Alleviate Rural Poverty in Developing Countries,” *Ecology and Society* 15 (2) (2010): 4.

④ 资料来源于 Ecosystem Marketplace, http://www.ecosystemmarketplace.com/。

性质，其健康发展对贫困地区是一个积极信号。国内实质性启动全国碳排放权交易市场，以惠农扶贫为重要目标的自愿减排“熊猫标准”和“临安农户森林经营碳汇交易体系”[①] 等的实施，无疑为我国森林碳汇扶贫增添了信心。

二　森林碳汇项目设计与扶贫

突出扶贫内容和行动的项目设计，是发掘森林碳汇扶贫潜力的基础，也是考察其益贫绩效的重要依据。一些研究者基于项目多重目标、多重功能、多重效益的综合性以及实践可行性考虑，对项目扶贫功能设计的重要性给予了关注。其中，Smith 和 Scherr 指出，一个设计完善的森林碳汇项目既必须通过减少温室气体排放来应对气候变化，也可以通过提高农户对森林资源的支配和管理权来提高自身的生计水平。[②] MacEachern 的研究结果显示，森林碳汇项目开发商更多的是基于争取资金和买家、提高项目市场竞争力的动机，将减贫纳入项目设计中。[③] 李怒云等通过对森林碳汇项目三重功能及其作用的考察，认为要发挥项目最佳效益，多重功能就难免需要权衡取舍。如何统筹安排、综合考虑项目的多重效益，找准其平衡点和结合点，更好地促进农村扶贫、确保社区居民从中受益，是森林碳汇项目设计需要重视的问题。[④] 黄颖利等通过对森林碳汇项目开发可行性设计的分析，指出缓解贫困与促进区域经济发展是项目社会效益的集中体现，项目能否顺利实施很大程度上取决于当地社区是否合作与支持。因此，必须将发展当地经济、提高居民

---

① 资料来源于中国林业新闻网，http：//www. greentimes. com/green/econo/tanhui/thzx/content/2014 - 10/17/content_ 273904. htm，2014 年 10 月 17 日。

② Smith，J.，Scherr，S. J.，“Capturing the Value of Forest Carbon for Local Livelihoods，” *World Development* 31（12）（2003）：2143 - 2160.

③ MacEachern，N.，“Forest Carbon and Poverty Reduction：Project Motivations，Methods and the Market，” Working Document No. 22，2013.

④ 李怒云、龚亚珍、章升东：《林业碳汇项目的三重功能分析》，《世界林业研究》2006 年第 3 期，第 1 ~ 5 页。

生活水平、增加就业等纳入项目设计中。① 黄宰胜和陈钦认为，减缓气候变暖是森林碳汇项目的首要目标，从林种选择、地块落实到营林过程中的用工等都要因地制宜，既要符合碳汇项目的技术要求，又要有利于当地林农或村集体组织共同分享项目开发带来的红利。② Asquith 等通过案例分析表明，把保障当地更穷且拥有更少话语权的利益相关者的基本初始权利纳入项目设计，是合理改善农户生计、有效促进当地可持续发展的前提。③ Smith 和 Scherr 指出，CDM 森林碳汇项目设计应强化本土居民参与、扩大项目规模、优化补偿机制、注重生物多样性保护，从而在降低项目交易成本和实施风险的同时，为贫困社区带来更大收益。④

三　森林碳汇项目实施与扶贫效应

森林碳汇项目是发掘森林碳汇扶贫潜力的载体，离开了项目开发就不能开展扶贫实践。其中，有关碳汇造林再造林项目实施的扶贫效应受到了广泛关注。目前，这方面的研究主要集中在贫困地区和贫困户两个层面。其中，针对贫困地区层面的研究主要集中在区域生态、经济、社会发展能力等方面，针对贫困户层面的研究主要集中在可持续生计方面。

（一）对贫困地区的影响

从宏观尺度看，越来越多的证据显示，由于欠发达地区具备连片宜林地选择空间大、林地经营机会成本小、劳动力价格低等比较优势，这

① 黄颖利、秦会艳、黄萍：《林业碳汇项目开发可行性设计》，《资源开发与市场》2013 年第 8 期，第 806～808 页。

② 黄宰胜、陈钦：《基于碳汇视角的碳汇林业发展对策分析》，《林业经济》2015 年第 11 期，第 86～89 页。

③ Asquith, N. M., Rios, M. T. V., Smith, J., "Can Forest-protection Carbon Projects Improve Rural Livelihoods? Analysis of the Noel Kempff Mercado Climate Action Project, Bolivia," *Mitigation and Adaptation Strategies for Global Change* 7 (4) (2002): 323－337.

④ Smith, J., Scherr, S. J., "Capturing the Value of Forest Carbon for Local Livelihoods," *World Development* 31 (12) (2003): 2143－2160.

有利于降低开发成本和提高投资效益。因此，森林碳汇项目经营地域对发展中国家的欠发达地区有着高度的依托性与重叠性，国内主要集中在边远贫困地区，[①] 这不仅为当地带来了经济效益，而且对提升区域可持续发展能力产生了积极影响。许吟隆和居辉指出，森林碳汇不但为贫困地区参与应对全球气候变化挑战提供了通道，而且为贫困地区提升自身应对气候变化加剧导致的山体滑坡、泥石流、洪涝干旱等自然灾害能力，降低贫困人口因灾返贫风险带来了新契机。[②] 刘娜等认为，我国贫困自然保护区可以通过碳中和技术与碳汇机制的应用，增加财政收益，均衡居民收入，加快整村扶贫步伐。[③] Bluffstone 等的研究显示，在埃塞俄比亚实施的森林碳汇项目能在一定程度上帮助提高社区管理和协调能力，有利于当地减贫。[④] Byron 和 Arnold 的调查表明，部分项目合同明确要求，造林公司须协助当地修建公路或学校，从而在客观上改善了当地交通条件，提升了教育水平，扩大了对外开放程度，加强了与外界的市场联系。[⑤] 马盼盼通过对四川省越西县碳汇扶贫的案例分析，发现森林碳汇项目实施不仅为边远贫困地区带来了经济收入、就业机会和新技术，而且为其打破资源陷阱提供了外部资源，调动了内部资源，吸引了政策资源。运用参与式扶贫方式提升社区自我发展能力，关注贫困社区发展，发挥贫困群体的主体作用，是借力森林碳汇项目提升贫困地区自

---

① 王天津：《青藏高原东部边缘地带民族自治县乡森林碳汇建设与扶贫研究》，第七届环境与发展论坛论文集，2011；陈娟丽：《我国林业碳汇存在的障碍及法律对策》，《西北农林科技大学学报》2015 年第 5 期，第 154 ~ 160 页。

② 许吟隆、居辉：《气候变化与贫困：中国案例研究》（摘选），《世界环境》2009 年第 4 期，第 50 ~ 53 页。

③ 刘娜、孙猛、高晓冬等：《我国自然保护区低碳经济扶贫模式研究探索》，《中国集体经济》2011 年第 1 期，第 38 ~ 39 页。

④ Bluffstone, R., Mekonnen, A., Beyene, A., "Community Forests, Carbon Sequestration and REDD +: Evidence from Ethiopia," *Environment & Development Economics* 21 (2) (2016): 249 – 272.

⑤ Byron, N., Arnold, M., "What Futures for the People of the Tropical Forests?" *World Development* 27 (5) (1999): 789 – 805.

我发展能力的关键。[1] 丁一和马盼盼的实证研究结果表明，积极构建森林碳汇扶贫模式，既为贫困地区经济发展提供了路径选择，又为项目实施参与扶贫设计了参考模式。在基础设施十分落后的贫困地区，帮助当地改善基础设施比发放补偿金更能实现农户在项目中获益这一目标。[2] 刘诗宇和张雪娇对贵州省石漠化地区扶贫开发的生态路径进行了有益探索，认为森林碳汇项目的实施，不仅有助于石漠化治理，而且能在环境、经济、社会以及可持续发展等方面取得均衡效果。[3] 魏雪峰在对云南省石漠化地区扶贫开发生态路径的研究中也得出了类似结论。[4] 此外，邹新阳、张艳等、季曦和王小林的研究结果显示，碳金融与农村金融具有互动关系，碳金融创新为低碳扶贫带来了新契机，贫困地区可以借助森林碳汇项目获得碳融资，发展区域经济。[5] 蓝虹等通过对广西珠江流域再造林碳汇项目的实证研究结果显示，开展森林碳汇交易是化解我国农村金融排斥的创新模式，能够有效引导资金回流至农村偏远贫困地区，促进金融机构在支持碳汇交易的同时，改善贫困农村金融生态。[6]

与此同时，森林碳汇项目开发给项目实施区域带来的风险也受到了部分学者的重视，并且他们提出了不同意见。一些学者指出，项目开发

---

① 马盼盼：《森林碳汇与川西少数民族贫困地区发展研究——基于凉山越西碳汇扶贫的案例分析》，硕士学位论文，四川省社会科学院，2012。

② 丁一、马盼盼：《森林碳汇与川西少数民族地区经济发展研究——以四川省凉山彝族自治州越西县为例》，《农村经济》2013 年第 5 期，第 38 ~ 41 页。

③ 刘诗宇、张雪娇：《基于 CDM 林业碳汇的石漠化地区扶贫开发生态路径探讨》，《商业时代》2011 年第 23 期，第 142 ~ 143 页。

④ 魏雪峰：《基于 CDM 林业碳汇的云南省石漠化地区扶贫开发生态路径探讨》，《生物技术世界》2015 年第 4 期，第 17 页。

⑤ 邹新阳：《碳金融与农村金融的互动研究——基于碳金融的本土化与农村金融创新的理念》，《农业技术经济》2011 年第 6 期，第 70 ~ 76 页；张艳、漆雁斌、贾阳：《低碳农业与碳金融良性互动机制研究》，《农业经济问题》2011 年第 6 期，第 96 ~ 102 页；季曦、王小林：《碳金融创新与“低碳扶贫”》，《农业经济问题》2012 年第 1 期，第 79 ~ 87 页。

⑥ 蓝虹、朱迎、穆争社：《论化解农村金融排斥的创新模式——林业碳汇交易引导资金回流农村的实证分析》，《经济理论与经济管理》2013 年第 4 期，第 43 ~ 50 页。

存在由自然灾害、人为活动等多种因素导致的区域环境、经济和社会风险①，并与当地社区的本土知识、传统文化等形成了一定程度的冲突②，其在经济上的持续竞争性也受到其他扶贫惠农项目的挑战。林德荣和李智勇认为CDM造林再造林对区域环境和社会的影响存在高度不确定性，既可能给区域带来病虫危害及蔓延、土壤表层养分消耗和土壤片状侵蚀增加、地表水减少、乡土树种减少等环境风险，也可能导致当地富有特定文化的自然景观退化，社区和农户对土地、林产品失控以及与外部投资者之间的产权冲突等社会负面影响。尤其是受制于经济社会发展滞后，当地政府往往会提供低价格转让土地等优惠政策引入项目，导致贫困地区自然资源和部分利益外部化，反而不利于减贫。③ 李金航等通过对项目实施的比较分析后强调，地块选取要顾及诸多自然因素，且必须采取连片经营的形式，可能导致忽视个体贫困、加大区域内部贫富差距等问题。④

（二）对贫困户的影响

从微观层面来看，学术界在对项目实施区域农户生计影响的研究中，也在一定程度上包含了对贫困人口经济收入、可行能力、发展机会影响的探讨。

---

① 武曙红、张小全：《CDM林业碳汇项目的非持久性风险分析》，《林业科学》2007年第8期，第123~126页；相震、吴向培：《森林碳汇减排项目现状及前景分析》，《环境污染与防治》2009年第2期，第94~96页；Galik, C. S., Jackson, R. B., "Risks to Forest Carbon Offset Projects in a Changing Climate," *Forest Ecology & Management* 257 (11) (2009): 2209-2216; Chia, E. L., Somorin, O. A., Sonwa, D. J., et al., "Local Vulnerability, Forest Communities and Forest-Carbon Conservation: Case of Southern Cameroon," *International Journal of Biodiversity & Conservation* (5) (2013): 498-507。

② Walker, W., Baccini, A., Schwartzman, S., et al., "Forest Carbon in Amazonia: The Unrecognized Contribution of Indigenous Territories and Protected Natural Areas," *Carbon Management* 5 (5-6) (2014): 1-26.

③ 林德荣、李智勇：《中国CDM造林再造林碳汇项目的政策选择》，《世界林业研究》2006年第4期，第52~56页。

④ 李金航、明辉、于伟咏：《四川省林业碳汇项目实施的比较分析》，《四川农业大学学报》2015年第3期，第332~337页。

在经济收入方面，众多研究结果显示，项目实施地往往也是贫困人口聚集区，鼓励更多农户参与到森林碳汇项目中，能给他们带来一定劳务收入、放牧损失补偿等费用。[①] 与此同时，林农还可以通过林地入股、出租和流转等方式获得收入，这种由森林碳汇项目迅速发展诱致的土地资源利用与管理方式转变，可以帮助贫困的土地使用者缓解贫困。[②] 除项目造林管护、林木产品销售等后期收益外，更重要的是核证减排量（Certified Emission Reductions，CER）销售收入分配。[③] 此外，适当选用经济价值高的速生树种开展碳汇造林，可额外增加农户生计收益。[④] 其中，最具代表性的是陈冲影以广西珠江流域再造林项目为研究对象，探讨了项目实施对农户生计的影响，发现项目开发在5个方面提高了农户收入，土地集体所有制和该项目"造林实体+农户"的运作模式，保障了所有农户均可从项目中受益，认为森林碳汇项目是生态服

---

① Pagiola，S.，"Payments for Environmental Services in Costa Rica，" *Ecological Economics* 65（4）（2008）：712－724；Estrada，M.，Corbera，E.，"The Potential of Carbon Offsetting Projects in the Forestry Sector for Poverty Reduction in Developing Countries，" *Integrating Ecology and Poverty Reduction*（2012）：137－147；Hejnowicz，A. P.，Kennedy，H.，Huxham，M. R.，et al.，"Harnessing the Climate Mitigation，Conservation and Poverty Alleviation Potential of Seagrasses：Prospects for Developing Blue Carbon Initiatives and Payment for Ecosystem Service Programmes，" *Frontiers in Marine Science*（2）（2015）：32；伍格致、王怀品、周妮笛等：《湖南省森林碳汇产业发展社会效益分析》，《林业经济》2015年第11期，第90~93页。

② Richards，K. R.，Stokes，C.，"A Review of Forest Carbon Sequestration Cost Studies：A Dozen Years of Research，" *Climatic Change* 63（1－2）（2004）：1－48；Jack，B. K.，Kousky，C.，Sims，K. R. E.，"Designing Payments for Ecosystem Services：Lessons from Previous Experience with Incentive-based Mechanisms，" *Proceedings of the National Academy of Sciences* 105（28）（2008）：9465－9470.

③ Bulte，E. H.，Lipper，L.，Stringer，R.，et al.，"Payments for Ecosystem Services and Poverty Reduction：Concepts，Issues，and Empirical Perspectives，" *Environment and Development Economics* 13（3）（2008）：245－254；陆霁、张颖、李怒云：《林业碳汇交易可借鉴的国际经验》，《中国人口·资源与环境》2013年第12期，第22~27页。

④ Cacho，O. J.，Marshall，G. R.，Milne，M.，"Transaction and Abatement Costs of Carbon-sink Projects in Developing Countries，" *Environment and Development Economics* 10（5）（2005）：597－614；焦树林、艾其帅：《黔中喀斯特地区退耕还林项目的碳汇经济效益分析》，《生态经济》2011年第10期，第69~72页；MacEachern，N.，"Forest Carbon and Poverty Reduction：Project Motivations，Methods and the Market，" Working Document No. 22，2013。

务补偿框架下的一种商业交易行为，而不是简单具有扶贫效应的扶贫项目。[①]

相对于经济收入方面的影响，项目开发对农户的可行能力提升、发展机会创造等非经济收入方面的影响也受到了较为广泛的关注。Jindal等对莫桑比克实施的森林碳汇项目评估结果显示，与直接收入相比，项目对提升农户生计能力的影响更大。[②] 一是通过对农户进行作业技术培训，直接为林农带来了造林营林新技术，提升了人力资本[③]，通过“干中学”，可以提升农户种苗选择、栽培、抚育和森林病虫害综合治理等实践技能与管护经验[④]。二是农户可以将所获得的可行能力迁移到其他就业、创业等经济活动中，以提高收入水平。[⑤] 例如，林农可以利用在项目中习得的管理经验，发展碳汇林生态旅游业。[⑥] 三是拓展了农户社会网络，增加了与外界联系的机会，拓展了市场信息等来源渠道，提升

---

① 陈冲影：《林业碳汇与农户生计——以全球第一个林业碳汇项目为例》，《世界林业研究》2010年第5期，第15~19页。

② Jindal, R., Swallow, B., Kerr, J., "Forestry-based Carbon Sequestration Projects in Africa: Potential Benefits and Challenges," *Natural Resources Forum* 32 (2) (2008): 116-130.

③ Grieg-Gran, M., Porras, I., Wunder, S., "How Can Market Mechanisms for Forest Environmental Services Help the Poor? Preliminary Lessons from Latin America," *World Development* 33 (9) (2005): 1511-1527; Parajuli, R., Lamichhane, D., Joshi, O., "Does Nepal's Community Forestry Program Improve the Rural Household Economy? A Cost-benefit Analysis of Community Forestry User Groups in Kaski and Syangja Districts of Nepal," *Journal of Forest Research* 20 (6) (2015): 1-9.

④ Nuthall, P. L., "Determining the Important Management Skill Competencies: The Case of Family Farm Business in New Zealand," *Agricultural Systems* 88 (2) (2006): 429-450; Roberts, D., Boon, R., Diederichs, N., et al., "Exploring Ecosystem-based Adaptation in Durban, South Africa: 'Learning-by-doing' at the Local Government Coal Face," *Environment and Urbanization* 24 (1) (2012): 167-195.

⑤ Mchenry, M. P., "Agricultural Bio-char Production, Renewable Energy Generation and Farm Carbon Sequestration in Western Australia: Certainty, Uncertainty and Risk," *Agriculture Ecosystems & Environment* 129 (1-3) (2009): 1-7; Felman, S., "Environmental Degradation and Poverty in India," *International Review Spring* (2015): 45.

⑥ Brandth, B., Haugen, M. S., "Farm Diversification into Tourism-Implications for Social Identity?" *Journal of Rural Studies* 27 (1) (2011): 35-44; Konu, H., "Developing a Forest-based Wellbeing Tourism Product Together with Customers-An Ethnographic Approach," *Tourism Management* (49) (2015): 1-16.

了林农的社会资本。① 此外，有证据显示，CDM 川西北退化土地造林再造林项目还采取开展食用菌培育等社区项目，通过印发《香菇袋栽活动历》，邀请科研院所专家和专业大户开展技术培训与指导，积极推动区域特色产业发展等补偿方式，从而在赢得社区居民更好合作与支持的同时，也为农户创造了新的发展机会。②

项目开发对农户的负面影响也受到了较多关注。例如，为避免碳泄漏，农户在项目实施及其周边地区从事林下种植、采伐薪柴、放牧等生计活动往往受到限制。③ 在一定时期内，减少了贫困山区农户采挖中草药、蘑菇等增加收入的机会。④ 成本收益分析表明，部分地区林农从碳汇项目中所获收益明显小于其机会成本，其中坦桑尼亚的当地林农在碳汇造林中种一棵树，可以获得的收入约为 0.02 美元，远远低于养殖、种植等带来的经济收益，低廉的劳务价格极大地挫伤了林农参与项目的积极性。⑤

四　发掘森林碳汇扶贫潜力的挑战

释放森林碳汇扶贫潜力，仍然面临诸多挑战。首先是贫困地区直接参与森林碳汇项目困难。虽然新近森林保护、森林可持续管理等活

---

① Grabowski, Z. J., Chazdon, R. L., "Beyond Carbon: Redefining Forests and People in the Global Ecosystem Services Market," *SAPIEN. S. Surveys and Perspectives Integrating Environment and Society* 1 (5) 2012; Ferraro, P. J., Hanauer, M. M., Miteva, D. A., et al., "Estimating the Impacts of Conservation on Ecosystem Services and Poverty by Integrating Modeling and Evaluation," *Proceedings of the National Academy of Sciences* 112 (24) (2015): 7420 - 7425.

② 吕植：《中国森林碳汇实践与低碳发展》，北京大学出版社，2014。

③ Jindal, R., Swallow, B., Kerr, J., "Forestry-based Carbon Sequestration Projects in Africa: Potential Benefits and Challenges," *Natural Resources Forum* 32 (2) (2008): 116 - 130; 陈冲影：《林业碳汇与农户生计——以全球第一个林业碳汇项目为例》，《世界林业研究》2010 年第 5 期，第 15 ~ 19 页。

④ 李金航、明辉、于伟咏：《四川省林业碳汇项目实施的比较分析》，《四川农业大学学报》2015 年第 3 期，第 332 ~ 337 页。

⑤ Stringer, L. C., Dougill, A. J., Thomas, A. D., et al., "Challenges and Opportunities in Linking Carbon Sequestration, Livelihoods and Ecosystem Service Provision in Drylands," *Environmental Science & Policy* 11 (5) (2012): 121 - 135.

动增加森林碳汇机制为欠发达地区当地居民直接参与森林碳汇交易开辟了新途径，在国内也已有农户森林经营碳汇成功交易的个案[1]，但森林碳汇开发与交易面临技术、市场、政策等诸多不确定性风险，国际社会对 REDD + 机制仍然存在政治、政策和技术层面的争议，尤其对认证其可监测、可报告、可查证（MRV）的基本技术谈判还存在较大分歧[2]，而广为实施的碳汇造林再造林项目普遍面临实施范围广、工程周期长，较一般造林项目标准更严、风险更高、投资更大等挑战，尤其是 CDM 项目申请成本高，一般采取后付费机制，对土地合格性、碳吸收和固碳行为的额外性要求苛刻，项目准备和注册程序复杂、技术性强等限制因素，导致现阶段贫困地区小微企业和分散农户很难直接入市，在发展中国家的 CDM 项目大多还局限于大企业，在国内通常由具备较强经济实力的项目业主（企业）组织实施[3]。

其次是贫困人口参与障碍。正如一些研究者所言，农户参与是森林碳汇项目顺利实施的最重要保障[4]，但交易成本、林地产权制度和自身相对弱势的资源禀赋等诸多因素限制了贫困人口有效参与，抑制了扶贫功能发挥。其中，Smith 和 Scherr 认为，按照《京都议定

---

① 资料来源于企业家日报网，http：//cjb. newssc. org/html/2014 - 10/21/content_ 2133427. htm，2014 年 10 月 21 日。

② 盛济川、吴优：《发展中五国森林减排政策的比较研究——基于结构变量“REDD + 机制”政策评估方法》，《中国软科学》2012 年第 9 期，第 175 ~ 183 页；雪明、武曙红、程书强：《我国 REDD + 行动的测量、报告和核查体系》，《林业科学》2012 年第 3 期，第 128 ~ 131 页；马涛、许颖达：《REDD + 机制发展实践中的热点和争议》，《世界农业》2015 年第 5 期，第 60 ~ 64 页。

③ 李新、程会强：《基于交易成本理论的森林碳汇交易研究》，《林业经济问题》2009 年第 3 期，第 269 ~ 273 页；Thomas，S.，Dargusch，P.，Harrison，S.，et al.，“Why Are There so Few Afforestation and Reforestation Clean Development Mechanism Projects?” *Land Use Policy* 27（3）（2010）：880 – 887；Seres，S.，“Hats off to the Kyoto Protocol and the CDM：A Giant Success Story，” *Carbon Management* 4（1）（2013）：23 – 25；王倩、曹玉昆：《国外林业碳汇项目激励机制研究综述》，《世界林业研究》2015 年第 10 期，第 10 ~ 14 页。

④ 黄宰胜、陈钦：《基于碳汇视角的碳汇林业发展对策分析》，《林业经济》2015 年第 11 期，第 86 ~ 89 页。

书》规定，CDM 项目应给发展中国家人民带来可持续生计，但以减贫为重要内容的社会效益和经济效益难以两全，社会效益好的项目往往伴随较高的交易成本。① Sunderlin 等和 Stringer 等的研究结果显示，森林碳汇项目受到了发展中国家的普遍欢迎，但合同限制只允许种植某些特定树种，导致碳汇林经济效益偏低，对低收入人口吸引力不大。② Jindal 等通过对非洲实施的森林碳汇项目调查，认为其好处是提高了当地居民收入、增加了自然资源，其挑战是土地所有制不稳定限制了投资、交易成本较高。③ Benessaiah、吴国春和赵保滨的研究结果表明，和多个交易主体一对一谈判会抬升交易费用，为降低项目启动、执行和监测成本，项目业主往往倾向于选择与拥有较大面积的土地所有者进行交易谈判，排斥小规模土地拥有者或无土地林农参与项目。④ Cacho 等发现，项目实施往往伴随不平等的政治博弈，在此过程中，妇女、少地者、穷人和土著居民等往往被边缘化，被排除在项目参与之外，即使被纳入项目建设计划中，其正当利益也往往被攫取，积极性容易被挫伤。⑤ 朱臻等的实证研究结果显示，农户收入水平显著影响家庭森林碳汇供给意愿，收入较高的农户由于风险厌恶度较

---

① Smith, J., Scherr, S. J., "Capturing the Value of Forest Carbon for Local Livelihoods," *World Development* 31 (12) (2003): 2143 - 2160.

② Sunderlin, W. D., Angelsen, A., Wunder, S., "Forests and Poverty Alleviation," *State of the World's Forests* (4) (2004): 61 - 73; Stringer, L. C., Dougill, A. J., Thomas, A. D., et al., "Challenges and Opportunities in Linking Carbon Sequestration, Livelihoods and Ecosystem Service Provision in Drylands," *Environmental Science & Policy* 11 (5) (2012): 121 - 135.

③ Jindal, R., Swallow, B., Kerr, J., "Forestry-based Carbon Sequestration Projects in Africa: Potential Benefits and Challenges," *Natural Resources Forum* 32 (2) (2008): 116 - 130.

④ Benessaiah, K., "Carbon and Livelihoods in Post-Kyoto: Assessing Voluntary Carbon Markets," *Ecological Economics* (77) (2012): 1 - 6; 吴国春、赵保滨：《拉丁美洲森林环境服务市场发展及对农户生计影响》，《中国林业经济》2013 年第 1 期，第 30 ~ 32 页。

⑤ Cacho, O. J., Marshall, G. R., Milne, M., "Transaction and Abatement Costs of Carbon-sink Projects in Developing Countries," *Environment and Development Economics* 10 (5) (2005): 597 - 614.

低，风险承受能力较强，更容易改变传统森林经营模式，积极参与碳汇开发并从中受益。[①]

五　文献评述

综上所述，森林碳汇已在反贫困实践中起到了重要作用，减贫正日益成为发展中国家实施森林碳汇项目的重要组成部分。国内外在对森林碳汇越发深入的研究中，已日益紧密地将森林碳汇与反贫困直接联系起来并取得了初步成果，这些成果深化了对森林碳汇扶贫功能、潜力、基本路径及挑战的认识，为深入开展森林碳汇扶贫研究奠定了一定的理论基础和成果借鉴。然而，森林碳汇本身的实践尚处于试点与探索发展阶段，因此，众多研究主要是围绕森林碳汇可持续发展，以推进森林碳汇市场构建与规范运行、产业发展与项目建设等为目标，专注于扶贫视角下的森林碳汇研究相对匮乏，森林碳汇扶贫研究还是一个相对边缘化的新议题。相关研究深度不够、缺乏理论建树，理论研究明显滞后于实践发展，有关森林碳汇扶贫的概念及基本内涵、基本要素、基本原则和本质特征等不够明确，论述性探讨居多、实证研究较少，定性分析为主、定量研究不多，缺乏不同项目和同一项目在不同实施区域益贫效应的定量分析和探讨。

本研究认为，要进一步发掘森林碳汇的减贫潜力，深入开展森林碳汇扶贫研究，至少有两大基本科学问题亟待解决。一是贫困人口受益和发展机会创造问题。众多研究把目光投向森林碳汇开发对贫困地区及其农户生计的影响，相对忽视了对贫困人口的关注。虽然贫困地区与贫困人口高度重叠，但生活在贫困地区的未必都是贫困人口。作为市场机制主导的森林碳汇项目，关注的重点必然是效率而非公平，很难自动关注和达成贫困人口受益和发展机会创造的社会扶贫核心目标。如若简单地

① 朱臻、沈月琴、白江迪：《南方集体林区林农的风险态度与碳汇供给决策》，《中国软科学》2015 年第 7 期，第 148 ~ 157 页。

将在贫困地区实施森林碳汇项目等同于森林碳汇扶贫，就不仅存在扶贫目标偏离或被置换的理论风险，导致贫困人口所付出的代价高于受益等实践问题，而且也有悖于森林碳汇扶贫理念提出的初衷。进一步讲，正视扶贫目标与项目市场化运作之间的矛盾，深入研究如何发挥政府支持与干预作用，弥补市场失灵，引导、激励和规制在项目规划设计、组织建设、持续经营、监测评估等环节中突出扶贫的内容和行动，提升目标人口瞄准、减贫路径设计、益贫效果评价的靶向性、精准性，进而建立有利于贫困人口受益和发展机会创造的森林碳汇，即 PPFCS（Pro-Poor Forest Carbon Sink），还须进一步成为森林碳汇扶贫研究的核心问题。二是森林碳增汇与扶贫的权衡关系问题。相关研究已注意到森林碳汇与扶贫的相互影响及矛盾，但以森林碳汇开发为扶贫路径，就必须重视以碳汇为核心的森林生态系统服务有效供给与减贫之间的权衡关系。[①] 如果片面强调扶贫目标而忽视森林碳汇的首要任务，降低了项目实施的生态服务效用，就有违于森林碳汇提出的初衷及实践的可持续性，即正视扶贫目标与森林碳汇供给之间的权衡关系，深入探讨如何建立有利于实现应对气候变化与减贫双赢的实践模式、可持续路径和监测评估指标体系等，应成为深入开展森林碳汇扶贫研究的另一关键问题。就当前的理论和实证研究工作而言，有待进一步的森林碳汇扶贫理论分析，项目社区农户参与及其关键影响因素、精英带动与精英俘获、益贫评估指标构建与方法选择、宏观战略与政策体系研究，以及针对实践操作层面，不同森林碳汇项目类型（规则）、同一项目在不同实施区域的案例研究、定量分析等都非常迫切，并有望在这些研究中，为扶贫理论创新和减贫工具设计，生态补偿理论拓展与实践的路径选择、制度安排等，提供新的研究视角、路径和方法。

---

① 王立安、钟方雷：《生态补偿与缓解贫困关系的研究进展》，《林业经济问题》2009 年第 3 期，第 201 ~ 205 页；赖力、黄贤金、刘伟良：《生态补偿理论、方法研究进展》，《生态学报》2008 年第 6 期，第 2870 ~ 2877 页；徐建英、刘新新、冯琳等：《生态补偿权衡关系研究进展》，《生态学报》2015 年第 20 期，第 6901 ~ 6907 页。

第三章　森林碳汇扶贫的理论体系构建

森林碳汇扶贫作为一个经济学、管理学、社会学等多学科交叉的理论与实践前沿问题，是中国参与和引领应对气候变化国际合作，在推动森林碳汇产业发展及其碳汇造林再造林项目试点实践中提出的。这需要针对当前研究与实践中的突出问题进一步做出科学凝练与抽象，形成指导森林碳汇产业发展及其项目扶贫开发的理论思想，为深入开展实证研究、推进实践提供有效的理论工具、方法和手段。为此，本部分研究试图在深化对森林碳汇扶贫的基本内涵、基本要素、本质特征、利益相关者和系统构成要素认识，深入分析森林碳汇扶贫系统的构成要素及其森林碳汇项目开发与扶贫相结合的动力机制，剖析森林碳汇项目开发对贫困社区和贫困人口扶贫作用机制，阐明精准扶贫时代内涵、理论导向与实践逻辑的基础上，搭建精准扶贫视角下的森林碳汇扶贫理论分析框架。

第一节　森林碳汇扶贫的辨析

一　森林碳汇扶贫的定义

尽管有关森林碳汇与反贫困内在关联的探讨由来已久，但截至目前，尚未有对森林碳汇扶贫的明确定义。相对紧密的是部分学者对低碳扶贫、碳汇扶贫等的界定，其中，季曦和王小林认为，低碳扶贫是指在发展低碳经济的过程中减贫，在减贫的过程中发展低碳经济。[①] 陆汉文表明，低碳扶贫是指根据贫困地区碳资源禀赋，运用低碳经济的方法和手段开发碳资源形成碳交易产品，在碳交易市场中换取资金。与此同时，发展低碳经济相关产业，为全社会提供各类生态产品，最终实现低碳经济和扶贫开发的有机统一。[②] 陈潇阳指出，低碳扶贫是一项系统工程，不仅仅局限于发展低碳产业，更应包括低碳扶贫开发理念及行为，是通过碳交易市场推进扶贫开发的一条重要途径。[③] 徐承红表明，低碳扶贫是在扶贫的同时尽可能减少或控制二氧化碳及其他温室气体的排放，创建良性循环的、生态的、低碳可持续的发展模式。[④] 沈茂英指出，碳汇扶贫就是将贫困地区新增的碳汇出让给发达地区的企业，抵消企业碳减排的额度，是伴随碳交易市场机制的完善而成为一种新的生态扶贫模式。[⑤] 本研究认为，森林碳汇扶贫是以欠发达地区的宜林地等资源开发为基础，在政府和社会力量的扶持下，以市场机制为主导，以贫困人口受益和发展机会创造为宗旨，以森林碳汇项目为载体，以贫困人口参与为重点，以益贫机制构建为核心，在促进森林碳汇产业发展及项目开发可持续运营的进程中，最终实现应对气候变化与减贫双赢的一种新兴扶贫模式。其基本内涵包括以下四个方面。[⑥]

（一）森林碳汇扶贫是以扶贫为导向的森林碳汇产业发展方式

从形式上看，森林碳汇扶贫是森林碳汇产业与扶贫的结合体，也就

---

① 季曦、王小林：《碳金融创新与“低碳扶贫”》，《农业经济问题》2012 年第 1 期，第 79～87 页。

② 陆汉文：《连片特困地区低碳扶贫道路与政策初探》，《广西大学学报》（哲学社会科学版）2012 年第 3 期，第 23～27 页。

③ 陈潇阳：《低碳扶贫模式的理论内涵与运行机制分析》，《生态经济》（学术版）2014 年第 1 期，第 102～104 页。

④ 徐承红：《西部地区低碳经济发展研究》，人民出版社，2015，第 332 页。

⑤ 沈茂英：《川西北藏区碳汇与碳汇扶贫相关问题探究》，《四川林勘设计》2017 年第 2 期，第 1～8 页。

⑥ 曾维忠、张建羽、杨帆：《森林碳汇扶贫：理论探讨与现实思考》，《农村经济》2016 年第 5 期，第 17～22 页。

是要充分结合好行政手段与市场手段，发挥好政府和市场两方面的作用，立足于市场化运作、兼顾公平与效率，有针对性地发掘森林碳汇项目开发的扶贫潜力，达成贫困人口受益和发展机会创造的扶贫目标。如果脱离了扶贫的宗旨，森林碳汇扶贫就是悖论。因此，森林碳汇产业发展只是手段和形式，而扶贫则是核心内容和任务。正如形式要为内容服务，内容要依托形式一样，森林碳汇扶贫所强调的必然是森林碳汇产业发展的出发点是扶贫，落脚点是益贫的广度与深度。换言之，扶贫既是森林碳汇项目开发设定的重要目标之一，也是一种以扶贫为导向的森林碳汇产业发展方式和途径。

（二）森林碳汇扶贫的重点是贫困人口参与

从本质上讲，森林碳汇扶贫是一种特殊的生态产业扶贫形式，而贫困人口参与森林碳汇开发是其获得经济收益、转变发展观念、提升可行能力的最有效途径。离开了贫困人口的有效参与，森林碳汇项目的扶贫功能和益贫绩效将大打折扣。必须强调的是，虽然贫困地区与贫困人口高度重叠，但如果简单地将在贫困地区实施森林碳汇项目等同于森林碳汇扶贫，忽视了真正贫困人口的有效参与，那么就难以避免森林碳汇项目开发与扶贫脱节，造成“扶富不扶贫”的精英俘获，甚至目标减贫农户被排除在森林碳汇产业发展经济受益之外，最终导致森林碳汇扶贫目标偏离或被置换等风险出现。因此，实现森林碳汇扶贫的重点就在于，充分发挥贫困人口的主体作用，尊重其知情权、参与权、选择权和监督权，不断破除其参与森林碳汇产业发展的障碍，提升其参与能力、参与机会和参与程度，调动其参与积极性、主动性和创造性，扶助其在森林碳汇产业发展中分享参与实惠。

（三）森林碳汇扶贫的核心是益贫机制构建

尽管减贫是森林碳汇项目在发展中国家，特别是贫困地区颇受欢迎的一个重要原因，但作为由市场机制主导的森林碳汇项目，关注的焦点是投资效率，其益贫机制构建不仅仅决定了森林碳汇产业发展的扶贫方向，更决定了贫困人口能否在森林碳汇项目开发中受益和发展。这必然要求森林碳汇扶贫既要遵循森林碳汇市场交易基本规则，走产业化反贫困道路，也要正视扶贫目标与经济运作之间的矛盾，从破除影响森林碳汇产业发展与反贫困互动的限制性因素入手，构建森林碳汇项目开发中贫困人口的净受益与保障机制，推动森林碳汇产业发展向有益于贫困人口受益和发展机会创造的方向转变，切实让贫困人口在不损害非贫困人口利益、公平合理地获得森林碳汇项目开发所带来的参与收益的同时，最大限度地享有为发掘森林碳汇扶贫潜力所注入外部扶贫资源带来的主要福利。

（四）森林碳汇扶贫依赖于碳汇产业可持续发展

森林碳汇根源于国际的市场化生态补偿，是二氧化碳排放权交易制度安排的产物，其典型特征是通过经济激励，实现应对气候变化和减贫的双赢。从生态服务市场的角度讲，碳汇林所带来的价值远远大于单纯的碳吸收，森林碳汇市场交易实现了森林涵养水源、保持土壤、碳截存、生物多样性保育等多重生态服务价值的部分补偿，其产业发展前景和减贫潜力都十分突出。但从现实来看，贫困人口从森林碳汇中获益和发展依赖于市场对森林碳交易产品的有效需求，其基本前提是森林碳汇造林或再造林的边际收益要大于边际成本。没有森林碳汇产业给贫困户带来利益，森林碳汇扶贫就无从谈起。因此，森林碳汇扶贫又必须充分考虑森林碳汇造林，对土地合格性、造林地清理和整地、碳汇计量与监测的特殊要求及其碳汇价值实现的现实困难，积极创建碳汇产业可持续发展与反贫困相结合的动力机制，促进“双赢”效应的实现，在推进森林碳汇市场繁荣与项目可持续运营的进程中实现减贫脱贫。

二　森林碳汇扶贫的特点

（一）客体的明确性

森林碳汇扶贫以具备市场竞争力、满足碳汇造林土地合格性的宜林地或可持续经营要求的森林为前提，以实现“扶真贫、真扶贫”为目标，扶贫对象是首先要在瞄准贫困地区，尤其是生态脆弱或气候敏感的贫困人口聚居区基础上，进一步瞄准拥有一定林地等自然资源使用权或具备劳动能力并愿意参与森林碳汇项目开发的贫困人口，因地制宜、实事求是地采取切实可行的措施帮扶森林碳汇扶贫可扶之人，增加贫困人口受益和发展机会创造，提升贫困人口的脱贫能力。从根本上讲，森林碳汇扶贫的对象要瞄准贫困地区的最贫困人口，例如在当前精准扶贫精准脱贫进程中识别出的建档立卡贫困户。

（二）主体的多元性

森林碳汇扶贫是造血式、开发式、参与式扶贫，是政府、企业、社会、社区和扶贫对象等参与森林碳汇扶贫开发的多元主体，依据“京都”或“非京都”碳交易市场基本规则，在市场和政策激励下，围绕森林碳汇配额或项目开发，积极参与、互助共赢的过程与结果。多元扶贫主体是抽象性和具体性的统一，既有抽象性的国家或地区，也有具体的行政机关、法人、非政府组织、社区和个人，具有明显的主体多元性、复杂性、分散性和动态性特征。

（三）效应的多维性

森林碳汇的益贫效应，既体现在对贫困地区可持续发展能力等宏观尺度的影响上，也体现在壮大贫困社区集体经济、增强组织管理与发展能力、增进森林碳汇产业与当地优势特色产业之间的互动等中观尺度的影响上，更体现在对贫困人口经济收入、可行能力、发展机会创造等微观尺度的影响上，既包括积极和消极影响，也包括短期与长期影响。尤其是对生态脆弱区和气候敏感带高度耦合的贫困地区及贫困人口非经济收益的益贫效应，还需要经过一定时间、在一定条件和范围内才能日渐显现，具有典型的多样性、空间异质性、时间动态性与滞后性特征。

（四）鲜明的政策性

一方面，作为市场机制主导下的森林生态补偿方式，单纯依靠市场“看不见的手”的力量引导扶贫，很难自动关注和达成扶贫核心目标，容易导致项目“扶富不扶贫”，即扶贫当中的“效益外溢”“精英俘获”问题。另一方面，要实现森林碳汇扶贫中的“扶”，也就强调了相对于单纯意义上的森林碳汇项目开发，非市场激励的社会公益性质在森林碳汇项目开发中占据相当重要的位置。那么，充分考虑其社会公益性，切实发挥政府宏观调控、政策引导、整合资源、弥补市场失灵的作用，以行政与市场相结合的手段，在促进各相关利益主体合作共赢的基础上，切实赋予贫困人口知情权、参与权、决策权、管理权、监督权与收益权，保障贫困人口森林碳汇扶贫开发参与的主体地位，达成扶贫目标就显得至关重要。因此，森林碳汇扶贫又是一种市场化条件下的政府行为，具有鲜明的政策性。

第二节　森林碳汇扶贫的利益相关者分析

实现森林碳汇扶贫的目标，归根结底是各参与主体在特定制度环境中的行为结果。他们因森林碳汇开发而产生了复杂交错、相互作用的利益关系，并在其中扮演不同角色，发挥不同作用。森林碳汇产业及其项目开发参与主体对扶贫的认知、认同以及责任感、使命感，直接影响和决定森林碳汇扶贫的客观绩效。因此，厘清各参与主体的利益关系及利益诉求，科学界定利益相关者，是森林碳汇扶贫变革与转型发展的前提。

一　森林碳汇扶贫利益相关者界定

利益相关者理论的萌芽始于多德（Dodd）[1]，美国经济学家弗里曼（Freeman）1984 年在《战略管理：利益相关者管理的分析方法》一书中，明确提出了利益相关者管理理论[2]。利益相关者（Stakeholder）是能够影响一个组织目标的实现，或者受到一个组织实现其目标过程影响

① Dodd, M. E., "For Whom Are Corporate Managers Trustees?" *Harvard Law Review* 45 (1932): 1145 - 1163.

② Freeman, R. E., *Strategic Management: A Stakeholder Approach* (Pitman, Boston, 1984).

的所有个体和群体。因此，从利益相关者理论上讲，森林碳汇扶贫利益相关者是指一切与森林碳汇扶贫开发产生关系的单位、组织或个人。从森林碳汇市场主体的角度来看，森林碳汇扶贫开发主要利益主体包括森林碳汇的需求者、供给者和第三方独立认证机构等森林碳汇市场主体以及对森林碳汇市场发展起着重要的引导、推动和监督作用的政府、非政府组织、中介团体等其他利益主体。[①] 从生态服务补偿框架的角度来看，碳汇造林再造林项目开发所涉及的主要利益相关者包括农户和造林实体等生态服务供给者、生物碳基金等生态服务受益者，以及直接或间接地促成生态服务受益方和供给方之间交易行为的国际国内的非政府组织、政府部门等中介团体。[②] 综上，以碳汇造林再造林项目扶贫开发为例，碳汇扶贫的主要利益相关者，既包括直接从事或参与碳汇造林再造林项目开发的政府及主管部门、造林实体、项目实施社区及农户等，也包括为项目规划、申报、立项、注册、实施和监测提供咨询、组织、管理、资金、法律、技术等保障与服务的机构和人员，如国际国内非政府组织、专业协会、科研院所、金融保险机构、社会媒体以及践行自身低碳、环保与扶贫理念的捐赠个人等，具体分类见表 3-1。

表 3-1 森林碳汇扶贫利益相关者界定

利益相关者	具体内容
政府	各级政府及其发改委、林业、扶贫、科技等相关主管部门
企业	减排企业等 CERs 购买者，造林实体等 CERs 开发和供给者
社区	项目实施社区
农户	参与以及影响森林碳汇项目开发的农户
专家	提供规划设计、申报、注册、监测评估、决策咨询等专业服务以及造林营林等技术指导和培训的专家

① 王杏芝、高建中：《从市场主体角度探析森林碳汇市场发展》，《林业调查规划》2011 年第 1 期，第 117～119 页。

② 陈冲影：《林业碳汇与农户生计——以全球第一个林业碳汇项目为例》，《世界林业研究》2010 年第 5 期，第 15～19 页。

续表

利益相关者	具体内容
媒体	平面、电视和网络等媒体
非政府组织	各级各类碳基金和碳资产管理服务中介、环境保护协会、社会团体等
金融保险机构	提供低碳融资、保险服务等的金融保险机构
社会公众	消除碳足迹、关心和支持应对气候变化或扶贫的自然人

二 森林碳汇扶贫利益相关者分类

目前，国内外比较通用的利益相关者分类法是米切尔评分法。[①] 对此，借鉴利益相关者理论，采用米切尔评分法，选取了紧急性、权力性、合法性三个指标对森林碳汇扶贫主要利益相关者评分，再根据分值大小将利益相关者分为确定型、预期型、潜在型三类（见表3-2）。

表3-2 森林碳汇扶贫利益相关者分类

利益相关者	紧急性	权力性	合法性	类型
政府	高	高	高	确定型
企业	高	高	高	确定型
社区	高	低（递增）	高	确定型
农户	高	低（递增）	高	确定型
专家	中	高	中	预期型
媒体	低（递增）	中	高	预期型
非政府组织	中（递增）	低（递增）	中（递增）	预期型
金融保险机构	低（递增）	中	低（递增）	潜在型
社会公众	低（递增）	低（递增）	中（递增）	潜在型

不难看出，森林碳汇扶贫的主要利益相关者中，政府、企业、社区、农户是森林碳汇扶贫的核心利益相关者，也就是说，他们与森林碳汇扶贫开发的利益关系更为密切，具有更强的主动性、重要性和影响

① 贾生华、陈宏辉：《利益相关者的界定方法述评》，《外国经济与管理》2002年第5期，第13~18页。

力。专家、媒体和非政府组织在森林碳汇扶贫开发中居于次要地位，与核心利益相关者联系紧密，是间接的利益相关者。金融保险机构、社会公众等利益相关者的参与渠道、参与程度等当前还相当有限，但随着时代的发展、碳交易制度的变迁与机制的创新，他们必然更加关注、关心和支持森林碳汇扶贫开发，属于潜在、相对边缘的利益相关者。

三　核心利益相关者利益诉求

实现森林碳汇扶贫的过程，是在国际应对气候变化协定约束，国内减排和扶贫政策的鼓励下，多元主体在个体理性支配下的参与和协同过程。从整体上讲，各主体的基本利益是一致的，即在实现森林碳汇扶贫的过程中，分享森林碳汇产业发展，尤其是森林碳汇项目开发所带来的参与利益和社会福利。但从局部来看，森林碳汇扶贫开发又交织着多元主体不同的利益诉求，显示出多重利益诉求和不同关注焦点，参与个体根本利益取向与扶贫目标并非完全契合，甚至背离。如森林碳汇购买者希望碳吸收、生物多样性保护等生态服务效用最大化，而以造林实体为代表的森林碳汇提供者希望利润最大化，具体见表3－3。

表3－3　森林碳汇扶贫核心利益相关者利益诉求

利益相关者	角色定位	利益诉求	关注焦点
政府	引导者、调控者、监管者、受益者	社会文化利益 生态环境利益 经济利益	应对气候变化和反贫困的双赢 获得域外资金、技术，增加就业机会 促进区域经济社会发展，精准扶贫
企业	主导者、投资者、执行者、受益者	投资获利	碳排放权和利润最大化 森林碳汇项目开发可持续运作 树立公众形象、提高社会声誉
社区农户	参与者、受益者、评判者	分享参与利益	增加经济收入、提供就业机会 获得新技术 地方传统文化、自然景观得到尊重和保护

注：与表3－1、表3－2不同，此处整体分析社区农户。

（一）政府

市场机制主导下的森林碳汇扶贫开发模式，决定了利益相关者难以自动关注和协同达成森林碳汇扶贫目标，必然需要作为公共利益代表的政府积极介入。一是中央政府，尤其是代表中央政府的国家发展和改革委员会等，它们是应对气候变化的政府主管机构，关注重点是国家利益和长远利益，是中国碳排放权交易体系相关法律法规、鼓励减贫的森林碳汇自愿减排规则及其交易管理细则等重要政策制定者，是规制市场运行，做出森林碳汇扶贫开发项目立项、审批和备案决策，推动应对气候变化和减贫双赢，促进森林碳汇产业发展向有益于贫困人口受益和发展机会创造转变的政策引导者。二是省级政府，尤其是省（市）发展和改革委员会、林业、扶贫、科技厅等相关政府主管部门，它们是推进森林碳汇扶贫规划、优惠政策等的决策者，也是通过相关的行政管理和行业管理，推动和督促扶贫目标达成的监管者。三是地方政府，主要是项目开发所在的市（州）、县、乡（镇）一级地方政府及其相关管理部门，它们实质性地代表政府行使对森林碳汇扶贫开发的属地管辖权，是森林碳汇扶贫的管理者、调控者、监督者和受益者。其在生态建设、产业扶贫等相关政策框架和有关部门的指导下，通过推动扶贫资源整合，推进森林碳汇项目开发与精准扶贫精准脱贫规划的有机结合，平衡项目运作过程中各个利益相关者的不同诉求，维护社区居民的合法权益，督促目标减贫农户能够真正从项目开发中受益，进而实现区域经济社会发展、精准扶贫和民族团结等政绩目标。

（二）企业

全球森林碳汇市场是一个多层次（国际、区域、国家和地方）、多种类（“京都规则”和“非京都规则”市场、项目与配额市场、强制履约与自愿减排市场等）的人为、开放市场。就碳汇造林再造林项目而言，一方面履约减排企业是森林碳汇项目的主要投资方，在重点关注投入领域获得碳排放权，即在以碳吸收为核心的生态服务效用最大化的同时，往往会出于彰显社会责任、树立公众形象、提高社会声誉等因素考量，强调森林碳汇扶贫功能，并通过契约等方式，促成扶贫目标达成，是森林碳汇扶贫的投资者、促进者；另一方面具体牵头实施碳汇造林再造林的企业，即项目业主，在森林碳汇扶贫开发中起着重要的纽带和桥梁作用，无疑是森林碳汇扶贫开发的关键主导力量，其在追求森林碳汇项目开发利润最大化的驱动下，通过强化扶贫目标，以便在赢取政府、森林碳汇购买方乃至社会等更多的资金、优惠政策等的同时，提高项目实施社区及其农户参与森林碳汇开发的积极性，赢得社区居民更好地理解和配合，提高项目投资收益率，实现森林碳汇项目开发可持续运营，是森林碳汇扶贫的投资者、执行者和主导者。

（三）社区农户

社区农户既是碳汇造林再造林项目开发最直接的重要参与者，也是分享开发利益的受益者，还是项目开发消极影响和潜在风险的承担者，更是森林碳汇项目开发多重绩效的评判者。一方面，森林碳汇项目开发成功和长期运营离不开社区农户的参与、支持和合作，他们希望通过集体谈判和行动，优先获得务工机会，增加宜林地等自然资源经济收益，习得造林营林新技术与管护新经验，权益主张能够被采纳和尊重，改善当地生产、生活和生态条件，减少对当地传统生计、社会文化、生态环境的消极影响。另一方面，社区农户，尤其是更加依赖于传统农业生计的贫困人口对项目实施绩效的评判，不仅直接决定其持续参与的态度与行为，在赢得农户长期支持与合作，减少抵触情绪，避免对抗行为，巩固前期造林再造林成果及其长期运营中起着关键性作用，而且对发掘森林碳汇减贫潜力，实现应对气候变化与减贫双赢目标至关重要。

第三节　森林碳汇扶贫的系统论分析

森林碳汇扶贫作为一项新兴产业经济活动和一种全新扶贫模式，本质上是社会经济系统的子系统。因此，运用系统理论探讨森林碳汇扶贫的系统构成要素，揭示项目开发与扶贫相结合的作用机制，具有积极的理论价值与实践意义。

一　森林碳汇扶贫系统的构成要素

系统论指出，系统是由两个或两个以上的要素，相互依赖、相互作用、相互摩擦而形成的具有特定功能的动态、有机整体，系统各单元间都存在物质、能量、信息等流动。森林碳汇扶贫系统并不是一个单向、静态、封闭运行的系统，而是在碳交易市场牵动、政府推动和社会助动下的一个动态、开放、复合系统，其构成要素包括森林碳汇扶贫主体、扶贫资源和扶贫方式以及与之紧密联系的动力系统、参与系统和环境系统，它们共同构成了森林碳汇扶贫模式的运行系统，并不断相互作用，使其趋于稳定和完善，从而促使资本、技术、人才、信息等稀缺要素向贫困地区汇聚，进而达成“扶真贫、真扶贫”的减贫目标。其运行不仅取决于各个子系统的有效耦合，也取决于系统内各构成要素之间的相互作用和结合方式，以及外部环境对森林碳汇扶贫模式的支撑能力，是一个不断培育、完善和优化的动态过程（见图3－1）。

（一）扶贫主体

森林碳汇扶贫主体是指直接参与森林碳汇项目扶贫开发过程或者为过程提供条件保障与服务，从而对发掘森林碳汇扶贫潜力产生实际影响和做出实际贡献的机构与人员，包括各级政府机构、碳汇经营私人部门以及科研院所、媒体、非政府组织、金融保险机构、社会公众等社会各界力量，是一个不断发展与更新的“变量”。究其实质，森林碳汇扶贫主体与森林碳汇开发利益相关者既紧密联系又相互区别，具有同一性、差异性、阶段性和动态性的特征。在现阶段森林碳汇产业发展依然面临多种挑战，森林碳汇项目开发实践尚处于试点、起步阶段的现实状况下，森林碳汇扶贫尤其需要政府发挥更多的政策引导、制度约束、监督管理等作用，充分调动造林企

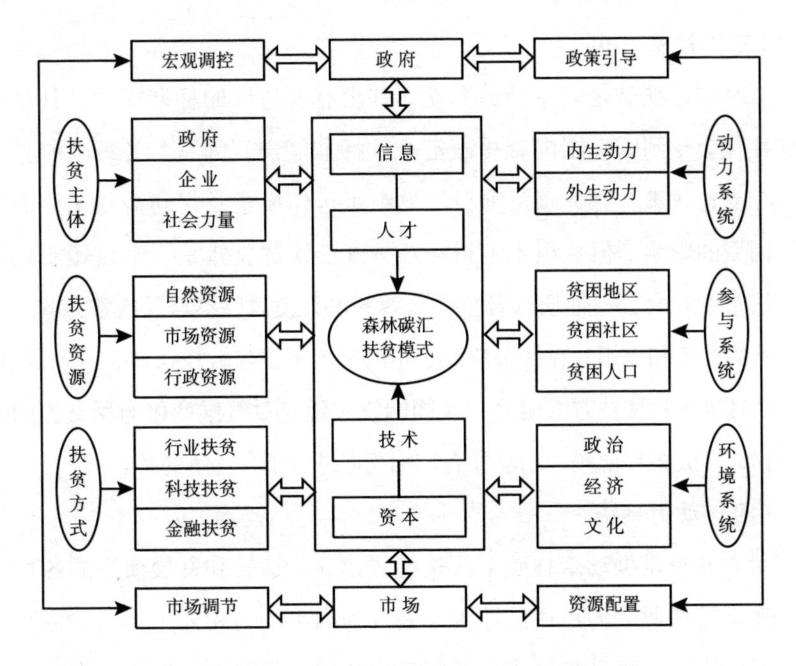

图3-1　森林碳汇扶贫系统构成要素

业、专业大户、社区精英等森林碳汇项目开发业主投身减贫实践的积极性和创造性。

（二）扶贫资源

森林碳汇扶贫资源是森林碳汇扶贫模式运行的物质保障，按照来源的不同可以分为贫困地区内部资源和外部资源。贫困地区内部资源包括具有碳汇开发价值的宜林地或森林、适宜的气候、土壤等自然资源，丰富的劳动力资源以及在长期的历史发展过程中累积形成的本土物质和非物质文化资源。外部资源当然不仅仅局限于资金，既包括由碳交易市场牵动，以森林碳汇开发为核心的资金、技术、经营、管理和信息等市场资源，也包括政府为弥补市场失灵，发掘森林碳汇减贫潜力，达成贫困人口受益和发展机会创造的社会扶贫核心目标而制定的方针政策、发展战略、管理制度、凸显扶贫功能的森林碳汇减排标准以及给予的具有引导性、激励性、保障性、优惠性和规范性的政策等行政资源，同时还包括吸引社会力量参与扶贫所注入的资源。

（三）扶贫方式

森林碳汇扶贫是一个开放系统，并没有普适性的标准模式，其扶贫方式往往会受到国际国内森林碳汇减排标准等宏观因素，各级政府具体引导和支持政策、森林碳汇项目开发组织运作模式及其利益联结机制等微观因素的影响。但从根本上讲，森林碳汇扶贫显然是一个兼顾市场取向与扶贫的社会公益性质以及公平与效率的开发式、参与式扶贫方式，具有独特的优势和作用。在扶贫资源一定的情况下，与科技扶贫、行业扶贫、金融扶贫等多种扶贫方式融合，共同围绕实现应对气候变化与反贫困的双赢目标，形成相互依赖、相互补充、相互促进、相互竞争的关系。

（四）动力系统

动力系统是推动森林碳汇扶贫模式建立、运转和发展演进的各种力量。通常可按照动力形成的原因，划分为内生动力和外生动力；按照动力来源的不同，可以划分为市场驱动力和政府驱动力；按照动力作用方式的差异，可以分为直接动力和间接动力；按照作用强度的不同，可以分为主导动力和辅助动力。相关扶贫主体是各类动力的“结合点”，各扶贫主体通过资源和方式系统，驱动森林碳汇扶贫模式运转，在各类合力的持续作用下，又反作用于扶贫主体要素，产生新的动力，推动森林碳汇扶贫模式持续运行。在此，重点就动力形成原因视角下的森林碳汇扶贫动力系统做进一步分析。森林碳汇扶贫的动力系统见图 3－2。

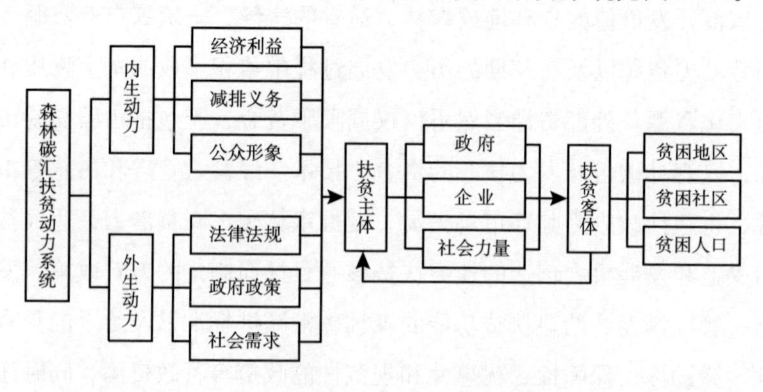

图 3－2　森林碳汇扶贫的动力系统

第一，森林碳汇扶贫的内生动力。所谓森林碳汇扶贫的内生动力，是指各扶贫主体主动践行符合森林碳汇扶贫理念及原则的各种行为，进而实现应对气候变化与减贫双赢目标的内在力量，主要包括三个方面。一是经济利益牵动。不论是作为森林碳汇的购买方、中介方，还是供给方，本质上都是追求经济利益的组织，即便是政府也在森林碳汇扶贫开发中存在各种各样的直接或间接利益。因此，经济利益既是维系各参与主体的纽带，也是推动森林碳汇扶贫模式运行的根本内在动力。二是减排义务驱使。减贫既是“京都规则”和“非京都规则”森林碳汇所拟定的一项重要功能，也是兑现减排承诺，赢得社区农户广泛支持，实现森林碳汇项目顺利进行、长期运营的重要保证。三是公众形象提升。森林碳汇作为实现应对气候变化与反贫困共赢的重要途径，也是当今世界推动全球减排、可持续发展、包容性增长、低碳转型等的重要途径，日益受到全世界的高度关注。无论是政府，还是私人部门，均彰显社会责任。提升社会形象，提高社会声誉等也是其参与森林碳汇扶贫的内生动力之一。

第二，森林碳汇扶贫的外生动力。所谓森林碳汇扶贫的外生动力，是指源自扶贫主体以外并对主体行为产生影响的各种外在力量，主要包括三个方面。一是法律法规约束。在履行全球减排承诺与义务的进程中，通过制定既能达到与国际碳交易规则接轨，又能满足新时期精准扶贫要求的中国森林碳汇自愿减排规则，完善碳市场交易定价、注册、计量、核证、监测等相关法律法规，从而规范和约束森林碳汇扶贫主体行为，推进在森林碳汇市场的各个领域、项目开发的各个环节中突出扶贫的内容和行动，推动“双赢”目标达成。二是政府政策干预。充分运用扶贫、财税、土地、金融、保险等政策手段的支持和干预作用，在为森林碳汇产业发展及项目开发创造良好的政策环境的同时，不断对凸显森林碳汇扶贫功能的项目和行为给予大力宣传、支持和激励，对不利于贫困地区自然资源合理开发和社区农户公平参与的行为进行调控和限制。三是社会需求拉动。从需求角度看，随着气候变化与国际谈判进程的推进，森林碳汇市场需求日益增长，产业发展潜力与商业机会巨大。全球政府组织、社会公众对以市场为导向的森林碳汇生态服务日益增长的需求是推动森林碳汇扶贫模式运行的强大外部推动力。

（五）参与系统

森林碳汇扶贫参与系统，包括贫困地区宏观、贫困社区中观和贫困人口微观三个维度。从根本上讲，贫困人口参与是发掘森林碳汇扶贫潜力的关键构成要素，但森林碳汇项目扶贫开发的参与者当然不应该也不可能局限于贫困人口。因此，包括贫困人口在内的项目实施社区及其农户参与，不仅关系到项目可持续运营，而且决定着扶贫目标实现，无疑是森林碳汇扶贫模式运作的关键。就国内广泛试点的碳汇造林再造林而言，社区农户参与方式主要包括四种。一是参与项目规划。社区农户通过参与项目地块选择、边界划定、生物多样性等环境评估，并就项目开发可替代土地利用方案、树种选择、参与方式、利益分配方案、合同签订等与造林实体达成共识，更有效地体现当地大多数群众利益，提高项目规划的科学性与执行的可行性。二是参与项目建设。既包括社区农户通过参与宜林地入股或流转，造林地的整地、栽植、抚育等劳务，技术培训等取得经济或非经济收益，也包括通过社区落实后期管护措施，督促农户履行合同义务，避免或降低对项目可持续建设的消极影响。三是参与监测评估。在项目实施的不同阶段，尤其是在具备资质的第三方监测评估机构开展 CER 的过程中，同步引入社区农户参与式森林碳汇扶贫效果评估，是保障社区农户合理合法权益，提升积极效应，减少消极影响，矫正扶贫行动偏差，进而提高森林碳汇扶贫效率的重要保证。四是参与利益分配。森林碳汇扶贫要实现的根本目标就是要让贫困人口在不损害非贫困人口利益的前提下，公平合理地分享项目开发所带来的参与利益，最大限度地享有通过政府市场干预，额外注入行政扶贫资源带来的主要福利，从而减缓或摆脱贫困。需要特别指出的是，农户参与森林碳汇开发既包括低效宜林地入股或流转、技术培训、劳务或后期管护等直接参与，也包括前期基线调查、中后期监测和评估等间接参与。农户参与不仅是一个农户自主经济的行为选择，而且是项目属地政府和项目业主主导下的管理选择。森林碳汇扶贫的参与系统见图 3 - 3。

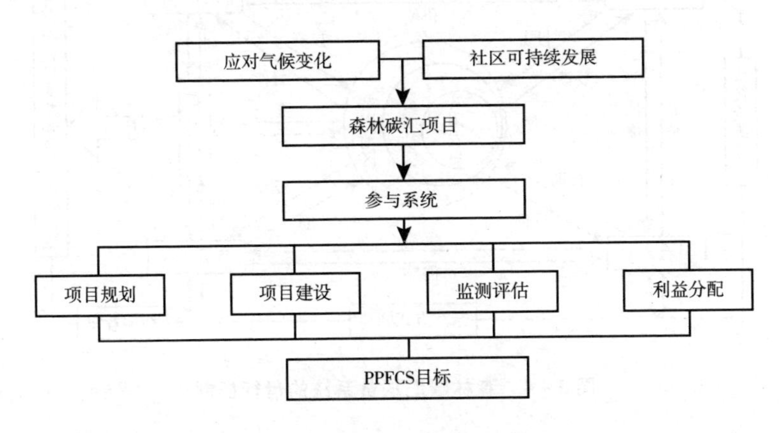

图 3 - 3　森林碳汇扶贫的参与系统

（六）环境系统

森林碳汇扶贫的良性运行离不开外部大环境的支撑，受地区、国家乃至国际等多种因素的影响。环境系统是森林碳汇扶贫运行的政治、经济和文化等外部环境的统一，包括宏观和微观、外在和内在两个方面。其中，政治环境，尤其是国家应对气候变化的战略取向、路径选择及相关法律法规等，是森林碳汇扶贫模式有效运行的制度基础。经济环境，尤其是碳汇交易市场交易体系建设及其产业发展，是森林碳汇扶贫模式运行的经济基础。文化环境是全社会践行生态文明理念，携手推动绿色发展、低碳发展与包容性增长的价值取向、思想观念、文化氛围，是森林碳汇扶贫模式运行的社会基础。

二　森林碳汇扶贫系统的运行机制

从系统学理论看，森林碳汇扶贫系统的运行机制是指保持森林碳汇扶贫系统整体正常运行的各要素的结构功能及相互关系，以及这些因素产生影响、发挥功能的作用过程、运行方式及作用机制，具体如图 3 - 4 所示。

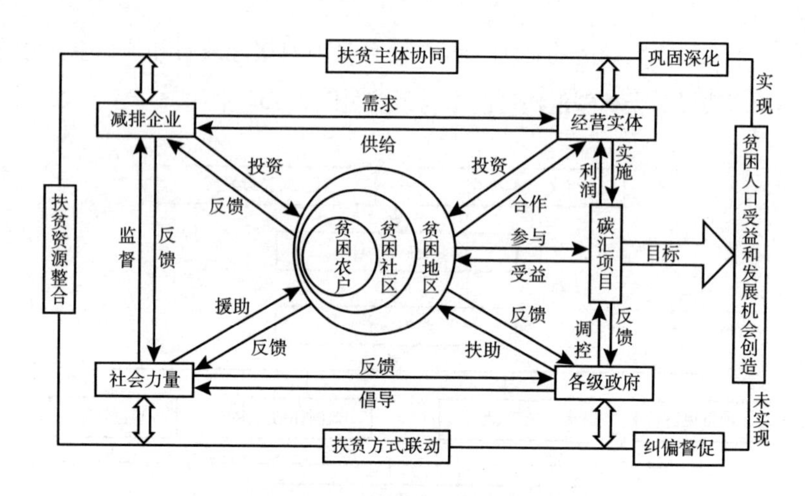

图 3-4　森林碳汇扶贫系统的运行机制

就结构功能而言，森林碳汇扶贫系统的运行机制是若干基本功能的组合联动、有机统一和协调一致，主要包括五种。一是整合功能，连接森林碳汇扶贫各系统要素，使之成为一个有机整体，并具备相对的稳定性，能够进行一定的“自动化”和“自适应”调节。二是定向功能，使森林碳汇扶贫系统沿着既定目标方向运行，达成贫困人口受益和发展机会创造的核心目标。三是动力功能，为森林碳汇扶贫系统运行提供持续动力，推动扶贫主体协同、扶贫资源整合和扶贫方式联动，保持系统良性和可持续运行。四是调控功能，当系统运行出现偏差时，能够通过有效的数据传递、信息反馈和人为管理活动，不断纠偏并使之恢复正常。五是发展功能，在保障森林碳汇扶贫系统正常运行的同时，通过激励、竞争和协调促进其发展演进。就运行方式而论，森林碳汇扶贫系统的运行机制是政府行政干预与市场机制共同作用的二元复合驱动运行机制。就扶贫逻辑观察，其作用机制主要表现在以下四个方面。

（一）推动扶贫主体多元化

森林碳汇扶贫主体是推动森林碳汇扶贫模式运行的主导力量。对此，在森林碳汇扶贫理念的指导下，不仅仅为多元森林碳汇交易主体履行社会责任、参与扶贫惠农，进而逐步转变为扶贫主体搭建了一个有效的合作平台，更为重要的是，在我国新一轮集体林权制度改革基本完成，林地承包经营权确权到户的背景下，森林碳汇项目开发必然越来越多地采取“经营实体+农户”“经营实体+村集体经济组织+农户”等基本运作模式，从而为推动当地村集体经济组织、社区精英等成为反贫困主体奠定了产权基础。

（二）推进扶贫资源配置市场化

在森林碳汇扶贫系统运行进程中，市场对资源配置和生产要素组合具有决定性作用，从而对推进贫困地区丰富的宜林地、劳动力等资源向资本转化，增加资金、技术、管理等稀缺扶贫要素有效供给发挥积极作用。因此，在森林碳汇扶贫的制度安排中，政府不再起主导作用，财政扶贫资金不再是最重要的外部变量，扶贫资源也不单局限于自然资源和民政、小额信贷等扶贫资金，而是以市场为先导、贫困农户为核心、利益为纽带、产业为支撑，以市场机制为基础、政府引导与市场调节相协调，充分整合和盘活国际国内两个市场、两种资源以及现代林业经济发展中的存量资源，并对优化扶贫资源协同配置、降低减贫成本、推动市场化反贫困产生积极影响。

（三）创新贫困人口扶贫方式

与面向产品市场，以农产品开发为主打的传统产业扶贫方式不同，森林碳汇扶贫面向全球性生态系统服务市场，以森林碳汇项目为载体，以可交易的“碳汇额度”开发为核心，包括贫困人口在内的社区农户，除可望获得林地入股或流转收益、劳务收益、林木及林副产品收益外，更为重要的收益是核证减排量（CER）销售收入分配。这无疑为反贫困开辟了一个崭新的扶贫方式，也为破解林业生产周期长、贫困人口短期收益困难等突出问题提供了一种有效路径，还为集成科教扶贫、行业扶贫、金融扶贫、社区扶贫等多种扶贫方式，尤其为把先进的造林、管护技术培训与示范等为代表的科技扶贫落到实处搭建了坚实平台。

（四）突破贫穷与生态退化的恶性循环

气候变化直接或间接加剧了贫困。其中，直接影响来自极端气候事件对农户生计、生命财产、生产基础设施等造成的损害，间接影响则来自气候变化对贫困地区的生产、生活和生态环境的损害。在中国，贫困地区与生态脆弱区高度耦合，贫困人口分布与生态环境脆弱区在地理空间尺度上呈现高度一致性，这些地区对气候和环境的依存度高，生态改善是治贫的根本和发展的根基。森林碳汇扶贫实现了扶贫开发与生态环境保护有机结合。森林碳汇项目开发，既为贫困地区参与应对全球气候变化挑战提供了通道，也为改善区域尺度小气候、调节水文循环，提升自身应对气候变化加剧导致的山体滑坡、泥石流、洪涝干旱以及极端气候事件发生等的能力，降低贫困人口因灾返贫风险，实现减贫和生态保护兼顾的包容性增长带来了新契机，为避免形成“人口贫困—资源开发—环境退化—加速开发—环境恶化—贫困加剧”的“贫困陷阱”开辟了有效途径。

第四节　精准视角下的森林碳汇扶贫分析

森林碳汇扶贫作为一个新事物，是基于与日俱增的碳汇造林再造林项目经营地与边远贫困地区高度重叠提出的。正如前文所强调，探索关注贫困人口摆脱贫困的森林碳汇扶贫核心观点，与新时代精准扶贫战略思想高度契合。因此，有必要进一步从精准扶贫理论导向的视角，解析森林碳汇扶贫的实践机制与研究分析框架，促使贫困人口受益和发展机会创造的扶贫宗旨，转化为推动实现应对气候变化与减贫双赢的研究和实践指导。

一　精准扶贫的时代内涵

自 2013 年 11 月习近平总书记在湖南湘西考察时首次在公开场合提出“实事求是、因地制宜、分类指导、精准扶贫”的重要指示以来，学术界便对精准扶贫展开了深入且广泛的探究，其概念一直处于不断深化、丰富和完善之中。最初通常直接借鉴国务院扶贫办发布的《建立精准扶贫工作机制实施方案》中的定义，即通过对贫困户和贫困村精准识别、精准帮扶、精准管理和精准考核，引导各类扶贫资源优化配置，实现扶贫到村到户，逐步构建精准扶贫工作长效机制，为科学扶贫奠定坚实基础。此后，随着研究与实践的深入，学者普遍认为精准扶贫是粗放扶贫的对称，是新阶段、新形势下运用统筹、协调、分类的科学方法，变“粗放漫灌”为“精准滴灌”的贫困治理模式，是针对不同贫困区域环境和贫困户状况，运用科学有效的程序对扶贫对象实施精准识别、精准帮扶、精准管理和精准考核的综合治贫新方式①，核心内容是针对以往扶贫工作中对贫困村、贫困人口识别不精准的突出问题②，重点解决好“扶持谁”“怎么扶”“谁来扶”“怎么退”③，使扶贫资源、帮扶措施更好地瞄准贫困目标人群，实现区域精准和个体精准的有机统一，做到“扶真贫、真扶贫”，实质是与扶志扶智有机结合，充分激发贫困对象的内生动力，提高贫困人口自身发展能力④，最终目标在于减少贫困人口和消除绝对贫困，实现全面脱贫、全面小康、全面发展⑤，基本内涵表现为扶贫“对象－资源－主体”精准、扶贫“目标－方法－过程”精准以及扶贫“微观－中观－宏观”的不同层级精准⑥。

（一）精准扶贫的“对象－资源－主体”内涵

精准扶贫的“对象－资源－主体”内涵，从理论上回答并厘清如

---

① 王思铁：《精准扶贫：改“漫灌”为“滴灌”》，《四川党的建设》（农村版）2014 年第 4 期，第 14～15 页。

② 左停、杨雨鑫、钟玲：《精准扶贫：技术靶向、理论解析和现实挑战》，《贵州社会科学》2015 年第 8 期，第 156～162 页。

③ 黄承伟、叶韬、赖力：《扶贫模式创新——精准扶贫：理论研究与贵州实践》，《贵州社会科学》2016 年第 10 期，第 4～11 页。

④ 黄承伟、覃志敏：《论精准扶贫与国家扶贫治理体系建构》，《中国延安干部学院学报》2015 年第 1 期，第 131～136 页。

⑤ 张占斌：《习近平同志扶贫开发思想探析》，《政策》2016 年第 1 期，第 46～48 页。

⑥ 庄天慧、杨帆、曾维忠：《精准扶贫内涵及其与精准脱贫的辩证关系探析》，《内蒙古社会科学》（汉文版）2016 年第 3 期，第 6～12 页。

何实现扶贫中的贫困对象、贫困深度、致贫原因等识别精准，扶贫资源的选择、配置、使用精准，以及扶贫主体的界定、搭配组合、权责设置精准，以实现精准脱贫的目标。

1. 精准扶贫的对象内涵

精准扶贫的对象内涵，即精准扶贫的对象识别须精准，包括精准识别贫困对象、贫困深度、致贫原因等。要实现贫困对象的精准识别，必须克服规模排斥、区域排斥，以及识别过程中的主观与客观排斥，防止精英俘获①；同时要制定科学合理、易于操作的识别标准和识别流程②；并确立农户的主体性，调动其积极性，提高其参与度③；此外，尤其需要注重道德标准与道德尺度在精准识别中的克制使用，充分尊重识别对象的贫困属性，同时加强对识别标准附近“临界农户”的仔细甄别④。

2. 精准扶贫的资源内涵

精准扶贫的资源内涵，即精准扶贫的资源必须实现精准选择、精准配置与精准使用。扶贫资源的选择必须根据贫困对象的致贫原因有针对性地提供，避免供需错位；扶贫资源的配置必须根据贫困对象的贫困深度实行有效配置，既防止配置过度造成稀缺性扶贫资源浪费，又防止配置不足导致帮扶和脱贫目标难以实现⑤；扶贫资源的使用必须确保精准，既防止扶贫主体的寻租行为，也防止贫困对象将扶贫资源挪作他用，从而难以发挥扶贫资源的扶贫功能。

---

① 邓维杰：《精准扶贫的难点、对策与路径选择》，《农村经济》2014年第6期，第78~81页。

② 唐丽霞、罗江月、李小云：《精准扶贫机制实施的政策和实践困境》，《贵州社会科学》2015年第5期，第151~156页。

③ 葛志军、邢成举：《精准扶贫：内涵、实践困境及其原因阐释——基于宁夏银川两个村庄的调查》，《贵州社会科学》2015年第5期，第157~163页。

④ 唐丽霞、罗江月、李小云：《精准扶贫机制实施的政策和实践困境》，《贵州社会科学》2015年第5期，第151~156页。

⑤ 高刚：《民族地区扶贫开发的成效、问题及思维转向》，《贵州民族研究》2015年第9期，第131~135页。

3. 精准扶贫的主体内涵

精准扶贫的主体内涵，即精准扶贫的主体必须实现精准界定、精准搭配组合、精准权责设置。首先，在具体扶贫分工中，各扶贫主体必须实现准确定位，各司其职，既不越位，也不缺位；其次，各扶贫主体在扶贫工作开展过程中，既要实现精准搭配和有效组合以形成合力，又要与贫困对象实现内外联动；此外，各扶贫主体在扶贫工作中的权责设置必须对等，集中体现在事权与财权对等。

（二）精准扶贫的“目标－方法－过程”内涵

目标是方向，方法是支撑，过程是保障。精准扶贫必须在精准脱贫的目标指引下推进，否则可能出现目标偏误；精准扶贫要求扶贫方法（技术手段）要先进、科学、精准，只有采取精准的方法，才能解决传统扶贫工作中出现的“瞄准偏误、资源浪费、主体不清”等问题，为精准扶贫提供技术支撑；精准扶贫还要求扶贫过程（工作流程）精准，只有扶贫工作的每一个步骤都实现精准实施与有效衔接，才能确保精准扶贫工作的演进朝着预定脱贫目标的方向发展。

1. 精准扶贫的目标内涵

精准扶贫的目标内涵，包含三个层次的内容。一是近期目标，即消除绝对贫困，时间节点是 2020 年。二是中期目标，即在消除绝对贫困基础上，继续改善民生，巩固前期脱贫成效，防止返贫发生，消弭贫困脆弱性。三是远期目标，即在消弭贫困脆弱性之后，促进贫困对象实现长期可持续稳定脱贫。

精准扶贫近期、中期、远期目标的关系是层层递进的，后一阶段目标推进必须建立在前一阶段目标实现的基础之上。前一阶段目标的顺利完成，将为下一阶段目标的顺利推进奠定基础。前一阶段目标实现过程中如出现停滞现象，不仅会影响该阶段目标的实现，而且会阻碍下一阶段目标的实现。从这个意义上讲，精准扶贫的近期目标，即到 2020 年全部贫困人口摆脱绝对贫困，不仅是全面建成小康社会的攻坚任务，也是继续改善民生，消弭贫困脆弱性，实现贫困对象稳定脱贫的必要前提，其在精准脱贫的目标实现和社会主义发展道路上的重要作用和里程碑意义是不言而喻的。

2. 精准扶贫的方法内涵

精准扶贫的方法内涵，即精准扶贫在客观上要求实施精准扶贫所采取的技术手段和管理方式必须先进、科学、精准。科学技术是第一生产力，精准扶贫必须依靠先进技术的支撑，降低识别成本，促进生产发展，同时降低交易成本。首先，采用先进技术手段，不仅能提高贫困对象识别精度，为扶贫资源精准供给提供科学依据，而且有利于降低识别成本，提高扶贫综合效益；其次，利用科学的生产技术，能够帮助贫困对象解决生产发展所需的关键技术问题，实现增产、提质、增收；最后，“互联网+”等“技术－经济范式”变革（Change of Technology System）将在技术、观念、行为方式等方面带给贫困对象全方位的启迪，不仅能帮助贫困对象降低市场交易费用，而且会改变其思维方式，拓展其视野，提升其人力资本，提高其摆脱贫困的可行能力。

3. 精准扶贫的过程内涵

精准扶贫要求将精准的思想、内容、标准等体现在扶贫全过程之中，因此精准扶贫必须强调全过程的精准。建立一套扶贫工作的完整流程与考核评价机制显得尤为必要。具体体现在精准识别、精准帮扶、精准管理、精准考核这一线性扶贫工作流程中。

（1）精准识别。理想的扶贫对象识别，就是要实现识别精准度最大化与识别成本最小化的统一。[①] 一般而言，要实现对贫困对象的识别，必须付出一定成本。如图3－5所示，正常情况下，识别成本与识别精准度成正比，越精准的瞄准需付出越高的成本（Ⅱ、Ⅳ区情况）；在创造性技术手段支撑下，可以降低精准瞄准的成本（Ⅰ区情

① 左停、杨雨鑫、钟玲：《精准扶贫：技术靶向、理论解析和现实挑战》，《贵州社会科学》2015年第8期，第156～162页。

况）；而不科学、不合理的识别方法则可能导致高成本下的识别精准度依然很低（Ⅲ区情况）。从现实情况看，对贫困村的精准识别相对容易，而对贫困人口的识别相对困难。[①] 首先，贫困人口的贫困状态表现出多维性，很难从单一的收入、消费等维度准确刻画；其次，在信息不对称的情况下，被识别对象可能隐藏自己的真实情况，以争取扶贫资源，给识别造成难度。因此，需要创新精准识别方法和程序，在识别维度上寻求全面性与代表性均衡，既不过于单一粗放，也不过于烦琐复杂，同时通过民主、科学和透明的识别程序，将贫困人口识别出来。

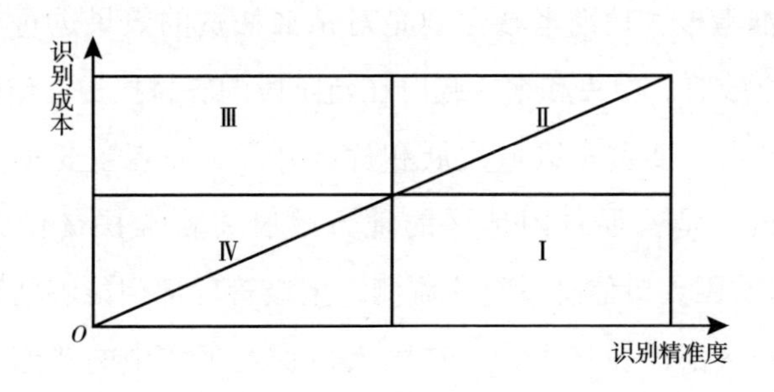

图 3－5　贫困对象识别精准度与识别成本的关系

（2）精准帮扶。所谓精准帮扶，就是要根据贫困对象的致贫原因和贫困深度分类施策。这一方式主要是针对以往扶贫工作中“一刀切”“大而全”的帮扶内容、方式而设计的，[②] 是对矛盾特殊性规律的尊重与遵循。我国幅员辽阔，各地情况不一，贫困对象的致贫原因和贫困深度千差万别，这在客观上要求扶贫工作在遵守基本原则基础上，必须因地制宜、因时制宜、因人而异，对处于不同贫困地区、不同致贫原因、不同贫困深度的贫困对象采取差异化帮扶措施、帮扶手段和帮

① 葛志军、邢成举：《精准扶贫：内涵、实践困境及其原因阐释——基于宁夏银川两个村庄的调查》，《贵州社会科学》2015 年第 5 期，第 157～163 页。

② 葛志军、邢成举：《精准扶贫：内涵、实践困境及其原因阐释——基于宁夏银川两个村庄的调查》，《贵州社会科学》2015 年第 5 期，第 157～163 页。

扶力度。

(3) 精准管理。所谓精准管理，就是要对贫困对象的脱贫进展、扶贫主体的帮扶工作等实行全程化、立体化、信息化、动态化监管，以确保扶贫工作取得实效。首先，精准管理必须一直贯穿扶贫工作始终；其次，精准管理意味着必须采取信息化手段，对贫困对象的致贫原因、贫困深度，帮扶主体的帮扶措施、手段、进展，以及贫困对象的脱贫进展等实行立体化、动态化监管，及时更新相应变化，并通过变化调整帮扶对象和帮扶工作，做到贫困对象有进有出，帮扶实现应帮尽帮。

(4) 精准考核。精准考核主要是对精准扶贫的效果进行考核，对象主要是地方政府。中央和地方政府在新阶段的农村扶贫工作中有较明确的分工，前者主要负责区域发展和片区开发，后者主要负责精准扶贫。精准考核就是督促贫困地区的地方政府将精准扶贫作为工作重点。[①] 通过对贫困人口信息系统的监测，上级管理部门能够清晰、准确地发现下级扶贫部门在贫困户、贫困人口识别工作中的严谨性、精准性，能够及时查看扶贫资金和扶贫项目的使用、落实情况，能够及时考核各地脱贫成效，并根据脱贫成效分配扶贫资源、提拔任用干部，以此调动下级扶贫部门和扶贫干部的工作积极性，保持扶贫工作的必要压力。[②]

(三) 精准扶贫的“微观－中观－宏观”内涵

精准扶贫的内涵体现出不同的层次性，具体表现在微观层面的贫困人口、贫困户和贫困村精准扶贫，中观层面的贫困县精准扶贫和宏观层面的贫困片区精准扶贫。不同层次的精准扶贫针对的对象不同，关注的扶贫重点有差异，但目标均指向精准脱贫。

---

① 汪三贵、郭子豪：《论中国的精准扶贫》，《贵州社会科学》2015 年第 5 期，第 147 ~ 150 页。

② 葛志军、邢成举：《精准扶贫：内涵、实践困境及其原因阐释——基于宁夏银川两个村庄的调查》，《贵州社会科学》2015 年第 5 期，第 157 ~ 163 页。

1. 精准扶贫的微观内涵

微观层面的精准扶贫，从对象上看主要针对贫困人口、贫困户和贫困村。必须确保针对微观贫困对象的扶贫行为在系统设计与具体实践过程中的精准，做到贫困对象识别精准、致贫原因分析判断精准、帮扶措施制定精准、帮扶资源要素组合精准、帮扶行为实施精准、帮扶成效评价考核精准等。同时，微观层面的精准扶贫，应注重对贫困对象可行能力的培养、主体权利的赋予、主观能动性的激发和参与积极性的调动，从而确保可持续稳定脱贫目标的实现。

2. 精准扶贫的中观内涵

中观层面的精准扶贫，从对象上看主要针对扶贫开发重点县。这是因为，从理论层面看，对微观层面贫困人口、贫困户和贫困村的帮扶，并不是孤立存在的，必须嵌套在一定的外部环境中。微观个体发展如果离开了外部环境的支撑，必然成为无源之水、无本之木，难以长久，而与贫困人口、贫困户和贫困村联系最密切的外部环境就是其自身所处的行政区划县。值得强调的是，中观层面的精准扶贫更强调县域整体发展，尤其是产业发展对贫困对象脱贫致富的带动作用。脱贫经济是基础，需从经济上寻找出路，利用贫困地区的各种资源条件发展特色产业是脱贫的重要路径。没有产业支撑的脱贫往往是脆弱的，容易发生返贫。而产业发展过程中，不管是组织内的技术合作、生产要素合作等，还是组织外的市场交换等，都涉及精准问题，即经济效益最大化或发展成本最小化问题。在县域产业发展过程中，要结合县域市场区位、资源禀赋和比较优势，坚持因地制宜、科学规划、融合发展，以市场需求为导向，以特色产业为基础，以高新技术为支撑，以全产业链为突破，促进贫困县域产业经济科学持续发展，让贫困对象从产业发展中获益脱贫。

3. 精准扶贫的宏观内涵

宏观层面的精准扶贫，对象主要是集中连片特困地区。目标是到2020年，解决区域性整体贫困。一般而言，尽管贫困表现为个体性，但大多与区域性相关。无论从世界范围看，还是就我国实际情况而言，贫困的难题都在于其区域性或片区性，从而使得贫困不仅仅表现为经济问题，更表现为复杂的社会和政治问题。宏观层面的精准扶贫，重点要解决的是区域的发展环境问题，包括自然环境和社会环境。就自然环境而言，要树立绿色发展理念，做到扶贫与环保并重；就社会环境而言，要努力改善区域基础设施，提高区域公共服务水平，优化区域内部市场环境，促进区域内外市场联通，同时培育并完善促进贫困地区发展的制度环境，去除贫困的区域性、片区性根基。

二　精准视角下的森林碳汇扶贫理论导向

在当前国家深入推进精准扶贫精准脱贫的大背景下，新时代精准扶贫思想理念，尤其是“贵在精准，重在精准，成败之举在于精准”的指导思想、基本原则、基本程序和实践路径，既为深化森林碳汇扶贫研究提供了相应的理论借鉴，也为推动森林碳汇扶贫在实践层面实现精准识别、精准帮扶、精准管理与精准考核提供了理论指导。

（一）精准识别

精准识别是实现森林碳汇扶贫“扶真贫、真扶贫”的前提，核心要义是要解决“扶持谁”这一首要问题。广义上的森林碳汇扶贫对象包括具备一定森林碳交易资源禀赋优势的生态脆弱或气候敏感的集中贫困片区、贫困县、贫困村、贫困社区和贫困人口。但就精准扶贫视角而论，其是指狭义上的扶贫对象，即可以通过参与森林碳汇交易，进而改变自身贫困现状、提升脱贫能力的贫困人口。区别于“输血式”扶贫只需要按照现行国家农村扶贫标准，即2010年家庭人均纯收入不变价格2300元，统筹考虑“两不愁、三保障”因素识别出的贫困人口，“造血式”的森林碳汇扶贫①还须在此基础之上，强调在充分尊重扶贫

① 张莹、黄颖利：《森林碳汇项目有助于减贫吗?》，《林业经济问题》2019年第1期，第71～76页。

客体的主观意愿、价值判断前提下，识别出森林碳汇扶贫的“可扶之人”（见图3－6）。具体到碳汇造林再造林而言，一方面，从严格的学术意义上讲，森林碳汇扶贫的目标人群是那些具备一定人力资本、自然资本和社会资本并愿意参与森林碳汇项目开发的贫困人口；另一方面，从实践层面来看，森林碳汇扶贫开发的参与者与受益者不应该也不可能局限于贫困人口。因此，其理论启示在于，充分尊重包括贫困人口在内的农户主观意愿和价值判断，考察农户参与森林碳汇扶贫开发的意愿及关键影响因素，讨论提高森林碳汇扶贫靶向性、精准性，推动贫困人口享有平等参与机会，构建提高贫困人口广泛、持续参与森林碳汇项目建设的积极性与主动性的配套支持政策，是开展森林碳汇扶贫研究，提高森林碳汇扶贫瞄准精度必须关注的优先议题。

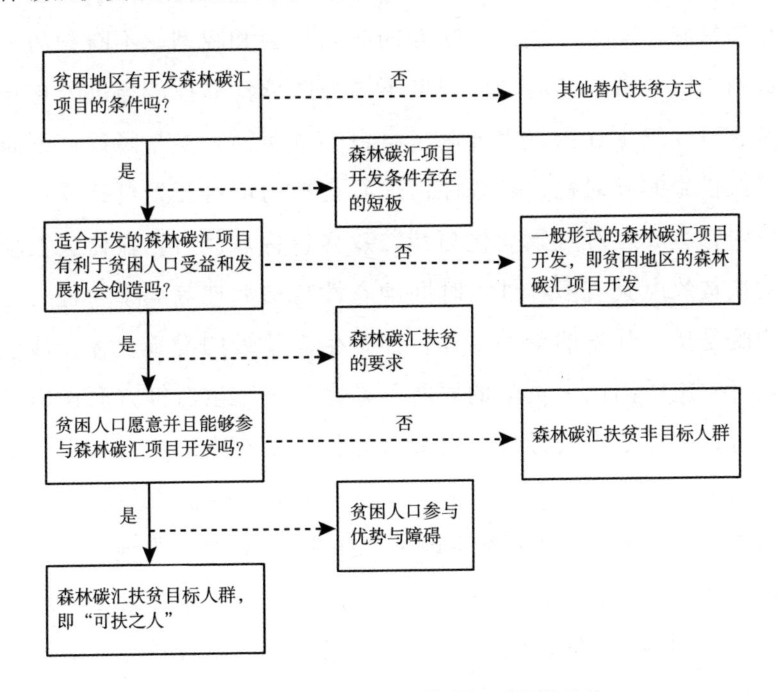

图3－6　森林碳汇扶贫精准识别逻辑线路

资料来源：邓小海、曾亮、肖洪磊：《旅游精准扶贫的概念、构成及运行机理探析》，《江苏农业科学》2017年第2期。

（二）精准帮扶

精准帮扶是实现森林碳汇扶贫“扶真贫、真扶贫”的核心，关键是要解决森林碳汇扶贫开发中“谁来扶”“怎么扶”的问题。如前所述，森林碳汇扶贫主体是一个不断发展与更新的“变量”，围绕森林碳汇项目开发与减贫双赢，首先，客观上要求既要避免扶贫资源的精英俘获，又要充分发挥项目实施区域所在的贫困村村主任和村支书、造林再造林专业大户、专业合作社社长等农村社区精英的组织、示范作用，精准带动贫困人口参与和分享参与实惠，使之成为森林碳汇扶贫开发的参与和帮扶主体。其次，森林碳汇扶贫对象要瞄准贫困地区的贫困人口，就是要在精准识别目标人群的基础上，因地制宜、因时制宜、因人而异地对接个性帮扶需求，采取差异化的帮扶措施，赋予贫困人口平等的参与机会和权利，不断扫清或减少贫困人口通常存在的文化程度不高、造林营林技能与进入市场能力差、对传统生计依赖程度高、组织力量薄弱等参与障碍，不断提高帮扶措施的针对性、有效性，进而在推动项目开发可持续运营的过程中，达成应对气候变化与减贫双赢目标。最后，森林碳汇项目开发扶贫效应具有多样性、时间动态性与滞后性等典型特征，社区农户既是扶贫开发的受益主体，亦是生态建设的受损主体，他们在为项目实施做出巨大贡献的同时，亦在生产、生活等方面付出了相应代价，客观上应获得包括碳汇市场化补偿在内的生态补偿，坚持因人因地施策，避免其代价高于受益。对此，就需要关注三个方面的问题，一是如何在面向贫困地区“扶业”，有的放矢地为森林碳汇扶贫可持续开发创造良好条件的同时，对症下药地面向贫困户“扶人”，尤其是破除瓶颈性参与障碍，促使贫困人口能够更有效地参与到森林碳汇扶贫的各个环节中，平等、充分、真实地表达利益诉求，公平、合理地获得参与实惠；二是如何充分关注森林碳汇项目开发对社区农户的负面影响，积极推动生态补偿政策与扶贫政策的有机衔接；三是如何在遵循国际森林碳汇减排标准、项目交易规则及合同条款的同时，充分尊重贫困地区传统农牧文化规范和民族文化习俗，发挥正式制度与非正式制度的双重作用，推动政策措施精准安排与文化精准引导。

（三）精准管理

精准管理是实现森林碳汇扶贫“扶真贫、真扶贫”的关键，是指围绕应对气候变化与减贫双赢目标，通过制度安排、政策调控以及计划、组织、调控、激励、考核等多种管理手段，对森林碳汇扶贫开发整个过程、环节和要素进行的一系列管理活动，核心是要解决“谁来管”“管什么”“如何管”等问题。首先，森林碳汇扶贫管理者，包括中央、省、市（州）、县、乡（镇）五级政府，尤其是县级以上的发展和改革委员会、林业、扶贫、科教、金融等相关主管部门。管理主体的多样性使管理职责与义务具有更大的不确定性，容易导致“三不管”和“踢皮球”等实际问题。因此，精准扶贫框架下的管理者应该是一个能够推动众多行政部门之间有效衔接与协调，能够整合森林碳汇市场交易、扶贫和林业生态建设等相关政策的管理主体。如在宏观层面，应在中央和省级应对气候变化和节能减排工作领导小组基础上，成立具有部门协调能力的森林碳汇扶贫领导机构。其次，作为一种新兴产业扶贫方式，森林碳汇项目是连接森林碳汇扶贫主体、扶贫资源、扶贫方式与贫困人口的桥梁，是森林碳汇扶贫系统工程的重点环节。森林碳汇扶贫开发项目的管理水平，不仅直接影响项目自身综合效益，尤其是经济和生态效益的大小，而且会影响贫困人口的参与内容、参与方式、参与机会和参与程度，进而决定扶贫对象的受益面与受益程度。因此，管理重点既包括针对前期选点定位、规划论证、审核备案等的目标管理，也包括指向中期建设运营中扶贫资源整合，压实帮扶责任，健全帮扶内容、帮扶措施和益贫机制等的过程管理，以及贯彻项目开发全过程扶贫绩效中期考评和行业监管等。最后，精准扶贫框架下的精准管理意味着要对贫困对象参与状况、扶贫主体的帮扶工作及其成效等实行透明化、信息化、动态化、全程化监管。然而正如前文所述，市场机制主导下的森林碳汇扶贫开发交织着多元主体不同的利益诉求，要获得达到帕累托最优所需要全部信息的成本极其昂贵，往往容易导致作为“经济人”参与主体的道德风险、逆向选择等问题。这就需要着眼“信息效率”“市场失灵”“激励相容”，充分发挥政府的引导、推动和监管作用，因地制宜地对森林碳汇扶贫的激励性、保障性和规范性等配套政策及其考核、评价方式等进行调整，不断完善以贫困农户公平参与和利益保障为核心的益贫机制，从而在最大限度地避免精英俘获，满足多元主体追求自身利益的同时，以市场化、产业化路径，达成贫困人口受益和发展机会创造的扶贫宗旨。对此，有必要实证研究三个基本问题，一是如何针对农户参与森林碳汇项目开发方式的多样性特点，揭示农户生计资本和参与直接收益间的关系，进一步分类施策、优化森林碳汇扶贫路径；二是如何在积极降低森林碳汇项目开发交易成本、扩大造林地块集中连片经营的同时，充分发挥项目社区动员、管理和协调等多种功能，推动双赢；三是如何在积极避免精英俘获的同时，充分发挥农村精英带动作用，促进包括贫困人口在内的社区农户积极、主动地广泛参与，实现项目可持续运作与开发成果共享，并针对森林碳汇项目开发对精英群体示范、带动作用依赖的客观现实，深入解析森林碳汇扶贫益贫性与扶贫偏误，深入讨论应对气候变化与精准扶贫双赢的有效路径与管理措施，建立完善益贫机制。

（四）精准考核

精准考核是实现森林碳汇扶贫“扶真贫、真扶贫”的保障，其核心是要解决森林碳汇扶贫开发中“谁来考核”“如何考核”等问题。精准扶贫框架下的精准考核是由行业或民间咨询机构、专业评估组织等独立于利益相关者之外的第三方评价机构，以“旁观者”身份，在项目实施的某一节点或结束后，对森林碳汇扶贫减贫路径是否有效、减贫效果是否达到预期目标，尤其是贫困人口受益大于成本以及发展机会保证等进行专业、客观、公正的评价，其评价结论不但可以作为相关政府管理部门及时调整森林碳汇扶贫战略、优化配套支持政策的决策依据，而且能够督促扶贫主体在具体操作中及时改进工作方式方法、矫正扶贫行动偏差，更好地提高森林碳汇扶贫透明度，提升扶贫主体履约率与减贫绩效。这就需要针对森林碳汇扶贫效应典型的多样性、空间异质性、时间动态性与滞后性等特征，深入探讨两个基本问题，一是如何基于宏观尺度，构建可衡量、可考核、可把握、可督查的综合指标体系，动态监测、定量评价项目开发综合益贫绩效；二是如何基于微观尺度，突出对贫困人口的人文关怀，开展森林碳汇扶贫效应农户感知评价，不断提升包括贫困群体在内的农户获得感、认可度和满意度。

三　精准框架下的森林碳汇扶贫实践逻辑

从精准扶贫实践导向来看，就是要将“实事求是、因地制宜、分类指导、精准扶贫”的核心理念，内化为推动实现应对气候变化与减贫双赢的实践。结合前文利益相关者分析，可以将精准框架下的森林碳汇扶贫相关实践主体分为各级政府、经营实体、社区精英、贫困人口和第三方评估机构等五大类，分别在森林碳汇扶贫开发过程中，履行各自职责，不断将精准识别、精准帮扶、精准管理和精准考核的精准扶贫实践框架，贯穿到森林碳汇项目规划设计、组织建设、持续经营、监测评估的全过程。其实践机制可以概括为，作为森林碳汇扶贫管理者、调控者、监督者的各级政府，通过强化制度设计、整合扶贫资源、弥补市场失灵，制定瞄准和贴近贫困农户需求、鼓励造林实体尽可能多地吸收贫困农户参与的配套支持政策，全方位地对项目开发的各个环节实行动态和跟踪管理，不断为推动森林碳汇扶贫由聚焦贫困地区的“单轮驱动”型向既有区域整体，又更加强调精准到人的“双轮驱动”型变革与转型，以实现应对气候变化与扶贫双赢。作为项目开发主导者、执行者、投资者的经营实体，在相关政策允许、支持和充分尊重贫困人口主观意愿的前提下，结合贫困社区、贫困人口实际情况和利益诉求，处理好森林碳增汇与扶贫的权衡关系，积极、主动开展森林碳汇扶贫实践，并将实践中的先进经验和困难等向政府进行反馈，以便于政府调整政策。作为项目实施地块所属贫困村村主任、村支书、第一书记等基层扶贫工作者，参与造林再造林专业大户、专业合作社社长以及德高望重的老者、宗族头人等社区精英，一方面发挥自身影响力和示范作用，积极组织、带领贫困人口参与，共同分享参与利益；另一方面将减贫效果、存在的问题等向政府进行反馈，以便于政府调整政策。第三方评估机构是指区别于第一方（各级政府、经营实体、社区精英）和第二方（贫困人口）之外的第三方评价组织，机构通常包括独立第三方或委托第三方，往往是行业或民间咨询机构、专业评估组织等，其独立于利益相关者之外，以“旁观者”身份专业、客观、公正地对森林碳汇扶贫实践过程，包括目标人口瞄准、减贫路径、益贫效果等进行实事求是的评估。其评估结论既可以作为政府及时修订森林碳汇扶贫战略及配套政策的决策参考，还能够推动经营实体、社区精英在具体实践中改进工作方式方法、矫正扶贫行动偏差，更好地达成有利于贫困人口受益和发展机会创造的核心目标，具体如图 3－7 所示。

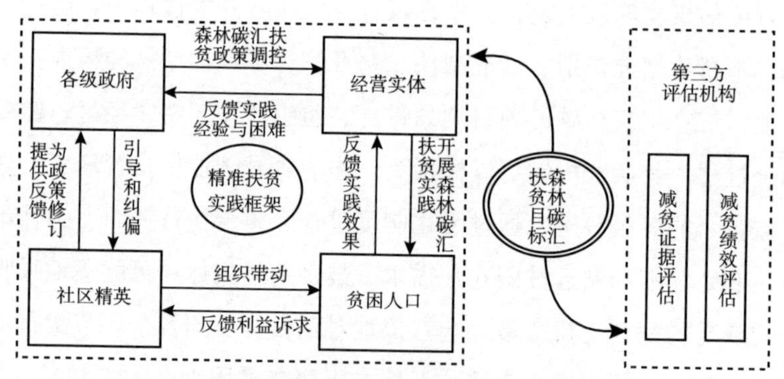

图 3－7　精准框架下的森林碳汇扶贫实践逻辑

四　精准视角下的森林碳汇扶贫分析框架

综上所述，精准视角下的森林碳汇扶贫开发，以应对气候变化与精准扶贫双赢为目标，以森林碳汇项目为载体，以贫困人口参与机会与权益保障为核心，以“扶真贫、真扶贫”为归宿，以森林碳汇产业可持续发展和制度创新为支撑，是将精准识别、精准帮扶、精准管理和精准考核，贯穿于森林碳汇项目规划设计、组织建设、持续经营、监测评估全过程的一个有机整体。由充分尊重包括贫困人口在内的农户主观意愿和价值判断，增强农户参与意愿、破除参与障碍，尊重民族传统习俗、减缓文化冲突，发挥社区及其精英组织示范作用、避免精英俘获，以及突出扶贫绩效综合评价和扶贫绩效农户感知评价等共同决定“扶真贫、真扶贫”的成效。这就是本研究的理论分析框架，具体如图 3－8 所示。

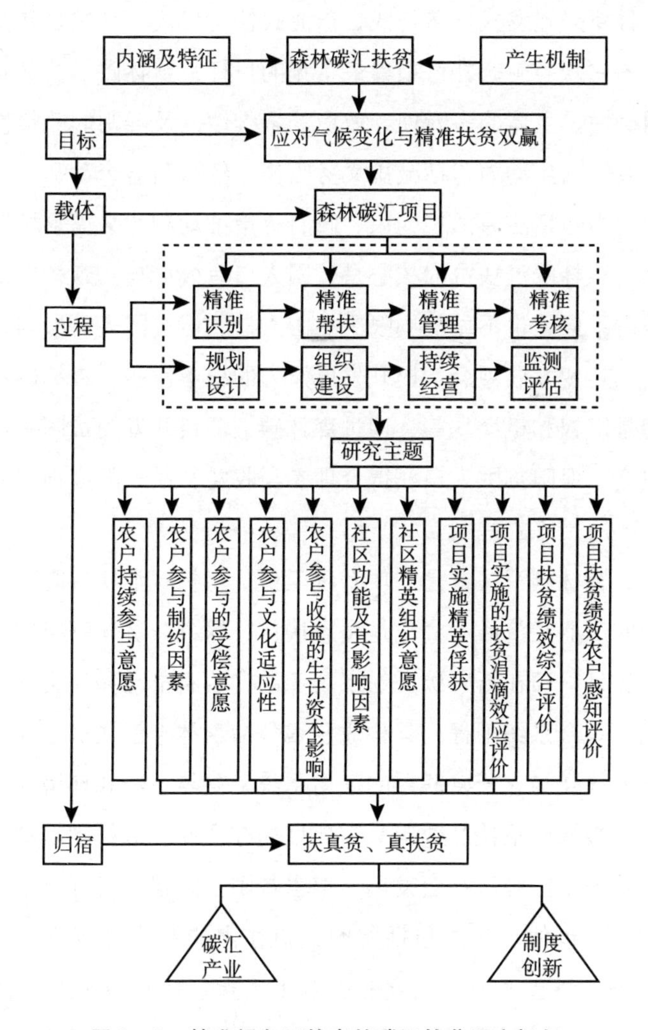

图 3－8　精准视角下的森林碳汇扶贫研究框架

小 结

本章立足于世界各国应对气候变化和国内精准扶贫的大背景，借鉴相关已有研究成果及其理论分析的基础上，搭建了精准视角下的森林碳汇扶贫研究的理论分析框架。主要研究结论与启示如下。

第一，森林碳汇扶贫是中国在参与和引领世界应对气候变化行动中催生的一种新兴开发式、参与式、造血式扶贫形式。减贫是包括森林碳汇项目在内的众多生态补偿项目最常见的目标，森林碳汇扶贫具有扶贫客体的明确性、主体的多元性、效应的多维性以及鲜明的政策性等典型特征，形成的内生动力包括减排义务驱使、经济利益牵动和公众形象提升，外生动力包括法律法规约束、政府政策推动和社会需求拉动。

第二，森林碳汇扶贫的核心是贫困人口有效参与。森林碳汇扶贫开发的受益者不应该也不可能局限于贫困人口，但贫困人口参与无疑是其获得收益、转变发展观念、提升发展能力的根本途径。森林碳汇扶贫的核心理念是赋权和机会均等，通过森林碳汇项目开发为贫困人口提供公平参与机会、保障贫困人口获得合理参与收益，最大限度地享有外部扶贫资源注入所带来的福利。

第三，森林碳汇扶贫是一项系统工程。森林碳汇扶贫既是一项以扶贫为导向的产业经济活动，也是生态扶贫、绿色减贫体制机制创新的现实单元，更是一项在新兴碳交易市场牵动、政府推动和社会助动下的动态、开放、复合系统工程，其构成要素包括森林碳汇扶贫主体、扶贫资源和扶贫方式及与之紧密联系的动力系统、参与系统和环境系统。

第四，森林碳汇扶贫效应具有典型的综合性。森林碳汇扶贫效应既体现在对贫困地区经济社会发展、增强贫困社区组织管理能力等宏观尺度的影响上，也体现在对包括贫困人口在内的农户经济收入、可行能力、发展机会创造等微观尺度的影响上，既包括经济和非经济收益影响，也包括短期与长期、积极和消极影响，具有典型的多样性、空间异质性、时间动态性与滞后性等特征。

以上结论具有明显的政策启示。一是应对气候变化与扶贫双赢是森林碳汇扶贫的前提。森林碳汇项目具有不可忽视的减贫潜力，但潜力能否转化为动力，有赖于森林碳汇扶贫的基本理念、凸显扶贫功能的森林碳汇配套政策及其行动。必须在推进森林碳汇市场繁荣、产业可持续发展，尤其是森林碳汇项目可持续运营的进程中实现减贫脱贫。具体而言，就是要将包容性增长、绿色减贫和应对气候变化与扶贫双赢的理念贯穿到森林碳汇产业发展战略及其顶层制度设计中，制定科学、系统的实施规划，提高森林碳汇扶贫的实效性和可持续性。

二是贫困人口有效参与是森林碳汇扶贫的关键。森林碳汇扶贫既要强调通过精英示范作用，带动贫困人口参与，避免扶贫资源的精英俘获，也要切实提高贫困人口的参与能力、参与机会和参与程度，确保贫困人口的需求在森林碳汇项目开发过程中被优先承认和区别对待，不断推动森林碳汇扶贫由聚焦贫困地区的“单轮驱动”型向既有区域整体，又更加强调到户到人的“双轮驱动”型变革与转型。

三是强化扶贫资源整合是森林碳汇扶贫的重要策略。森林碳汇扶贫作为一项系统工程，仅仅依靠应对气候变化以及森林碳汇产业政策自身的引导是远远不够的，必须通过政府的适度干预，尤其是与各种扶贫、生态建设等政策相互融合，诱导和促进森林碳汇扶贫主体协同、扶贫资源整合、扶贫方式集成，才能为达成贫困人口受益和发展机会创造注入新动力与新活力，提升森林碳汇的减贫效率与实践成效。

四是益贫效果评价是森林碳汇扶贫的重要保障。对于森林碳汇益贫绩效的评价，既要强调基于宏观层面，尤其是贫困人口受益和发展机会创造的客观评价，又要强调包括贫困人口在内的农户微观层面的主观感知评价，特别需要关注碳泄漏等对绝对贫困人口在采伐薪柴、放牧等传统生计活动及其文化适应性等方面的负面影响。

第四章　国内外森林碳汇扶贫政策演进

随着气候变化对全人类生存和发展的危害越来越凸显，国际社会加快了合作治理应对气候变化的进程。实施碳减排、增加碳汇成为国际社会的普遍共识。森林作为陆地生态系统的主体，具有强大的吸收和储存二氧化碳的功能，对减缓和适应气候变化有着不可替代的作用，因此，森林碳汇日益成为世界各国应对气候变化的重要举措。经过一系列应对气候变化的谈判，目前，国际社会已经制定和出台了一系列应对气候变化的目标、政策和措施，基本形成了以《联合国气候变化框架公约》《京都议定书》等为行为准则的应对气候变化合作治理格局。在这种合作治理格局下，包括中国在内的世界各国积极开展森林碳汇探索与发展，以适应和减缓气候变化。

随着合作治理实践的不断向前推进，森林碳汇（包括通过造林恢复森林植被、加强森林经营增加碳汇，通过减少毁林、保护森林和湿地等减少碳排放以及促进碳汇交易等活动和机制）相对于工业减排所具有的优势逐渐凸显，成为各国应对气候变化问题的战略选择。随着森林碳汇项目试点的不断应用和推广，森林碳汇除了应对气候变化的“碳效益”之外，其多重效益包括但不限于促进农民就业和增收、保护生物多样性、提供良好的人居环境等也被政策制定者逐步认知[①]，在政策

① 漆雁斌：《林业碳汇管理研究》，中国农业出版社，2015。

制定中进一步强调了在森林碳汇活动中挖掘其生态效益、社会效益和经济效益。

随着森林碳汇理论与项目实践的不断深入，在中国精准扶贫精准脱贫与生态文明建设以及全面建成小康社会的现实背景下，森林碳汇的扶贫潜力得到进一步挖掘。贫困地区的地理分布与生态脆弱区具有高度的耦合性，森林碳汇在贫困地区焕发出新的活力，成了助力脱贫攻坚与生态文明建设“双赢”的新途径，各级政府积极开展贫困地区森林碳汇扶贫项目试点和碳汇交易，使森林碳汇扶贫为精准扶贫提供了有益的补充和丰富的实践经验。

第一节　实施减排固碳应对气候变化，构建国际合作治理框架（1990～2007年）

气候变化是当今人类生存和发展面临的严峻挑战，是国际社会普遍关注的重大全球性问题。国际社会对林业的碳汇功能已形成高度共识，认为林业措施是有效应对气候变化的重要途径。我国也将发展林业作为应对气候变化的战略选择。

（一）国际合作治理框架的形成（1990～2000年）

1990年12月，联合国大会决定成立一个政府间谈判委员会（INC）拟定全球合作治理气候变化文本。1991年2月，INC召开第一次会议，经历5次会议于1992年5月在巴西里约热内卢签署了《联合国气候变化框架公约》（以下简称《公约》），并于1994年3月21日正式生效，体现出当时国际社会对可持续发展和应对气候变化高度的期望和热情。《公约》是世界上第一个为全面控制二氧化碳等温室气体排放以应对全球气候变暖给人类经济和社会带来不利影响的国际公约，也是国际社会在应对全球气候变化问题上进行国际合作的一个基本框架。截至2016

年 6 月底，共有 197 个缔约方。[1]

《公约》最重要的成果有三个方面：公约目标、基本原则和各方承诺。首先，《公约》第二条明确提出其目标：减少温室气体排放，减少人为活动对气候系统的危害，减缓气候变化，增强生态系统对气候变化的适应性，确保粮食生产和经济可持续发展。可以看出，目标主要分为两层含义，一是将稳定大气中温室气体的浓度作为应对气候变化的手段；二是要规避气候变化所带来的风险，包括生态系统适应能力、粮食生产安全和经济可持续发展。

其次，《公约》建立了国际合作治理应当遵循的基本原则，包括公平原则、共同但有区别的责任、各自能力原则、可持续发展原则、鼓励合作原则、国情原则和成本有效性原则等。这些原则基本考虑了国际合作治理应对气候变化的各个方面，为此后 20 多年的国际合作治理应对气候变化进程向正确方向迈进提供了保障。

除了目标和基本原则，《公约》还明确了各缔约方的承诺，规定了各缔约方都应当积极采取措施减排固碳，到 2000 年将温室气体排放降低到 1990 年的水平，同时将世界各国分为两大类：附件 I 国家和非附件 I 国家。附件 I 国家主要包括俄罗斯联邦、波罗的海等对气候变化负有较大历史责任的工业化国家；非附件 I 国家主要由发展中国家构成。考虑到发展中国家的优先和紧迫任务是实现经济社会发展和消除贫困，因此，没有为发展中国家设定约束性温室气体减排任务，而是要求发达国家率先减排，并向发展中国家提供资金、技术支持，发展中国家在得到发达国家资金、技术的支持下，采取相应的措施减缓和适应气候变化。

此后，1995～2018 年，经过 24 次《公约》缔约方会议，先后制定了《京都议定书》（1997 年）和《哥本哈根协议》（2009 年），建立了

---

① 详见外交部网站，https：//www.fmprc.gov.cn/web/ziliao_674904/tytj_674911/t1201175.shtml，2016 年 7 月 11 日。

“德班平台”（2011 年），通过了《巴黎协定》（2016 年），持续为国际应对气候变化构建合作治理框架指引正确的方向。

《公约》通过后，1997 年 12 月，由 149 个国家和地区的代表在日本京都通过了《京都议定书》，旨在减少全球温室气体排放。作为朝着《公约》既定方向迈出的关键一步，《京都议定书》的重要性首先体现在它设定了具有法定约束力的量化指标，不仅规定了所有发达国家在 2008～2012 年必须将温室气体的排放量相比于 1990 年削减 5.2% 的集体目标，还为每个国家设定了各自的减限排任务，同时规定，包括中国和印度在内的发展中国家可自愿制定削减排放量目标。

《京都议定书》的另一项重要成果是根据《公约》的成本有效性原则，通过经济手段为承担减排义务的缔约方提供了履约的灵活机制，包括联合履约（Joint Implementation，JI）、排放贸易（Emissions Trading，ET）和清洁发展机制（Clean Development Mechanism，CDM）三种灵活履约机制，如发达国家联合执行限制或减少温室气体排放或增加碳汇项目，共享排放减量单位。另外，允许发达国家与发展中国家进行项目级减排量抵消额的转让与获得，从而在发展中国家实施温室气体减排项目。

从实施效果来看，这三种灵活履约机制的设立不但达到了最初的设计目的，证明了经济减排手段的有效性，而且取得了巨大的额外效应——CDM 在发展中国家开展，对促进可再生能源的发展和提高发展中国家应对气候变化的意识，以及在更大范围开展减排行动的信心做出了巨大的贡献，CDM 产生的效果对于后续新进程的启动打下了良好的基础。

（二）CDM 机制的发展（2001～2003 年）

《京都议定书》承认森林碳汇对减缓气候变暖的贡献，并要求各国加强森林可持续经营和植被恢复及保护，允许发达国家通过向发展中国家提供资金和技术，在发展中国家开展造林再造林碳汇项目，将项目产生的碳汇额度用于抵消其国内的减排指标。在此后一系列气候公约国际谈判中，国际社会对森林吸收二氧化碳的汇聚作用越来越重视。《波恩政治协议》（2001 年）、《马拉喀什协定》（2001 年）均将造林再造林等林业活动纳入《京都议定书》的 CDM，鼓励各国通过绿化、造林来抵消一部分工业源二氧化碳的排放，原则上同意将造林再造林作为第一承诺期合格的 CDM，这意味着发达国家可以通过在发展中国家实施林业碳汇 CDM 项目抵消其部分温室气体排放量。

2003 年 12 月召开的《公约》第九次缔约方大会，国际社会已就将造林再造林等林业活动纳入碳汇 CDM 项目达成了一致意见，制定了新的运作规则，为正式启动实施造林再造林碳汇 CDM 项目创造了有利条件。CDM 项目的实施，在帮助附件 I 国家以较低的成本实现其减排温室气体承诺的同时，也通过对先进和适用技术的引进，为发展中国家实施可持续发展战略提供了有利契机，是一种双赢的选择。

我国 CDM 项目始于 2002 年，荷兰政府与中国政府签订内蒙古自治区辉腾锡勒风电场项目，开启了 CDM 进入中国的起点。通过 CDM 项目，我国积极参与国际碳市场交易。自 2002 年以来，我国的 CDM 项目迅速发展，2006 年取代印度成为 CDM 项目第二大国。截至 2014 年，国家发改委批准的全部 CDM 项目共计 5058 个，在 CDM 执行理事会成功注册的中国 CDM 项目共计 3802 个；全球累计的核证减排量（CER）共计 14.68 亿吨二氧化碳，中国居第一位，占总量的 60% 以上。[①] 截至 2017 年，已获得 CERs 签发的中国 CDM 项目共计 1557 个。[②]

① 详见中国碳交易网，http：//www.tanjiaoyi.com/article-5811-1.html，2014 年 12 月 20 日。

② 详见中国清洁发展机制网，http：//cdm.ccchina.org.cn/NewItemAll2.aspx，2017 年 8 月 31 日。

（三）中国林业应对气候变化（2004～2007年）

在国际气候变化应对与治理层面，中国不仅是第一批签署《公约》及《京都议定书》的国家，还在国内实施了一系列政策措施，积极用实际行动应对气候变化。

一是积极探索碳汇试点工作。2004年，我国碳汇工作开始起步，主要集中在碳汇评价研究和CDM项目开展上。2006年，在世界银行的支持下，全球首个CDM碳汇造林项目——“中国广西珠江流域再造林项目”在我国广西实施，为全球开展CDM碳汇项目提供了示范，在国际上产生了积极影响。四川、云南等省也利用保护国际筹集的资金，启动了碳汇试点工作。2006年，国家林业局碳汇管理办公室发布《关于开展清洁发展机制下造林再造林碳汇项目的指导意见》[①]，旨在推进清洁发展机制下造林再造林碳汇项目及相关工作。

二是高度重视应对气候变化国家战略的制定。党的十七大指出：“加强水利、林业、草原建设，加强荒漠化石漠化治理，促进生态修复。加强应对气候变化能力建设，为保护全球气候作出新贡献。”[②]2007年，国务院正式发布《中国应对气候变化国家方案》[③]，它是中国第一个应对全球气候变化的综合性政策文件，也是发展中国家在该领域的第一个国家方案。《中国应对气候变化国家方案》全面阐述了我国2010年前应对气候变化的主要举措，并明确把林业纳入我国减缓气候变化的6个重点领域和适应气候变化的4个重点领域，提出林业增加温室气体吸收汇、维护和扩大森林生态系统整体功能、构建良好生态环境的政策措施，进一步突出强调了林业在应对气候变化中的特殊地位和发

---

① 详见中国林业网，http：//www.forestry.gov.cn/zlszz/4249/16098/3.html，2006年12月28日。

② 详见人民网，http：//paper.people.com.cn/rmrb/html/2007－10/25/content_27198418.htm，2007年10月25日。

③ 详见中央政府网，http：//www.gov.cn/ldhd/2007－06/01/content_633314.htm，2007年6月3日。

挥的作用。

三是积极推进应对全球气候变化的国家能力建设。早在1990年，国务院就成立了“国家气候变化对策协调小组”，负责中国气候变化领域重大活动和对策。从2003年开始，国家林业局相继成立了气候办、碳汇办、能源办等一系列林业应对气候变化管理机构，率先规划了本行业应对气候变化工作。2007年，“国家应对气候变化及节能减排工作领导小组”成立，负责研究制定国家应对气候变化的重大战略、方针与政策。在此之后，“国家发改委应对气候变化司”和“国家能源会”也相继成立，使中国林业碳管理有计划、有措施、有保障地开展起来。

需要强调的是，发展林业一直是我国应对气候变化的战略选择。除了这一阶段我国林业建设积极参与应对气候变化之外，在此之后，林业碳汇在推进生态文明建设、拓展国家碳排放空间、构建人与自然和谐相处的生存环境等方面也凸显出不可替代的作用。

第二节　积极开展项目试点推广应用，探索森林碳汇多重效益（2008～2011年）

受全球气候谈判的推动，以及《公约》《京都议定书》等文件的出台，2007年，联合国第十三次缔约方会议通过了“巴厘路线图”，强调减少毁林和森林退化导致的排放，以及通过森林保护、森林可持续管理、增加森林面积而增加的碳汇。由此，包括中国在内的各国将保护现有森林、改善森林管理和增加森林面积作为应对气候变化的重要路径选择，森林所带来的应对气候变化的“碳效益”得到高度重视。同时，在森林碳汇活动的实施过程时，森林碳汇兼具的生态、社会和经济效益等“非碳效益”也得到探索、确认和推广，如通过实施森林碳汇项目，获得的资金可以用于所在地的生物多样性保护，助力社区可持续发展，提高农户生计水平等。

（一）森林碳汇项目试点

2009 年 9 月，在联合国气候变化峰会上，时任国家主席胡锦涛向全世界宣布，中国将大力增加森林碳汇，争取到 2020 年森林面积比 2005 年增加 4000 万公顷，森林蓄积量比 2005 年增加 13 亿立方米（即"双增目标"）。2010 年的《政府工作报告》则在正文后对"森林碳汇"的概念给出了注释，这在历史上是第一次。开展碳汇造林，正是发展碳汇林业、实现林业"双增目标"、履行我国承诺的措施。

2010 年，国家林业局发出《关于开展碳汇造林试点工作的通知》[①]（下称《通知》），宣布正式启动碳汇造林试点工作。碳汇造林有一套严格的标准。《通知》特别强调，只有按照碳汇造林标准造的林才是碳汇林。相比普通的造林，碳汇造林是严格按照气候变化的方法学实施的造林活动。它突出了森林的碳汇功能，增加了碳汇计量监测等内容，强调了森林的多重效益，并提出了相应的技术要求。

2011 年，国家林业局下发了《碳汇造林技术规定（试行）》[②]（下称《规定》），严格规定了碳汇造林的方法和技术问题。《规定》对选点做了说明：碳汇造林的实施地点要优先考虑生态区位重要和生态环境脆弱的地区。选点应同时满足四项条件：第一，至少自 2000 年 1 月 1 日以来一直是宜林荒山荒地、宜林沙荒地和其他宜林地，根据当地实际情况，可放宽至 2005 年 1 月 1 日前；第二，造林地权属清晰，具有县级以上人民政府核发的土地权属证书；第三，适宜树木生长，预期能发挥较大碳汇功能；第四，有助于促进当地生物多样性保护、防治土地退化、促进地方经济社会发展等多种效益。综合这四项条件，上述从黑河到腾冲的地理等分线成为适宜碳汇造林最集中的实施地点。

---

① 详见中央政府网，http：//www. gov. cn/gzdt/2010 - 07/06/content_ 1646408. htm，2010 年 7 月 6 日。

② 详见中国林业网，http：//www. forestry. gov. cn/portal/thjj/s/4912/content - 825958. html，2011 年 5 月 10 日。

除了以上四点之外，各种细节也必须满足碳汇造林的方法。在树种方面，要优先选择固碳能力强的树种，但也要兼顾生态、经济和社会效益。这意味着桉树等吸碳树种并不一定是优先选择。此外，要优先选择稳定性好、抗逆性强的树种，还要因地制宜地确定阔叶与针叶树的比例，营造混交林，防止树种单一化。在种植方面，对整地、栽植密度、施肥、抚育与管理等一系列活动都进行了规范。

（二）森林碳汇的生态效益

森林碳汇的生态效益除了应对气候变化，还体现在保护生物多样性方面。《马拉喀什协定》首次阐释了森林碳汇和生物多样性之间的关系，即“实施森林碳汇的土地利用、变化以及林业经营活动，应当有助于生物多样性的保护和实现自然资源的可持续利用”，并将生物多样性纳入森林管理概念，第一次明确地将森林碳汇的林业活动和生物多样性联系起来。2007 年，联合国第十三次缔约方会议通过了“巴厘路线图”，正式提出利用森林碳汇应对气候变化的机制，即通过市场化的手段“减少毁林和森林退化导致的排放，以及通过森林保护、森林可持续管理、增加森林面积而增加的碳汇”机制（以下简称“REDD + 机制”）。REDD + 机制把森林保护与气候变化结合在一起，并为发展中国家在开展 REDD + 活动中保障生物多样性安全提供了配套措施。在 REDD + 机制资金支持方面，2011 年，德班气候大会启动“绿色气候基金”，主要用于支持发展中国家包括 REDD + 计划在内的方案、项目、政策和其他活动。

为响应 REDD + 机制下的森林碳汇开发，中国加快植树造林步伐，增加森林碳汇功能。2008 年，国家林业局植树造林司发布《关于加强林业应对气候变化及碳汇管理工作的通知》[①]，要求进一步开展植树造

---

① 详见中国林业网，http://www.forestry.gov.cn/main/4818/content - 797030.html，2008 年 8 月 18 日。

林，加强森林可持续经营，提高森林质量，严格禁止乱砍滥伐、非法征占林业，努力增加碳汇。2009 年，国家林业局出台《关于加强碳汇造林管理工作的通知》[①]，从对现有碳汇造林项目实行备案制度、对新开展的项目实行注册登记制度、健全组织制度三个方面加强碳汇造林管理。2011 年，国家林业局出台的《林业发展“十二五”规划》[②]，要求加强森林经营，提高森林覆盖率，增加蓄积量，增强固碳能力。2011 年底，国家林业局办公室印发了《林业应对气候变化“十二五”行动要点》[③]，要求继续推进造林绿化，扩大森林面积，着力加强森林经营，提高森林质量，努力防控森林灾害，切实强化森林、湿地、荒漠生态系统和生物多样性保护，不断增加林业碳储量，提高林业减缓和适应气候变化能力，为促进经济社会可持续发展做出积极贡献。

（三）森林碳汇的社会效益

开展森林碳汇项目具有重要的社会效益。从国际来看，森林碳汇项目的开展加强了国际的交流合作，继续推动了全球合作应对气候变化新格局、新经验的形成。对发展中国家而言，发展森林碳汇项目可以获得发达国家的资金、技术支持，从而促进自身的可持续发展。

从国内来看，森林碳汇项目的开展有利于提高基层社会治理能力和治理水平，为当地居民带来生计技能和良好的人居环境等。2009 年，国家林业局发布《应对气候变化林业行动计划》[④]，确定了 5 项基本原则、3 个阶段性目标，实施 22 项主要行动，指导各级林业部门开展应对气候变化工作。其中 5 项基本原则是，坚持林业发展目标和国家应对

① 详见中国林业网，http://www.gov.cn/gzdt/2009-08/13/content_1390716.htm，2009 年 8 月 13 日。

② 详见中国林业网，http://www.forestry.gov.cn/main/4818/content-797384.html，2011 年 8 月 30 日。

③ 详见中国林业网，http://www.forestry.gov.cn/portal/main/govfile/13/govfile_1885.htm，2011 年 12 月 31 日。

④ 详见中国林业网，http://www.gov.cn/gzdt/2009-11/09/content_1459811.htm，2009 年 11 月 9 日。

气候变化战略相结合，坚持扩大森林面积和提高森林质量相结合，坚持增加碳汇和控制排放相结合，坚持政府主导和社会参与相结合，坚持减缓与适应相结合，进一步强调公众参与增加碳汇。同年，国务院颁布《中共中央　国务院关于2009年促进农业稳定发展农民持续增收的若干意见》[①]，提出“要建设现代山林，发展山区林特产品、生态旅游业和碳汇林业”，强调了森林碳汇的多重效益。

2012年，国家林业局发布《林业应对气候变化“十二五”行动要点》[②]，鼓励社会公众和社区群众参与植树造林，在增加碳汇的同时，也增强当地居民的自然保护意识，改善社区人居环境，带动当地基础设施建设和文化服务建设。同时，进一步提升各级林业部门森林治理的能力。继续推进保护和发展森林相关立法，加大执法力度，进一步完善林权制度改革，探索公平碳汇权和相关利益分享机制，面向基层开展林业应对气候变化相关知识培训和宣传，增强基层林业部门和林区群众参与、实施林业应对气候变化行动的能力；面向社会，积极鼓励企业、团体、个人等参与植树造林、保护森林、保护和增加森林碳汇、应对气候变化的行动。

（四）森业碳汇的经济效益

森林碳汇的经济效益体现在为当地居民创造就业机会、增加收入以及促进农村反贫困。为了鼓励农户经营森林碳汇增加收入水平，充分发挥森林碳汇的经济效益，我国积极推动碳交易市场的建立和完善。

2010年，全国首家以增汇减排、应对气候变化为目标的全国性公募基金会——中国绿色碳汇基金会成立，为企业、组织和公众搭建了一个通过林业措施“储存碳信用、履行社会责任、增加农民收入、

① 详见中央政府网，http：//www.gov.cn/gongbao/content/2009/content_1220471.htm，2009年12月31日。

② 详见中央政府网，http：//www.gov.cn/gzdt/2012-02/01/content_2055853.htm，2012年2月1日。

改善生态环境”四位一体的公益平台，使得社会力量参与林业应对气候变化活动成为可能，据此，林业碳汇交易也随着国内碳市场试点的启动日益受到社会各界的关注，更多的林业碳汇减排量进入了国内外碳市场交易。

2011 年，国家发改委出台《关于开展碳排放权交易试点工作的通知》[①]，同意北京市、天津市、上海市、重庆市、湖北省、广东省及深圳市开展碳排放权交易试点。2011 年，《“十二五”节能减排综合性工作方案的通知》[②] 要求严格落实节能减排目标责任，进一步形成政府为主导、企业为主体、市场有效驱动、全社会共同参与的推进节能减排工作格局，提出开展碳排放交易试点，建立自愿减排机制。

2012 年，《温室气体自愿减排交易管理暂行办法》[③] 提出逐步建立碳排放交易市场，发挥市场机制在推动经济发展方式转变和经济结构调整方面的重要作用。国家层面的政策出台为森林碳汇项目经济效益的发挥奠定了交易制度基础。

地方层面，北京市自 2013 年开始由人大、政府及发改委出台的关于碳减排工作的各项政策、规定、通知，内容涵盖碳排放权交易试点、交易单位、交易管理办法、排放权抵消管理办法、排放总量控制等多个领域和内容。天津市自 2013 年也出台了近 10 个政策、通知等，涵盖碳交易试点工作开展、碳市场交易管理、试点企业配额分配方案以及控制温室气体排放工作实施方案等，为天津市碳市场的稳定运行和节能减排目标的实现提供了政策保障。广东省自 2012 年出台了 10 余个政策、通知及暂行办法等，除了碳交易试点工作实施、碳市场交易管理、配额分

---

① 详见国家发改委网，http：//www.ndrc.gov.cn/zcfb/zcfbtz/201201/t20120113_456506.html，2011 年 10 月 29 日。

② 详见中央政府网，http：//www.gov.cn/zwgk/2011-09/07/content_1941731.htm，2011 年 8 月 31 日。

③ 详见湖北碳排放交易权中心网，http：//www.hbets.cn/index.php/index-view-aid-693.html，2012 年 6 月 13 日。

配方案之外，还包括自愿减排量使用、盘查、核查报告报送等内容。[①]

在交易体系方面，2014 年 10 月，全国首个农户森林经营碳汇交易体系——临安农户森林经营碳汇交易体系发布，42 名农户售出“碳汇”[②]，该体系的创新性在于使农户直接经营森林，获得森林碳汇收益，为林业生产周期长、短期内林农难有收益的问题提供了一种解决思路，对扩大中国林业碳汇交易市场提供了有益借鉴。

第三节　聚焦森林碳汇推进精准扶贫，开启生态产业脱贫路径（2012年至今）

2012 年 11 月，党的十八大做出“大力推进生态文明建设”的战略决策。2015 年，联合国第二十一次缔约方会议通过《巴黎协定》，同意结合可持续发展的要求和消除贫困的努力，加强对气候变化威胁的全球应对。森林碳汇扶贫也在国内外的研究与实践中成为反贫困的新概念。森林碳汇由于具备组织成本的低廉性、扶贫效果的稳定性、脱贫潜力的持续性，越来越受到扶贫政策制定者的青睐，逐渐成为“生态补偿脱贫一批”的重要组成部分，开辟了森林碳汇生态产业脱贫新路径。

（一）生态文明建设大力推进

2012 年 11 月，党的十八大从新的历史起点出发，做出“大力推进生态文明建设”的战略决策，从 10 个方面描绘出生态文明建设的宏伟蓝图。十八大报告不仅在第一、第二、第三部分分别论述了生态文明建设的重大成就、重要地位和重要目标，而且在第八部分用整整一部分的篇幅全面深刻论述了生态文明建设的各方面内容，从而完整描绘了今后

① 详见中国碳交易网，http：//www. tanjiaoyi. com/article - 24153 - 1. html，2018 年 4 月 19 日。

② 详见中国碳排放交易网，http：//www. tanpaifang. com/tanguwen/2014/1016/39229. html，2014 年 10 月 16 日。

相当长一个时期我国生态文明建设的宏伟蓝图。

2015年5月，中共中央、国务院发布了《关于加快推进生态文明建设的意见》[①]（以下简称《意见》），坚持把绿色发展、循环发展、低碳发展作为生态文明建设的基本途径。《意见》充分体现了以习近平同志为总书记的党中央对生态文明建设的高度重视，明确了生态文明建设的总体要求、目标愿景、重点任务和制度体系，是推动我国生态文明建设的纲领性文件。《意见》通篇贯穿了“绿水青山就是金山银山”的理念，要求以创新、协调、绿色、开放、共享的发展理念为指导，把生态文明建设融入政治、经济、文化、社会建设的各方面和全过程。2015年10月，随着十八届五中全会的召开，增强生态文明建设首度被写入国家五年规划。

党的十八大以来，党中央多次强调，“林业是生态建设的主体”，“建设生态文明，必须把发展林业作为首要任务”。习近平总书记近年来就林业做出了一系列论述，指出林业建设是事关经济社会可持续发展的根本性问题。林业在生态文明建设中具有主体与基础作用、核心与主导作用、关键和决定作用，林业兴则生态兴，生态兴则文明兴。要坚持以生态建设为主的林业发展战略，采取切实有效的办法措施，推进林业又好又快发展，努力适应生态文明建设的要求。

2016年，国家林业局发布《林业发展“十三五”规划》[②]，提出了今后5年我国林业发展的指导思想、总体目标、发展格局、战略任务、重点工程项目、制度体系等内容。绿色发展、全面建成小康社会和供给侧改革等新时代背景都赋予了林业发展全新的内容和要求。例如，林业建设要把保护生态环境、提供优质生态产品、增加生态福祉作为出发点和落脚点，充分发挥林业强大的生态功能，努力为人民群众营造天蓝、

① 详见中央政府网，http://www.gov.cn/xinwen/2015-05/05/content_2857363.htm，2015年5月5日。

② 详见中央政府网，http://www.gov.cn/xinwen/2016-05/23/content_5075886.htm，2016年5月23日。

地绿、水净的美好家园。而全面建成小康社会的难点和重点在山区、林区、沙区，这些地区属于集中连片特殊困难地区，也是重点生态功能区，依靠传统产业脱贫难。林业具有进入门槛低、产业链条长、就业容量大、收益可持续的优势，脱贫增收潜力巨大。这就要求，加强生态建设，发展生态产业，实行生态补偿，对生态特别重要和脆弱的地区实行生态保护扶贫，实现林业精准扶贫精准脱贫，补齐短板。

2016～2017 年，国家林业局颁布了《中国生态文化发展纲要（2016～2020 年）》①，国务院办公厅颁布了《关于完善集体林权制度的意见》②，国家林业局办公室颁布了《关于开展森林特色小镇建设试点工作的通知》③，意在推动森林文化、生态旅游、休闲养生、森林康养等生态文化产业发展，不仅为普惠民生事业发展提供了新契机，还为提供就业空间和精准扶贫提供了新的政策指导。

（二）生态扶贫

2015 年，联合国森林论坛讨论了未来 15 年全球森林政策，对森林在消除贫困以及应对气候变化等方面的关键作用达成了共识。林业发展对生态扶贫的优势明显，是实现生态保护和脱贫攻坚双赢的重要手段。

2016 年，国家林业局印发《关于加强贫困地区生态保护和产业发展促进精准扶贫精准脱贫的通知》④，要求各级林业主管部门大力推动林业扶贫，进一步加强贫困地区生态保护与产业发展，积极推进精准扶贫精准脱贫。通过安排生态护林员精准脱贫、退耕还林精准脱贫和发展

---

① 详见中国林业网，http：//www. forestry. gov. cn/main/4461/content － 862588. html，2016 年 4 月 11 日。

② 详见中央政府网，http：//www. gov. cn/zhengce/content/2016 － 11/25/content _ 5137532. htm，2016 年 11 月 25 日。

③ 详见中国林业网，http：//www. forestry. gov. cn/main/4461/content － 995720. html，2017 年 7 月 7 日。

④ 详见中国绿化基金网，http：//www. forestry. gov. cn/lhjj/1683/content － 880836. html，2016 年 6 月 17 日。

木本油料精准脱贫等重点工作，突出抓好林业精准脱贫。另外，要发挥林业优势巩固脱贫成果，包括未来5年，贫困地区的林业投资规模和增幅要高于全省平均水平的15%以上；提升森林旅游水平带动脱贫，进一步加强森林公园、湿地公园、自然保护区基础设施建设，扩大与旅游相关的种植业、养殖业和手工业发展，促进农民脱贫增收；发展特色林果和林下经济带动脱贫；深入在贫困地区和生态脆弱区实施林业重点工程，不断提升贫困地区生态功能，着力改善贫困地区生态状况。各地方政府纷纷响应，例如，2016年，安徽省林业厅印发《关于推进林业精准扶贫工作的实施意见》①，要求发挥林业在扶贫开发中的独特优势，推进生态扶贫建设，帮助困难群众早日脱贫致富。

2018年1月，国家发展改革委、国家林业局、财政部、水利部、农业部、国务院扶贫办联合印发了《生态扶贫工作方案》②（以下简称《方案》）。《方案》旨在发挥生态保护在精准扶贫精准脱贫中的作用，实现脱贫攻坚与生态文明建设"双赢"。生态扶贫是一个基于现实生态危机和贫困人口状态而做出的理性选择：中国大多数贫困地区存在土地荒漠化、石漠化等生态问题，那里的资源与环境承载力较为低下，发展难以为继。对这些生态脆弱的贫困地区，不能只顾"金山银山"而罔顾"绿水青山"，使原本已脆弱的生态环境进一步恶化。生态扶贫就是要强化"绿水青山"，最终把"金山银山"和"绿水青山"结合起来协同发展。

《方案》提出了明确的工作目标，要求到2020年，贫困人口通过参与生态保护、生态修复工程建设和发展生态产业，收入水平明显提升，生产、生活条件明显改善。贫困地区生态环境有效改善，生态产品供给能力增强，生态保护补偿水平与经济社会发展状况相适应，可持续

---

① 详见中国林业网，http://www.forestry.gov.cn/portal/main/s/228/content-871385.html，2016年5月11日。

② 详见中央政府网，http://www.gov.cn/xinwen/2018-01/24/content_5260157.htm，2018年1月24日。

发展能力进一步提升。力争组建 1.2 万个生态建设扶贫专业合作社 [其中造林合作社（队）1 万个、草牧业合作社 2000 个]，吸纳 10 万贫困人口参与生态工程建设；新增生态管护员岗位 40 万个（其中生态护林员 30 万个、草原管护员 10 万个）；通过大力发展生态产业，带动约 1500 万贫困人口增收。

（三）森林碳汇扶贫

森林碳汇扶贫是生态扶贫机制的创新。森林碳汇扶贫是把生态建设、应对气候变化与脱贫攻坚融为一体的有益探索，有助于加快绿水青山向金山银山的转变，把生态优势有效转变为经济优势。

《方案》中明确提出，要探索碳交易补偿方式，结合全国碳排放权交易市场建设，积极推动清洁发展机制和温室气体自愿减排交易机制改革，研究支持林业碳汇项目获取碳减排补偿，加大对贫困地区的支持力度。2014 年，国家林业局印发《关于推进林业碳汇交易工作的指导意见》[①]，明确要求要完善 CDM 林业碳汇项目交易、推进林业碳汇自愿交易、探索碳排放权交易下的林业碳汇交易。鼓励各地根据实际需求，积极组织开发林业碳汇项目方法学，为开展林业碳汇自愿交易提供必要的技术规范。

2018 年，国务院出台《中共中央　国务院关于打赢脱贫攻坚战三年行动的指导意见》[②]，提出通过在有劳动能力的贫困人口中新增选聘生态护林员、草管员，加大对贫困地区天然林保护工程建设支持力度。探索天然林、集体公益林托管，推广“合作社 + 管护 + 贫困户”模式，吸纳贫困人口参与管护。推进贫困地区低产低效林提质增效工程，深化贫困地区集体林权制度改革，鼓励贫困人口将林地经营权入股造林合作

① 详见中国林业网，http://www.forestry.gov.cn/main/72/content-675073.html，2014 年 4 月 29 日。

② 详见中国政府网，http://www.gov.cn/zhengce/2018-08/19/content_5314959.htm，2018 年 6 月 15 日。

社，增加贫困人口资产性收入。完善横向生态保护补偿机制，让保护生态的贫困县、贫困村、贫困户更多受益。同时，鼓励纳入碳排放权交易市场的重点排放单位购买贫困地区林业碳汇。

在此之后，生态环境部办公厅印发的《生态环境部定点扶贫三年行动方案（2018—2020 年）》[①] 和《关于生态环境保护助力打赢精准脱贫攻坚战的指导意见》[②] 等文件明确提出，将深度贫困县纳入重点生态功能区转移支付范围，加大转移支付力度；优先承接贫困地区的规划环评编制项目，费用减免；将贫困地区林业碳汇项目优先纳入全国碳排放权交易市场抵消机制，在林业碳汇参与碳市场交易、有机产业发展、干部选派、试点示范等方面进一步向深度贫困地区倾斜。

自 2017 年正式启动全国统一碳交易市场后，2018 年底，国家发改委等 9 部门印发了《建立市场化、多元化生态保护补偿机制行动计划》[③]，提出将森林碳汇优先纳入碳交易市场，并引导碳交易履约企业和对口帮扶单位优先购买贫困地区森林碳汇项目产生的减排量。

2018 年，中共中央、国务院印发《乡村振兴战略规划（2018—2022 年）》[④]，在二十一章第三节中明确指出"建立健全用水权、排污权、碳排放权交易制度，形成森林、草原、湿地等生态修复工程参与碳汇交易的有效途径"，重点推动碳汇交易，健全生态保护补偿机制，推动碳汇在乡村振兴中的重要作用。国家林业局在义乌建立了全国林业碳汇交易试点平台，为碳汇交易提供了良好的交易条件，将来碳汇交易的制度和机制完善后，必将成为生态保护地区脱贫致富的重要路径。

在地方层面，各地政府积极参与碳汇交易，探索森林的碳汇益贫途

---

① 详见生态环境部网站，http：//www. mee. gov. cn/xxgk2018/xxgk/xxgk05/201901/t20190108_ 688906. html，2018 年 12 月 10 日。

② 详见生态环境部网站，http：//www. mee. gov. cn/xxgk2018/xxgk/xxgk03/201901/t20190108_ 688904. html，2018 年 12 月 7 日。

③ 详见中国政府网，http：//www. gov. cn/xinwen/2019 - 01/11/content_ 5357007. htm，2019 年 1 月 11 日。

④ 详见新华社网，http：//politics. people. com. cn/n1/2018/0926/c1001 - 30315263 - 2. html，2018 年 9 月 26 日。

径。2018年，河南省人民政府印发《森林河南生态建设规划（2018—2027年）》[①]，要求加强碳汇林业建设，建立健全林业碳汇监测体系，推进生态扶贫建设。河南省新县抓住国家生态扶贫规划实施机遇，积极申报碳汇造林富农项目，拓宽贫困群众增收渠道。以河南省少有的森林碳汇交易项目——新县沙窝镇碳汇造林富农项目为例，2017年该项目共涉及林地5430亩，年均“碳减排量”约6600余吨，年可实现收入20多万元，200余名贫困群众从中受益。

广东省韶关市明确提出，要认真落实全省“一核一带一区”功能区发展战略，牢固树立和践行“绿水青山就是金山银山”的理念，坚持生态优先、绿色发展，不断提高生态发展综合效益，大力发展生态农业、生态旅游、生态工业，争当全省生态文明建设排头兵，努力在高水平生态保护中实现高质量发展。[②] 2018年以来，该市发改局积极推广林业碳普惠试点成果，在全市7个县（市、区）筛选出条件成熟的64个省定贫困村和1个少数民族村成功开发林业碳普惠项目，目前，第一批已成功获得省发改委备案签发，共计307805吨，并成功在广碳所完成交易，交易额为502.34万元，预计全部成交后将为参与开发的65个贫困村带来一次性收入1700多万元，每个村平均收入可达26万元。

2018年，贵州省人民政府印发《贵州省生态扶贫实施方案（2017—2020年）》[③]，实施碳汇交易试点扶贫工程，以14个深度贫困县、20个极贫乡镇、2760个深度贫困村的森林碳汇资源开发为重点，引导贫困地区碳汇交易。此外，贵州还开展单株碳汇精准扶贫试点工作，把贫困户拥有的符合条件的林地资源，以每一棵树吸收的二氧化碳作为产品，通过单株碳汇精准扶贫平台，面向全社会进行销售。购买林木二氧化碳

---

① 详见河南省人民政府网，http：//www.henan.gov.cn/2018/09-21/692208.html，2018年9月21日。

② 详见南方日报，http：//www.sohu.com/a/246276951_161794，2018年8月10日。

③ 详见六盘水市人民政府网，http：//www.gzlps.gov.cn/zw/jcxxgk/zcwj/szfwj/201801/t20180115_1571938.html，2018年1月15日。

的资金将全部汇入对应贫困户的账户，以帮助贫困户增加收入。以此探索“互联网＋生态建设＋精准扶贫”的扶贫新模式，助力贵州扶贫工作和生态建设。

2019年，福建省永安市为促进村财增收，助力脱贫攻坚，印发《永安市实施竹林经营碳汇开发助力脱贫攻坚试点工作方案》[①]，要求开发符合国家温室气体减排要求的竹林经营碳汇项目，实现竹林碳汇交易，以推动竹林科学经营和生态经营，实现竹林可持续经营、提高竹产业竞争力。同时增加村财收入，为乡村振兴战略做出贡献。

在世界各国积极应对全球气候变暖，我国实施精准扶贫精准脱贫、乡村振兴战略和推进生态文明建设的背景下，抢抓中国落实《巴黎气候变化协定》及2017年中国全面启动全国碳交易市场的时代机遇，在已有的良好基础上，无论是国家宏观层面的政策支持和资源倾斜，还是中微观层面的各地区相继开展森林碳汇扶贫项目试点建设，都加快了脱贫攻坚战探寻新途径、取得新成果、形成新亮点的进程，同时，对中国借力森林碳汇推进精准扶贫提供可复制、可推广的案例和实践经验具有重要的现实意义与实践价值。

---

① 详见永安市人民政府网，http：//www. ya. gov. cn/zfxxgkzl/zfxxgkml/qtyzdgkdzfxx/201905/t20190528_ 1302651. htm，2019年5月16日。

第五章　西南民族地区森林碳汇扶贫的现状考察*

西南民族地区是一个天然浓郁而又色彩斑斓的民族博物馆，聚居着包括汉族、白族、傣族、水族、佤族、彝族等55个兄弟民族，孕育了丰富多彩的地域文化。这里河流、森林、草地等自然资源十分丰富，但社会发展相对滞后，是集边疆山区、革命老区、民族聚居区、生态脆弱区、连片贫困区为一体的地区，也是我国目前少数民族贫困人口最多的地区。改革开放、西部大开发以来，尤其是党的十八大以来，西南民族地区的人民创造了一个又一个生态生产生活兼顾、扶贫开发与生态保护并重、绿水青山就是金山银山的典型范例，并在积极应对全球气候变化、推动森林碳汇扶贫实践中走在了全国前列。为此，本章将在分析西南民族地区森林碳汇扶贫的整体现状，揭示森林碳汇扶贫区域瞄准状况、面临困境的基础上，以“诺华川西南林业碳汇、社区和生物多样性项目”为例，深入总结其有效的扶贫路径、成功经验与创新模式，以期为森林碳汇扶贫政策创新提供决策参考。

第一节　西南民族地区的区域分布

民族地区是指以少数民族为主聚集生活的地区，从行政区划上看，

---

* 本章部分内容来自张译、杨帆、曾维忠《网络治理视域下森林碳汇扶贫模式创新——以“诺华川西南林业碳汇、社区和生物多样性项目”为例》，《中南林业科技大学学报》2019年第12期，第148～154页。

涉及自治区、自治州、自治县、民族乡和民族村。西南民族地区即西南少数民族地区，是我国西南地区即四川、重庆、贵州、云南和西藏等五省（区、市）内的民族自治地区。[①] 参考庄天慧、郑长德对西南少数民族地区的界定，[②] 本研究所指的西南民族地区是西南地区中少数民族聚居地区，在行政区划上，涉及四川、云南、贵州、重庆三省一市的少数民族主要聚居的自治地，不包括西藏自治区，包括14个少数民族自治州、48个少数民族自治县，以及云南、贵州两省的非自治县（在经济社会发展方面享受和自治地方相同的民族政策）。具体来说，包括14个少数民族自治州，其中，四川省3个、贵州省3个、云南省8个，下辖11个少数民族自治县，四川省1个、贵州省1个、云南省9个；除自治州及其下辖自治县外的37个少数民族自治县，其中，重庆市4个、四川省3个、贵州省10个、云南省20个；此外，还有部分非自治州（县）的民族乡和民族村。少数民族人口约2948.12万人，占西南民族地区总人口的59.14%（见表5－1）。

表5－1　西南民族地区区域和人口分布

省（市）	自治州	自治县	分布的主要少数民族	总人口（万人）	少数民族人口（万人）	少数民族人口占自治地方总人口比重（%）
重庆	—	石柱、彭水、酉阳、秀山	土家、苗、瑶、侗、壮、白、回、满、布依、彝、黎、仡佬、哈尼、朝鲜	272.00	192.45	70.75
四川	凉山、甘孜、阿坝	马边、峨边、北川、木里	藏、羌、纳西、回、土家、蒙古、彝、普米、傈僳	746.68	449.19	60.16
贵州	黔东南、黔南、黔西南	威宁、关岭、镇宁、紫云、道真、务川、印江、松桃、沿河、玉屏、三都	仡佬、苗、土家、瑶、水、蒙古、侗、回、彝、布依、满、毛南	1739.41	1046.33	60.15

① 姜宝华：《西南民族地区经济发展研究——经济发展的实证分析及其措施研究》，硕士学位论文，西南财经大学，2003。

② 庄天慧：《西南少数民族贫困县的贫困与反贫困调查与评估》，中国农业大学出版社，2011；郑长德：《中国少数民族地区的后发赶超与转型发展》，经济科学出版社，2014。

续表

省（市）	自治州	自治县	分布的主要少数民族	总人口（万人）	少数民族人口（万人）	少数民族人口占自治地方总人口比重(%)
云南	楚雄、红河、文山、怒江、西双版纳、大理、德宏、迪庆	石林、禄劝、寻甸、元江、新平、峨山、耿马、双江、沧源、宁蒗、玉龙、澜沧、西盟、孟连、宁洱、景谷、镇沅、江城、墨江、景东、金平、屏边、河口、巍山、南涧、漾濞、兰坪、贡山、维西	彝、苗、傣、白、哈尼、瑶、壮、拉祜、纳西、回、普米、独龙、怒、藏、傈僳、景颇	2227.29	1260.15	56.58
合计	14	48	—	4985.38	2948.12	59.14

资料来源：《民族区域自治实施纲要》《中国统计年鉴2016》。

第二节　西南民族地区的贫困现状

西南地区国家级贫困县数量较多，主要集中在少数民族地区且呈集中连片分布状态。自2013年精准扶贫精准脱贫战略实施以来，西南民族地区经济社会全面发展，贫困状况得到了极大改善，人民生活水平显著提高。

一　西南地区整体经济发展现状

西南地区整体经济发展水平低于全国平均水平，但增长速度逐渐加快。2017年，西南地区的GDP指数为109.3，高于全国107.0的平均水平（见图5-1）。截至2017年底，西南地区三省一市（以下统称“西南地区”）常住人口达19758万人，占全国总人口的14.21%，地区生产总值、全社会固定资产投资与全社会消费品零售额在全国的占比呈缓慢上升趋势，但仍显著低于常住人口在全国的占比（见表5-2）。西南地区的城镇化率由2013年底的45.39%上升至2017年底的51.90%，提高了6.51个百分点，但与全国城镇化率2017年底58.52%的平均水平相比，仍然低6.62个百分点。与此同时，2017年西南地区全社会固定资产投资83879.0亿元，较2013年增加74.37%，年均增长14.91%，高于同期全国9.49%的平均水平5.42个百分点。其中，2017年西南地区农村农户固定资产投资达到1439.6亿元，占全国总投资的15.07%。可见，西南地区的经济增速正逐渐加快，与全国的差距不断缩小。

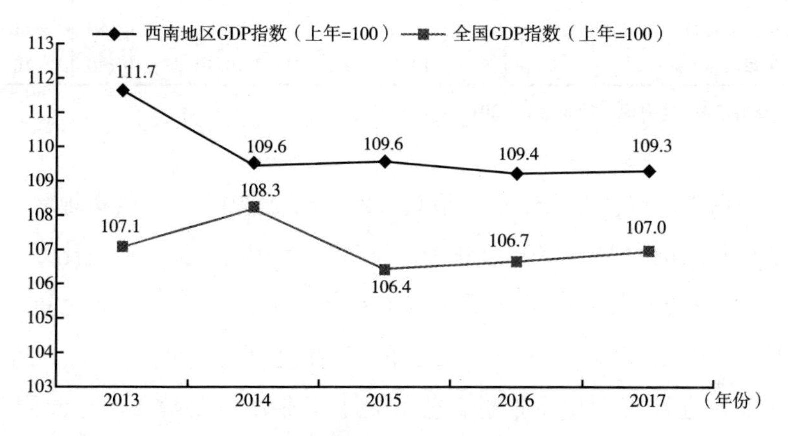

图5-1　2013~2017年西南地区与全国GDP指数（上年=100）

资料来源：历年《中国统计年鉴》、各省市历年统计年鉴。

表5-2　2013~2017年西南地区基本情况

指标	2013年	2014年	2015年	2016年	2017年
年底常住人口(万人)	19266	19353	19493	19636	19758
占全国比例(%)	14.16	14.15	14.18	14.20	14.21
城镇化率(%)	45.39	46.91	48.49	50.25	51.90
全国城镇化率(%)	53.73	54.77	56.10	57.35	58.52
GDP(亿元)	59094.50	64880.24	69892.10	77240.28	68822.12
占全国比例(%)	9.93	10.07	10.14	10.39	10.44
第一产业比重(%)	12.5	12.3	12.5	12.4	11.8
第二产业比重(%)	46.2	44.4	42.1	41.0	40.2

续表

指标	2013 年	2014 年	2015 年	2016 年	2017 年
第三产业比重(%)	41.3	43.3	45.4	46.6	48.0
全社会固定资产投资(亿元)	48103.2	56128.3	64325.2	74183.5	83879.0
占全国比例(%)	10.78	10.96	11.45	12.23	13.08
农村农户固定资产投资(亿元)	1332.4	1473.0	1405.4	1430.2	1439.6
占全国比例(%)	12.63	13.69	13.50	14.35	15.07
地方财政公共预算收入(亿元)	7295.05	8047.82	8821.8	8990.39	9330.38
占全国比例(%)	10.57	10.61	10.63	10.31	10.20
全社会消费品零售额(亿元)	21532	25673.5	28687.9	32305.2	36125.3
占全国比例(%)	9.05	9.44	9.53	9.72	9.86
社会消费品零售增长率(%)	13.98	12.83	11.63	12.50	11.80
全国增长率(%)	13.10	12.00	10.70	10.40	10.20

资料来源：《中国统计年鉴》（2014～2018 年）。

西南地区整体工业化水平相对较低。截至 2017 年，西南地区三次产业结构比例为 11.8∶40.2∶48.0，与 2013 年相比，第一产业比重下降 0.7 个百分点，第二产业比重下降 6.0 个百分点，第三产业比重上升 6.7 个百分点。2015 年第三产业比重首次超过第二产业，可见，西南地区工业化进程正在稳步推进，整体处于工业化中期阶段。与此同时，2017 年全国三次产业结构比例为 7.9∶40.5∶51.6，整体处于工业化后期阶段。因此，从产业结构来看，西南地区整体工业化水平与全国相比还存在一定差距。

二　西南地区少数民族县贫困状况

由于特殊的自然地理环境、经济、社会、历史等诸多因素，西南少数民族贫困县呈现独特的贫困特征，主要表现在以下方面。

第一，民族县与国家扶贫重点县高度重合且呈集中连片分布状态。统计显示，一方面，在 2012 年国务院扶贫办确定的 592 个国家扶贫重点县中，位于西南地区的有 173 个，占国家扶贫重点县总数的 29.22%，其中少数民族县有 148 个，占西南地区总体的 85.55%。另一方面，2012年国家公布的14个集中连片特殊困难地区680个县[①]中位于西南地区的有222个，占总数的32.65%，其中包括112个少数民族贫困县，占50.45%（见表5-3）。可见，西南少数民族地区呈现贫困程度深、区域性贫困突出等特征。

表5-3　2012年西南地区国家级少数民族贫困县行政区域分布

区域	集中连片特殊困难县数量(个)	国家扶贫重点县数量(个)	少数民族县数量(个)	少数民族贫困县数量(个)	少数民族贫困县占比(%)
全国	680	592	637	267	45.10
三省一市	222	173	179	112	64.74
云南省	85	73	78	51	69.86
贵州省	65	50	46	36	72.00
四川省	60	36	50	20	55.56
重庆市	12	14	5	5	35.71

资料来源：国务院扶贫办发布的《新时期592个国家扶贫开发工作重点县名单》《关于公布全国连片特困地区分县名单的说明》。

第二，县域间经济发展不平衡且差距明显。西南少数民族县经济产值不仅显著低于全国整体的平均水平，同时片区内县域之间经济发展的差距也很明显。从人口密度来看，最高的是重庆市少数民族县，约190人/千米^2；其次是贵州省少数民族县；最低的是四川省少数民族县，约28人/千米^2。从经济密度来看，四川省少数民族县最低，仅为39.08万元/千米^2；而重庆市少数民族县为381.08万元/千米^2，是四川省少数民族县的9.75倍（见图5-2）。除此之外，在人均GDP、人均固定资产投资、人均公共财政收入与支出等方面，西南地区的县域间差异也很明显，呈现非均衡的发展状态（见图5-

① 根据《中国农村扶贫开发纲要（2011—2020年）》精神，按照“集中连片、突出重点、全国统筹、区划完整”的原则，以2007~2009年3年的人均县域生产总值、人均县域财政一般预算收入、县域农民人均纯收入等与贫困程度高度相关的指标为基本依据，考虑对革命老区、民族地区、边疆地区加大扶持力度的要求，国家在全国共划分了11个集中连片特殊困难地区，加上已明确实施特殊扶持政策的西藏、四省藏区、新疆南疆三地州，共14个片区680个县，作为新阶段脱贫攻坚的主战场。

3）。例如，2017 年人均 GDP 最低的是四川省的美姑县，仅为 8138.38 元，最高的为云南省的香格里拉市，达到 73967.93 元，约为美姑县的 9 倍。

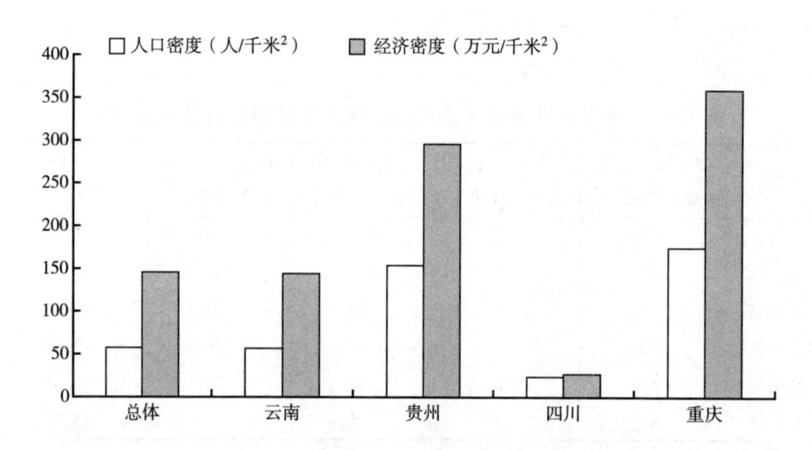

图 5-2　西南地区经济密度与人口密度

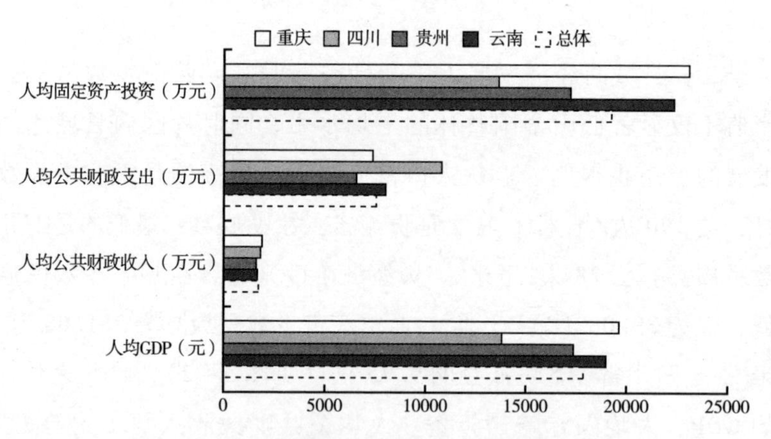

图 5-3　2017 年西南地区少数民族县经济发展状况

资料来源：根据《中国县域统计年鉴 2017》整理。

三　西南地区人口贫困状况

从总体来看，自 2013 年精准扶贫精准脱贫战略实施以来，西南地区农村贫困发生率均大幅下降，农村居民收入和消费水平与全国平均水平的相对差距不断缩小，但内部差距仍然存在，具体表现在以下三个方面。

第一，贫困发生率大幅下降，减贫速度呈现差异化特征。据统计，截至2017年底，西南地区中贵州省的贫困发生率最高，为7.8%；重庆市最低，仅为1.1%（见图5-4）。具体来看，2013～2017年，重庆市减贫率居三省一市首位，贫困人口从2013年底的139万人减至2017年底的22.5万人，减贫率达到83.81%；其次为四川省，减贫率为71.59%；囿于历史和特殊的自然地理人文条件，贵州省的减贫率在西南地区相对靠后，但仍然实现62.38%的贫困人口脱贫（见表5-4）。

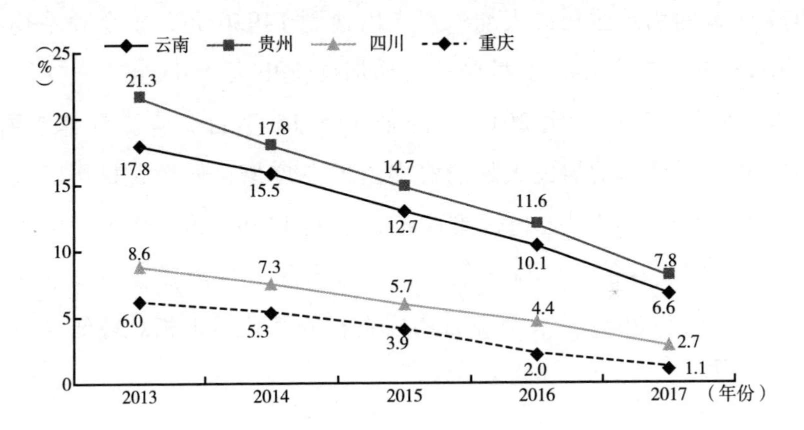

图5-4　西南地区2013～2017年贫困发生率

资料来源：根据各省市对外公布的数据整理。

表5-4　西南地区2013～2017年贫困人口

单位：万人，%

	云南	贵州	四川	重庆
2013年	661	745	602	139
2014年	574	623	509	119
2015年	471	507	400	88
2016年	363	402	306	45
2017年	248	280.3	171	22.5
减贫率	62.48	62.38	71.59	83.81

第二，人均可支配收入稳步增长，但与全国平均水平还存在显著差距。截至2017年，西南地区居民人均可支配收入达到19946元，较全国平均水平低23.21%。其中，农村居民人均可支配收入为10899元，较全国平均水平低18.86%，比2013年降低了2.94个百分点。具体来看，2017年，无论是全体居民还是农村居民的人均可支配收入，西南地区内部重庆市均居第一位，最低的为贵州省，农村居民人均可支配收入仅为8869元，较全国平均水平低33.97%（见表5－5）。

第三，人均消费支出水平增长较快，但内部差距明显。截至2017年，西南地区居民人均消费支出达到14926元，较全国平均水平低18.54%。其中，农村居民人均消费支出为9665元，较全国平均水平低11.78%，比2013年降低了5.15个百分点。具体来看，2017年，重庆市的居民人均消费支出排在首位，但在农村居民人均消费支出方面，四川省超过重庆市，达到11397元，高于全国平均水平。值得关注的是，统计显示，农村居民人均消费支出最低的是云南省，仅为8027元，可见云南省农村的消费需求相对较低（见表5－5）。

表5－5　西南地区2017年农村居民收支状况

单位：元

区域	居民人均可支配收入	其中：农村居民	居民人均消费支出	其中：农村居民
全国	25974	13432	18322	10955
三省一市	19946	10899	14926	9665
云南	18348	9862	12658	8027
贵州	16704	8869	12970	8299
四川	20580	12227	16180	11397
重庆	24153	12638	17898	10936

资料来源：根据各省市2017年统计年鉴整理。

第三节　西南民族地区森林碳汇扶贫现状

一　森林碳汇项目试点的截面分析

西南地区森林碳汇项目试点工作起步早，2004 年，国家林业局就在云南、四川两省启动了森林碳汇项目试点工作。2007 年，全球第一个拥有气候、社区和生物多样性（CCB）标准金牌认证的 CDM - AR 注册项目“中国四川西北部退化土地的造林再造林项目”，在四川省阿坝藏族羌族自治州理县和茂县、北川羌族自治县、青川县、平武县启动，也是全国第二个成功注册的 CDM - AR 碳汇项目。2007 年，全球第一个符合 CCB 金牌标准的林业碳汇项目“云南腾冲小规模再造林景观恢复项目”在云南省腾冲县落户。据不完全统计，截至 2017 年底，在国家发展和改革委员会备案实施的森林碳汇项目共计 110 个，其中在四川、云南、贵州、重庆三省一市实施的项目共 14 个，占 12.73%，并呈现以下三个典型特征。

第一，试点项目以造林再造林项目为主。在国家发展和改革委员会备案实施的 110 个森林碳汇项目中，包括中国核证自愿减排标准的 CCER 项目 99 个，清洁发展机制标准的 CDM 项目 5 个以及国际核证碳减排标准的 VCS 项目 6 个。[①] 基于 CCER 项目对林业碳汇的类型划分[②]，结合项目当前实际开展状况，本研究将项目分为森林经营和造林再造林两大类。项目实施区域共涉及 23 个省份 148 个县（市、区），其中碳汇造林再造林项目 75 个，份额最高，占全国森林碳汇项目总体的 68.18%，涉及 21 个省份 118 个县（市、区）；森林经营项目则占

---

① 中国绿色碳汇基金会开发的绿色碳汇 CGCF 项目于 2014 年在浙江省杭州临安区试点，未纳入此次统计。

② 参见国家发展改革委批准备案的林业 CCER 碳汇项目方法学，即《碳汇造林项目方法学》（AR - CM - 001 - V01）、《竹子造林碳汇项目方法学》（AR - CM - 002 - V01）、《森林经营碳汇项目方法学》（AR - CM - 003 - 001）、《竹林经营碳汇项目方法学》（AR - CM - 005 - V01）。

31.82%。可见，无论从涉及县域数量，还是项目规模来看，现阶段我国森林碳汇的项目类型都是以造林再造林为主。

第二，西南地区是我国碳汇造林再造林实施的重点区域之一。75个碳汇造林再造林项目实施区涉及21个省份118个县（市、区）。其中，华中地区实施的项目数和涉及的县域数量最多，实施碳汇造林再造林项目18个，涉及县（市、区）32个；其次为华南和西南地区，分别涉及25个县（市、区）、12个碳汇造林再造林项目和20个县（市、区）、11个碳汇造林再造林项目（见图5－5）。由此表明，华中、华南和西南地区是我国碳汇造林再造林项目实施主要的集中区域。

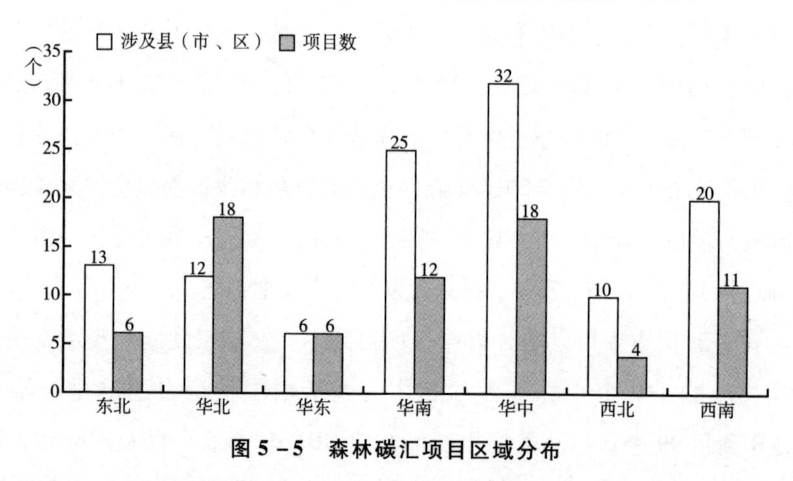

图5－5　森林碳汇项目区域分布

第三，西南少数民族贫困地区是碳汇造林再造林项目实施主要集中区域。西南四省（市）已开展森林碳汇造林再造林项目11个，涉及县（市、区）共20个，其中，国家级贫困县8个、少数民族县13个。[①] 项目面积共计49112.77公顷，预计总减排量1142.67万吨。其中，民族地区实施面积46404.9公顷，占94.49%；预计总减排量为1048.54万吨，占91.76%。

综上所述，西南地区森林碳汇试点项目以造林再造林项目为主，呈现项目实施规模大、主要集中在少数民族贫困地区，尤其是云南和四川

① 按照国务院扶贫办发布的《新时期592个国家扶贫开发工作重点县名单》《民族自治地方国家扶贫工作重点县一览表》核定，含已脱贫摘帽的国家级贫困县。

两省的少数民族贫困地区（见表5-6）。这表明森林碳汇扶贫客观上已实现瞄准贫困地区。但就经济学、管理学视角观察，其瞄准贫困地区的主要原因在于：一是客观原因，具备碳汇造林“土地合格性”要求的退化荒山荒地、矿山复垦地等多地处偏僻、基础设施差、交通不便的经济欠发达地区，尤其是有利于降低交易成本的少数民族贫困地区；二是主观原因，强调在民族贫困地区实施会产生更好的政治和社会绩效，有利于赢得政府和社会更多的资金、优惠政策等支持。

表5-6　西南地区实施的森林碳汇项目汇总

省份	项目名称	规模（公顷）	分类标准	项目类型	涉及县（市、区）
云南	云南云景林业开发有限公司碳汇造林项目	7213.6	CCER	造林再造林	景谷傣族彝族自治县
	云南普洱科茂林化有限公司碳汇造林项目	3189.9	CCER	造林再造林	宁洱哈尼族彝族自治县
	云南迪士尼退化土地植被恢复碳汇造林项目	1869.97	CCER	造林再造林	凤庆县、镇康县、建水县
	云南省香格里拉企鹅植被恢复森林碳汇造林项目	156.1	CCER	造林再造林	香格里拉市
	云南景谷长生林碳汇造林项目	7543	CCER	造林再造林	景谷傣族彝族自治县
	云南省腾冲森林经营碳汇示范项目	3054.93	CCER	森林经营	腾冲市
	云南昆明两区改进森林管理项目	6879.2	VCS	森林经营	禄劝彝族苗族自治县、寻甸回族彝族自治县
	云南腾冲小规模再造林景观恢复项目	467.7	CCB	造林再造林	腾冲市
贵州	贵州省江口县碳汇造林项目	678.7	CCER	造林再造林	江口县
	剑河县碳汇造林项目	21518.7	CCER	造林再造林	剑河县
	贵州省扎佐林场碳汇造林项目	398.13	CGCF	造林再造林	惠水县

续表

省份	项目名称	规模（公顷）	分类标准	项目类型	涉及县（市、区）
四川	奥迪熊猫栖息地多重效益森林恢复造林碳汇项目	335	CCER	造林再造林	凉山彝族自治州冕宁县、金阳县
	中国四川西北部退化土地的造林再造林项目	2251.8	CDM	造林再造林	阿坝藏族羌族自治州理县和茂县、北川羌族自治县、青川县、平武县
	诺华川西南林业碳汇、社区和生物多样性项目	4196.8	CDM	造林再造林	凉山彝族自治州甘洛县、越西县、美姑县、昭觉县、雷波县
	四川省荥经县再造林项目	159.2	VCS	造林再造林	雅安市荥经县
重庆	南川区碳汇生态工程项目	6535.9	CCER	森林经营	南川区

资料来源：根据课题组收集的资料整理。截至2017年12月，在西南地区实施的森林碳汇项目共计16个，其中，在国家发改委备案的造林再造林项目11个、森林经营碳汇项目3个，获得国际认证尚未在国家发改委备案的造林再造林项目2个。

二　森林碳汇扶贫核心利益相关者的博弈分析

近年来，国内众多学者对森林碳汇项目开发实践进行了大量的研究，取得了丰硕成果。其中，吕植汇聚了国内最具代表性的森林碳汇项目案例，对中国森林碳汇实践与低碳发展的现状、障碍、经验与对策等实践问题进行了深入探讨。[①] 本节就主体在西南民族地区陆续实施、具备代表性的“京都规则”和“非京都规则”的碳汇造林再造林项目做一简要介绍，在梳理其典型组织模式的基础之上，对核心利益相关者的博弈进行分析，以期为进一步的实证研究奠定一定基础。

（一）典型组织模式

云南西双版纳竹林造林项目于2010年11月启动，是在中国首个自愿

① 吕植：《中国森林碳汇实践与低碳发展》，北京大学出版社，2014。

减排标准——熊猫标准框架下开发实施的项目。该项目以云南勐象竹业有限公司为业主，由云南省投资控股集团有限公司和西双版纳开发投资有限责任公司等在景洪市、勐腊县、勐海县的8个乡镇16个行政村出资组建，是首个采用“熊猫标准”和基于退化土地竹林造林方法学开发的竹子造林碳汇项目，共营造约3582.34公顷龙竹林。该项目所用土地既包括国有土地，也涉及集体土地。其中集体土地由项目业主以租赁方式获取土地使用权（50年不变），农户只获取土地租赁费用，土地上种植的所有竹产品及产生的碳汇收益均归云南勐象竹业有限公司所有。项目组织模式不涉及地方政府，属于项目业主直接与农户建立关系，本研究将项目业主与农户之间建立联系的组织模式称为自主型（见图5－6）。

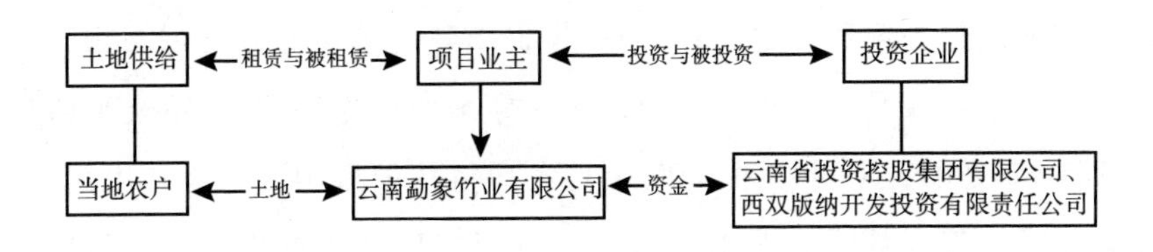

图5－6　“熊猫标准”下的云南西双版纳竹林造林项目组织模式

云南腾冲小规模再造林景观恢复项目于2005年正式启动，新造林467.7公顷，预计在30年的项目计入期内可吸收15万吨二氧化碳，以白族、傣族、哈尼族等为主体的2100名社区村民从中受益。该项目是全球首个符合CCB金牌标准的森林碳汇项目，是中国第一个由企业资助、NGO和政府合作开发的项目，突破了以前造林项目完全由政府或者企业主导的局面。该项目覆盖云南省腾冲县曲石乡、界头乡、猴桥镇的5个行政村和苏江林场，个人与集体土地所有者与苏江林场签订土地使用合同，获取10%的碳汇收益和全部的木材收益，项目开发所需要的全部成本由企业承担，项目开发、运行、管理由项目业主负责，地方政府负责提供技术支持。在该项目中，地方政府作为独立第三方，通过引导、支持苏江林场、乡镇来推动项目发展。本研究称该类组织模式为协商型（见图5－7）。

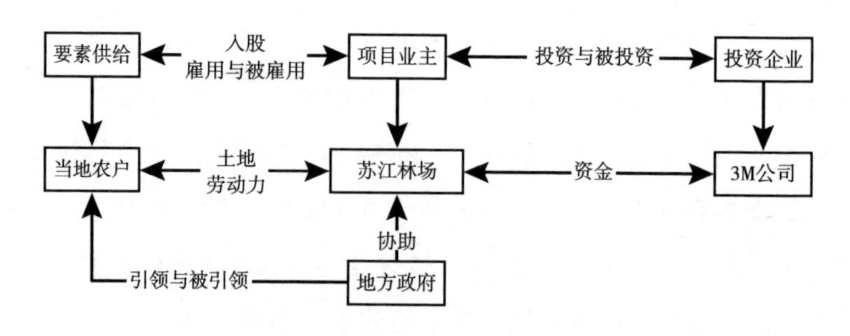

图5－7　云南腾冲小规模再造林景观恢复项目组织模式

中国四川西北部退化土地的造林再造林项目于2007年正式启动实施，2009年国家发展和改革委员会批准和CDM－EB注册。该项目是全球第一个拥有CCB标准金牌认证的CDM－AR注册项目，由四川省大渡河造林局作为项目业主，3M公司投资组建的单边项目。在四川省西北部的理县、茂县、北川、青川、平武等5个县的21个乡镇人工造林约2251.8公顷，项目社区3200余名农户将从项目中受益，其中藏族、羌族、回族等少数民族占42%以上。项目实施区域农户提供无林权争议的林地，不承担造林资金，通过参与整地、栽植等活动获取一定劳务收入。在碳汇交易实现后，农户获取30%的碳汇收益，并享受全部林木及林副产品。地方政府与四川省大渡河造林局合作，与项目实施区域农户签订土地使用契约，依托乡镇林业站开展具体造林活动，负责造林后的抚育、补植、管护、森林管理等工作，享受20%的碳汇收益分成。本研究称该类组织模式为强制型（见图5－8）。

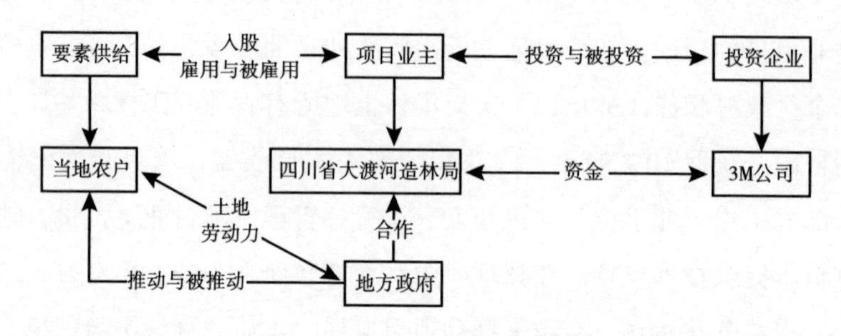

图5－8　中国四川西北部退化土地的造林再造林项目组织模式

诺华川西南林业碳汇、社区和生物多样性项目，是中国第一个国内企业（四川省大渡河造林局，作为供给方和项目业主）与外资企业（瑞士诺华集团，作为需求和购买方）直接合作，将未来碳汇交易资金提前支付用于造林的清洁发展机制造林项目，也是全球第一个获得气候、社区和生物多样性联盟（CCBA）金牌认证的造林减碳项目。该项目在凉山彝族自治州的昭觉、越西、甘洛、美姑、雷波等五个县以及越西申果庄、甘洛马鞍山、雷波麻咪泽等三个自然保护区人工造林约4196.8公顷，预算总投资1亿元，其中诺华集团投资占57%。预计在30年的项目计入期内可吸收100万~130万吨二氧化碳，1.8万余名村民将获得培训、就业和增收机会，其中97%的人口属于少数民族。该项目从2009年开始策划，2011年完成项目规划设计并启动建设，2012年通过国际第三方认证机构（DOE）审定，2013年国家发展和改革委员会批准并在联合国清洁发展机制执行理事会（CDM－EB）注册且获得CCBA金牌认证。四川省大渡河造林局通过社区与个人和集体土地所有者签订土地使用合同，以入股方式参与林业碳汇项目，项目所产生的木材收益归农户所有，契约签订由社区代表农户统一完成，碳汇收益归诺华制药有限公司。当地农户通过参与整地、挖穴、除草、施肥、造林等工作获取一定的劳动收入。地方政府作为第三方，与大自然保护协会、山水自然保护中心等机构成立项目指导委员会，指导、协调项目总体实施。本研究称该类组织模式为社区型（见图5－9）。

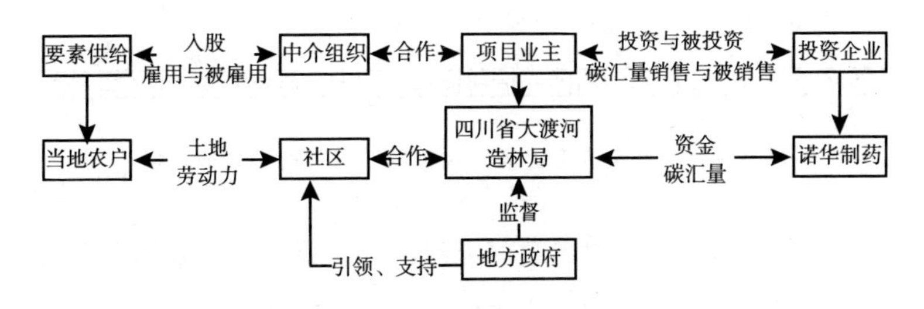

图5－9　诺华川西南林业碳汇、社区和生物多样性项目组织模式

（二）模型构建

基于前文对森林碳汇扶贫利益相关者的识别，结合碳汇造林再造林项目实践的组织模式，本研究以博弈理论为基础，探讨农户、项目业主、地方政府、社区之间的博弈决策。依据利益相关者类型和数量，博弈模型涉及三类，即无政府无社区介入、有政府无社区介入、有政府有社区介入。博弈树如图5-10、图5-11、图5-12所示。

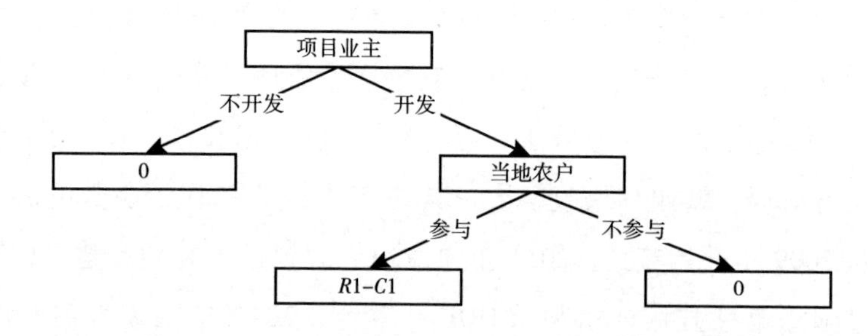

图5-10　无政府无社区介入背景下利益相关者博弈树

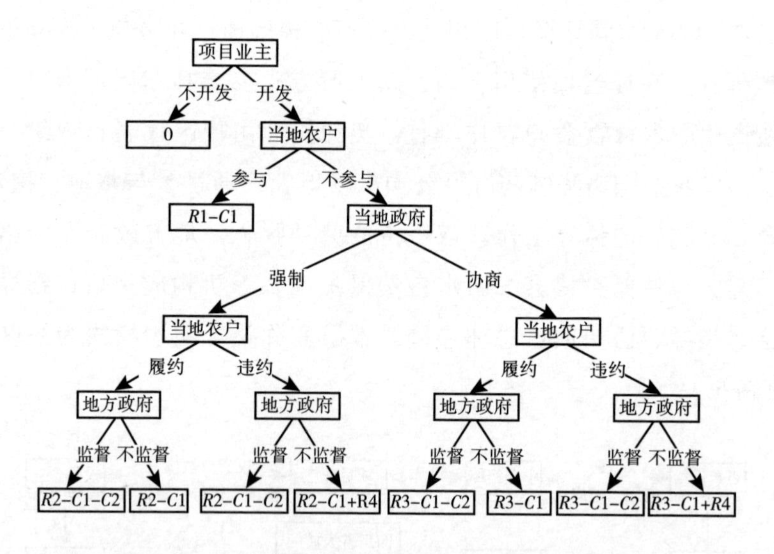

图5-11　有政府无社区介入背景下利益相关者博弈树

无政府无社区介入。在无政府无社区介入背景下，森林碳汇扶贫的利益相关者仅涉及项目业主和当地农户，两者之间直接建立土地、劳动力的供求关系，在项目业主组织开发造林再造林项目背景下，当地农户的

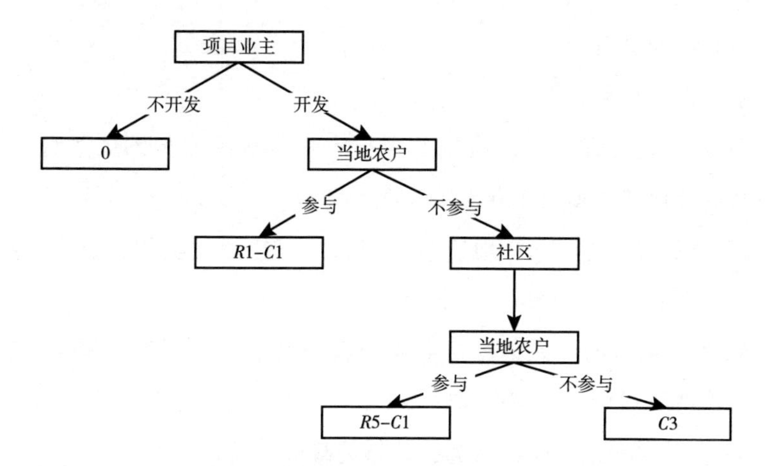

图 5-12　有政府有社区介入背景下利益相关者博弈树

行为决策表现为参与和不参与两种选择。这一模式下，项目业主与当地农户之间的博弈较为简单，属于典型的理性型，但受到信息不对称、信任程度等方面的影响，单个农户的收益受到项目业主与当地农户协商、管理等交易成本的影响较小，因而这一模式主要产生于项目业主与造林大户之间。

有政府无社区介入。在有政府无社区介入背景下，森林碳汇扶贫的利益相关者涉及项目业主、当地农户和地方政府，当农户选择参与时，是否有地方政府介入对农户参与行为的影响不大，从理论上讲，失去了引入地方政府的意义。当农户选择不参与时，地方政府介入并面临两种行为策略，一是采取强制性措施，强制推动项目开发；二是通过与农户协商，激励农户参与森林碳汇项目。在强制推动和协商推动背景下，农户参与造林再造林项目后，面临在项目运行期间是否履约的行为策略，地方政府对农户履约行为采取监督或不监督的行为。

有政府有社区介入。在有政府有社区介入背景下，森林碳汇扶贫的利益相关者涉及项目业主、当地农户、地方政府、社区，地方政府作为独立第三方，对造林再造林项目开发提供技术、政策支持，对项目业主的行为进行监督、调控，因而不产生与当地农户之间的行为博弈。在农户不参与时，引入社区作为中介组织，农户在社区介入后，再次面临是否参与的行为决策。

本章指标释义如下：

$R1$ 表示无政府介入，项目业主与农户直接建立契约关系背景下，农户从造林再造林项目中获取的总收益；

$R2$ 表示有政府介入，地方政府与农户直接建立契约背景下，农户从造林再造林项目中获取的总收益；

$R3$ 表示有政府介入，项目业主与农户直接建立契约背景下，农户从造林再造林项目中获取的总收益；

$R4$ 表示农户采取违约行为，获得的额外收益；

$R5$ 表示社区参与背景下，农户从造林再造林项目中获取的总收益；

$C1$ 表示农户参与造林再造林项目的机会成本；

$C2$ 表示政府监督成本对单个农户的分摊额度；

$C3$ 表示社区参与背景下，农户不参与造林再造林项目所面临的心理成本；

$P1$ 表示农户参与的概率；

$P2$ 表示当地政府采取强制性措施的概率；

$P3$ 表示强制背景下农户采取违约行为的概率；

$P4$ 表示协商背景下农户采取违约行为的概率；

$P5$ 表示强制背景下政府采取监督行为的概率；

$P6$ 表示协商背景下政府采取监督行为的概率；

$P7$ 表示社区介入背景下农户参与造林再造林项目的概率。

本研究假定：$R2-C1$、$R3-C1$、$R5-C1$ 均大于 0；$R1-C1$ 由于受到项目业主与农户协商、谈判等交易成本的影响，$R1-C1<0$。

（三）不同组织模式下的农户收益

第一，自主型模式下的农户收益。自主型模式下，当地农户行为决策收益如表 5-7 所示，当农户不参与时，收益为 0；当农户参与时，其收益为农户从造林再造林项目中获取的总收益减去农户参与造林再造林项目的机会成本，即 $R1-C1$。研究设定农户参与造林再造林项目的

概率为 $P1$，因而，农户预期收益为 $P1\times(R1-C1)+(1-P1)\times 0=P1\times(R1-C1)$。从决策来看，当 $R1<C1$ 时，农户选择不参与造林再造林项目，因而，农户参与行为决策的核心依然是成本－收益的比较分析。综上，自主型模式下，农户最优决策为不参与，收益为0。

表5－7　自主型模式下农户收益矩阵

		项目业主	
		开发	不开发
当地农户	参与	$R1-C1$	—
	不参与	0	—

第二，强制型模式下的农户收益。强制型模式下，当地农户行为决策收益如表5－8所示，在政府强制推动背景下，农户采取履约行为，其收益为 $P5\times(R2-C1-C2)+(1-P5)\times(R2-C1)$；采取违约行为的收益为 $P5\times(R2-C1-C2)+(1-P5)\times(R2-C1+R4)$。因此，农户参与项目的预期收益为 $P3\times[P5\times(R2-C1-C2)+(1-P5)\times(R2-C1+R4)]+(1-P3)\times[P5\times(R2-C1-C2)+(1-P5)\times(R2-C1)]$。从行为决策来看，在地方政府监督下，农户履约与违约行为的收益一致；但在地方政府不监督背景下，农户采取违约行为的收益高于履约行为［差额为 $(1-P5)\times R4$］。因而，在强制型模式下，农户偏向于采取违约行为，收益为 $P5\times(R2-C1-C2)+(1-P5)\times(R2-C1+R4)$。

表5－8　强制型模式下农户收益矩阵

		地方政府	
		监督	不监督
当地农户	履约	$R2-C1-C2$	$R2-C1$
	违约	$R2-C1-C2$	$R2-C1+R4$

第三，协商型模式下的农户收益。协商型模式下，当地农户行为决策收益如表5－9所示，在政府协商推动背景下，农户采取履约行为，

其收益为 $P6 \times (R3 - C1 - C2) + (1 - P6) \times (R3 - C1)$；采取违约行为的收益为 $P6 \times (R3 - C1 - C2) + (1 - P6) \times (R3 - C1 + R4)$。因此，农户参与项目的预期收益为 $P4 \times [P6 \times (R3 - C1 - C2) + (1 - P6) \times (R3 - C1 + R4)] + (1 - P4) \times [P6 \times (R3 - C1 - C2) + (1 - P6) \times (R3 - C1)]$。从行为决策来看，在地方政府监督下，农户履约与违约行为的收益一致；但在地方政府不监督背景下，农户采取违约行为的收益高于履约行为［差额为 $(1 - P6) \times R4$］。因而，在协商型模式下，农户偏向于采取违约行为，收益为 $P6 \times (R3 - C1 - C2) + (1 - P6) \times (R3 - C1 + R4)$。

表 5-9　协商型模式下农户收益矩阵

		地方政府	
		监督	不监督
当地农户	履约	$R3 - C1 - C2$	$R3 - C1$
	违约	$R3 - C1 - C2$	$R3 - C1 + R4$

第四，社区型模式下的农户收益。社区型模式下，当地农户行为决策收益如表 5-10 所示，当社区不介入时，其行为博弈与自主型、强制型、协商型一致；在社区介入背景下，农户参与造林再造林项目的收益为 $R5 - C1$，农户不参与造林再造林项目的收益为 $-C3$，$C3$ 表示农户选择不参与造林再造林项目所面临的与邻居、亲属、村组干部之间关系失和的风险成本（或心理成本）。因此，农户参与项目的预期收益为 $P7 \times (R5 - C1) + (1 - P7) \times (-C3)$。从行为决策来看，当 $R5 > C1$ 时，农户偏向于选择参与造林再造林项目，收益为 $R5 - C1$。

表 5-10　社区型模式下农户收益矩阵

		社区	
		介入	不介入
当地农户	参与	$R5 - C1$	$R1 - C1$
	不参与	$-C3$	0

（四）不同模式最优决策的对比分析

依据前文的研究，自主型模式下农户的最优决策为不参与，强制型和协商型模式下农户的最优决策为违约参与，社区型模式下农户的最优决策为参与，对不同模式下的最优决策收益进行对比分析，如表5－11所示。

表5－11　最优决策收益对比分析

模式	收益	大小排序
自主型	0	4
强制型	$P5\times(R2-C1-C2)+(1-P5)\times(R2-C1+R4)$	2
协商型	$P6\times(R3-C1-C2)+(1-P6)\times(R3-C1+R4)$	3
社区型	$R5-C1$	1

第一，强制型与协商型的对比。强制型与协商型模式下最优决策的收益对比为：

$$
\begin{aligned}
&[P5\times(R2-C1-C2)+(1-P5)\times(R2-C1+R4)]-\\
&[P6\times(R3-C1-C2)+(1-P6)\times(R3-C1+R4)]\\
&=[(R2-C1)-P5\times C2+(1-P5)\times R4]-[(R3-C1)-\\
&P6\times C2+(1-P6)\times R4]\\
&=(R2-R3)+(P6-P5)(C2+R4)
\end{aligned}
$$

强制型推动背景下，地方政府与农户就土地、劳动力供求达成契约关系的成本相对较小，因而有政府介入，地方政府与农户直接建立契约背景下，农户从造林再造林项目中获取的总收益大于有政府介入，项目业主与农户直接建立契约背景下，农户从造林再造林项目中获取的总收益，即$R2>R3$。同时，强制背景下，项目具体实施主要是由乡镇林业站具体负责，监督行为也主要依赖乡镇林业站，因而采取监督行为的概率相对较低，即$P5<P6$。综上所述，$(R2-R3)+(P6-P5)(C2+R4)>0$，即强制型模式相对占优。

第二，强制型与社区型的对比。社区型与强制型模式下最优决策的收益对比为：

$$
\begin{aligned}
&R5 - C1 - [P5 \times (R2 - C1 - C2) + (1 - P5) \times (R2 - C1 + R4)] \\
&= R5 - C1 - [(R2 - C1) - P5 \times C2 + (1 - P5) \times R4] \\
&= R5 - R2 + P5 \times C2 - (1 - P5) \times R4 \\
&= R5 - R2 - R4 + P5 \times (C2 + R4)
\end{aligned}
$$

由于受到地缘、亲缘、血缘等影响，社区与农户的契约关系相比于政府与农户的契约关系更为紧密，且交易成本更低。由于社区介入下，农户不参与会受到被孤立的心理成本的影响，这会增强其自主参与意愿，因而，社区参与背景下，农户从造林再造林项目中获取的总收益大于有政府介入，地方政府与农户直接建立契约背景下，农户从造林再造林项目中获取的总收益，即 $R5 > R2$。因此，社区型与强制型模式对比的关键在于 $R4$ 的大小。项目实施区域对偏远贫困山区具有高度依赖性，农户对土地的依赖程度较高，农户采取违约行为获得的额外收益 $R4$ 相对较高，社区型模式的收益显著高于强制型模式，采取强制推动行为必然导致农户违约概率显著提升，从而导致项目运行的失败。综上所述，$R5 - R2 - R4 + P5 \times (C2 + R4) > 0$，即社区型模式占优。

综合社区型与强制型模式下最优决策的收益对比和强制型与协商型模式下最优决策的收益对比，在当前市场和政策环境下，农户最优决策收益模式排序为社区型 > 强制型 > 协商型 > 自主型，依托社区开展造林再造林项目是保障农户有效参与，推动碳汇造林再造林项目持续运行的重要途径。

三　森林碳汇扶贫面临的主要问题

从课题组对四川、云南和贵州进行的典型森林碳汇项目开发区的实地考察，尤其是对相关政府部门、企事业单位、非政府组织负责人和工作人员进行座谈交流、深度访谈的情况来看，与森林碳汇项目开发试点相伴而行的森林碳汇扶贫获得了长足发展，客观上给西南民族贫困地区生态扶贫、绿色减贫和精准脱贫带来了新动力、新路径，取得了新成效，但同时也面临以下三个方面的突出问题。

（一）认识存在偏差，基础性制度安排及其益贫机制建设滞后

受访者普遍认同森林碳汇的扶贫功能，认为进一步拓展森林碳汇项目开发的正面效应、积极减缓其负面影响是非常必要的，不但可为减缓气候变化做出积极贡献，降低贫困地区对气候变化的脆弱性、增强适应性，有利于实现应对气候变暖，生态扶贫、绿色减贫和精准扶贫，推进生态文明建设等多赢，但相较于能源和工业部门的碳交易，目前的森林碳汇市场小、需求十分有限，应将森林碳汇项目作为我国碳交易的优先领域深入推进，不断扩大森林碳汇市场份额，加快将林木产品碳库纳入森林碳汇计量范畴。然而，从实践层面来看，如何完成造林再造林任务、提高苗木成活率和保存率往往是造林实体、各级林业管理部门等关注的焦点和检验项目成败的普遍标准，许多碳汇造林再造林项目实施与传统造林项目区别不显著，对达成贫困人口受益和发展机会创造目标的约束性、考核性指标的界定模糊或直接忽略。简单地将在贫困地区实施森林碳汇项目等同于森林碳汇扶贫、将森林碳汇项目等同于一般产业扶贫项目的片面认识仍普遍存在，森林碳汇在助推精准扶贫精准脱贫中的作用还未充分发挥，森林碳汇扶贫整体尚处于瞄准贫困地区的“单轮驱动”阶段和强调项目社区人口参与受益的初级阶段。森林碳汇市场建设滞后、缺乏标准引领、考核指标的界定模糊是深化森林碳汇扶贫发展的重要障碍。强化顶层设计与宏观管理，制定和推广与国际规则接轨、符合我国实际、凸显贫困人口受益和发展机会创造的森林碳汇标准及其方法学是当务之急。

（二）政策不配套，扶贫主体、资源、方式单一

伴随森林碳汇项目试点的实践推进，尤其是面对脱贫攻坚的巨大压力，部分省（市）结合精准扶贫精准脱贫工作，已先后将碳汇扶贫列入“五个一批”的生态补偿脱贫一批中；一些地方基层政府已把森林碳汇扶贫作为工作要点纳入生态扶贫规划或年度工作计划，倡导森林碳汇扶贫实践要从“大水漫灌”向“精准滴灌”转变，积极探索个性化绿色减贫新途径，初步形成了森林碳汇扶贫的导向机制。在森林碳汇管理上，地方发展和改革委员会、林业、扶贫等相关主管部门均拥有部分管理权，但森林碳汇扶贫实践的推动往往局限在林业主管部门，扶贫、科教、金融等相关部门的参与还比较薄弱，社会捐赠、公民参与的渠道非常有限。重政策导向、轻制度建设，重社区农户短期收入、轻扶志扶智，重物质补偿、轻技术补偿等问题突出，与科技扶贫、金融扶贫、文化扶贫等多种扶贫方式的协同未得到应有重视。扶贫主体单一、扶贫资源单一、扶贫方式单一，与产业扶贫、生态建设等相关的财税、金融、投资、森林生态补偿、技术援助等普惠性政策亟待整合，与之关系重大的碳税、碳汇权抵押或贴息贷款，碳汇林保险，碳汇林间伐采伐等特惠性政策亟待建立。

（三）市场失灵，扶贫功能弱化

森林碳汇扶贫作为一种特殊的产业扶贫形式，必须遵循森林碳汇市场交易基本规则和森林碳汇产业发展内在规律，走产业化、市场化反贫困道路。然而，森林碳汇项目开发却在客观上面临实施范围广、工程周期长、幼林抚育管护任务艰巨，较一般造林项目标准更严、风险更高、投资更大等挑战。后付费机制下的个别项目实现的碳交易额非常有限，后续建设资金短缺、融资渠道不畅，步履维艰、停滞不前。即使是部分进展良好的项目也面临内源动力不足、严重倚重自上而下的行政式推动等矛盾；同时面临项目社区经济欠发达，农户发展能力弱、组织化程度低、对森林碳汇市场交易的认知非常有限、主体作用发挥不足，贫困人口参与能力欠缺、参与程度低，以及造林成本不断攀升等困境；还面临项目土地长期占用与土地使用权拥有者对土地短期需求变化、规模化造林与社区农户传统生计、市场化运营与本土文化、精英带动与贫困人口挤出等冲突，以及与新阶段一批见效快的种养产业扶贫项目开发进驻带来的土地排他性竞争，林林、林农、林牧矛盾加剧等新挑战。如某些项目地块实施主体为提高造林成活率、降低交易成本，多雇用外地专业化队伍造林，弱化了项目对当地社区农户参与造林的减贫作用。再如某一项目规划备案、推进实施的连片地块，牛羊肉价格上涨造成土地参与碳汇造林的机会成本增加，社区农户提出提高补偿价格的新要求，项目业主和地方政府难以满足，导致该地块项目被迫取消，给项目实施、合同履行等带来了难以弥补的损失。

四　诺华川西南林业碳汇、社区和生物多样性项目的扶贫实践探索

近三年来，面对森林碳汇扶贫开发存在的多重挑战，根据精准扶贫精准脱贫战略实施带来的新机遇、提出的新要求，全国各地围绕借力森林碳汇助推脱贫攻坚，进行了多样化探索试验，并取得了积极进展。较为典型的包括四川省示范实施的“诺华”模式[①]、贵州省实施的“单株碳汇精准扶贫”平台模式[②]、云南省“森林碳汇＋生态旅游＋林下经济＋精准扶贫”的“腾冲”模式[③]、广东省“森林碳汇＋村集体经济组织＋精准扶贫”的“韶关”模式[④]、黑龙江省“森林碳汇＋企业＋精准扶贫”的“延寿”模式[⑤]等。其中，四川省示范实施的“诺华”模式，为破解当下森林碳汇扶贫面临的特殊困境，在最大限度满足多方参与主体实现自身利益的同时，有效达成“扶真贫、真扶贫”目标，提供了极富价值的借鉴。

① 参见四川省人民政府网站《“政府＋企业＋高校”合作实施 森林碳汇扶贫示范工程启动》，http://www.sc.gov.cn/10462/12771/2018/5/24/10451619.shtml，2018年5月24日。

② 参见贵州省人民政府网站，《贵州省开展单株碳汇精准扶贫试点》，http://www.guizhou.gov.cn/xwdt/dt_22/bm/201806/t20180615_1350909.html，2018年6月15日。

③ 参见保山新闻网，《腾冲林业：奏响“绿水青山”与“金山银山”交响曲》，http://www.baoshan.cn/2019/0123/24862.shtml，2019年1月23日。

④ 参见韶关市人民政府网站，《林业碳汇与精准扶贫有机结合为贫困村带来收入》，http://www.sg.gov.cn/hnxn/nyzx/201807/t20180725_680062.html，2018年7月25日。

⑤ 参见哈尔滨市延寿县人民政府网站，《延寿县与北京天德泰科技股份有限公司签订林业碳汇精准扶贫项目框架协议》，http://www.hlyanshou.gov.cn/content/83578.html，2017年12月10日。

新闻链接：

贵州省开展单株碳汇精准扶贫试点[①]

6月13日，由省发改委主办的贵州省单株碳汇精准扶贫签约仪式在贵阳举行，标志着贵州省单株碳汇精准扶贫试点正式拉开序幕。

为充分发挥贵州生态优势，推动“大生态＋大扶贫”融合，省发改委联合相关单位和部门，充分运用“互联网＋生态建设＋精准扶贫”新模式，切实推进低碳扶贫，助力扶贫攻坚，为实现减缓气候变化、促进生态文明建设和精准扶贫做出应有的贡献。

据介绍，贵州省单株碳汇精准扶贫试点按照科学严格的方法把贫困户拥有的符合条件的林地资源，以每一棵树吸收的二氧化碳作为产品，通过单株碳汇精准扶贫平台，面向全社会进行销售。卖出的资金将全部汇入对应贫困户账户，帮助贫困户增加收入，试点不影响贫困户对林地的支配。

同时，该项目采取自愿参与的原则，参与对象须是2017年建档立卡、具备符合条件的林业资源的贫困户。参与项目试点的林木须是贫困户拥有林权证、土地证或自留地的林地、耕地上的人工造林，每家贫困户参与项目的林地最多2亩、每亩最多225棵，合计最多450棵。

目前，该项目已在安顺市平坝区齐伯镇关口村、黔南州福泉市陆坪镇香坪村等8个市州的9个深度贫困村启动实施，计划在7月8日前推广扩展15个至20个村，并在生态文明贵阳国际论坛期间，由联合国工业发展组织、贵州省政府官员共同购买第一单扶贫碳汇。预计2020年，该项目将覆盖全省100个深度贫困村。

此外，贵州省单株碳汇精准扶贫服务平台将于7月初上线运

① 资料来源：贵州省人民政府网站，http：//www.guizhou.gov.cn/xwdt/dt_22/bm/201806/t20180615_1350909.html，2018年6月15日。

行。届时，海内外各界有识之士可奉献自己的一分力量，共建生态文明，推动绿色低碳发展。

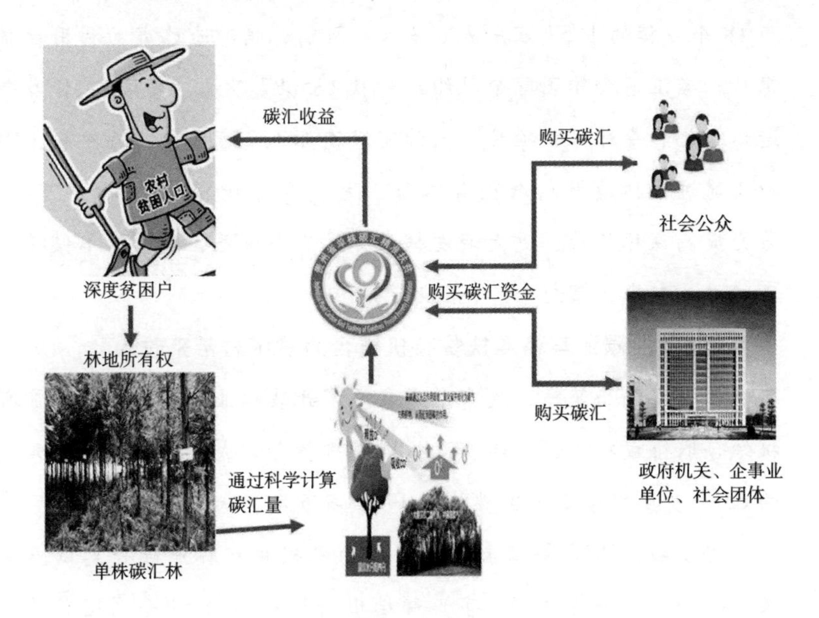

单株碳汇精准扶贫示意

贵州省单株碳汇精准扶贫项目，主要思路就是把每一户建档立卡的贫困户种植的每一棵树，编上身份证号，按照科学的方法测算出碳汇量，拍好照片，上传到贵州省单株碳汇精准扶贫平台，然后面向整个社会、整个世界致力于低碳发展的个人、企事业单位和社会团体进行销售；而社会各界对贫困户碳汇的购买资金，将全额进入贫困农民的个人账户，碳汇购买者在实现社会责任的同时，即可起到精准帮助贫困户脱贫的作用。（贵州省发展和改革委员会）

腾冲林业：奏响“绿水青山”与“金山银山”交响曲①

进入21世纪，腾冲深入实施退耕还林等一大批国土绿化工程。目前，建立苗圃282个，其中省级育苗单位5个、油茶省级定点良

① 资料来源：保山新闻网，http：//www. baoshan. cn/2019/0123/24862. shtml，2019年1月23日。

种采穗基地3个，培育种苗6.1亿株，截至2018年底，国家和省投入资金1.607亿元，完成荒山造林退耕还林31.53万亩，涉及全市18个乡镇的1.57万户7万多人。目前，腾冲市已成功利用世界银行、碳汇基金等国际金融组织贷款135.87万元，实施了10多个造林绿化和森林保护项目，累计完成造林1.7万余亩。近年来，腾冲又通过森林质量精准提升工程，完成森林抚育面积53.5万亩，着力提高森林质量，更大地发挥森林的生态效益，让山区不仅绿起来，更美起来、富起来。（张庆留）

林业碳汇与精准扶贫有机结合为贫困村带来收入①

从市发改局获悉，我市率先在全省开展林业碳汇与精准扶贫有机结合取得成功，预计碳普惠核证减排量全部成交后将为参与开发的65个贫困村带来一次性收入1700多万元。

据了解，2018年以来，市发改局积极推广林业碳普惠试点成果，在全市7个县（区、市）筛选出条件成熟的64个省定贫困村和1个少数民族村成功开发林业碳普惠项目，碳普惠核证减排量达1019424吨。省发改委已同意全部分批备案。目前，第一批已成功获得省发改委备案签发，共计307805吨，并成功在广碳所完成交易，交易额为502.34万元，资金已全部到位。尚有70万吨待省发改委备案签发，预计全部成交后将为参与开发的65个贫困村带来一次性收入1700多万元，每个村平均收入可达约26万元，为我市积极探索出碳普惠制与生态文明建设和精准扶贫有机结合的创新路径。

日前，在省发改委组织举办的2018年（首届）绿色生态（花都）论坛上，市发改局为参加该论坛的全省各地市以及河南、河北等7个省份与会代表做了详细的经验介绍，受到与会人员的关注和热议。

据了解，林业碳汇开发是一项不改变原有林木所有权、经营

① 资料来源：韶关市人民政府网站，http：//www.sg.gov.cn/hnxn/nyzx/201807/t20180725_680062.html，2018年7月25日。

权，不依靠砍伐林木、出售木材产品而获得经济效益的项目，是对过去林业种植和保护的一种无偿补偿。在贫困村及少数民族地区县村深化推广林业碳普惠试点，是走林业碳汇与精准扶贫相结合路径的积极尝试，能够让更多贫困村及少数民族地区县村从践行绿色生态发展中获益，为我市扶贫攻坚"添砖加瓦"。

市发改局相关负责人介绍，下一步将加大林业碳汇的宣传力度，让更多的群众认识到种植林木和保护森林的重要意义。同时，紧密掌握政策动态，了解2019年省发改委对进入碳市场的此类产品（PHCER）安排的容量，及时开发足量产品安排进入碳市场交易，加快探索我市生态补偿之路。此外，市发改局还将继续牵头组织市委农办、市林业局在贫困村深入推广林业碳汇项目，助推产业扶贫，增加农户、村集体收益。（转载自《韶关日报》侯海霞 沈婧）

延寿县与北京天德泰科技股份有限公司签订
林业碳汇精准扶贫项目框架协议[①]

12月9日，延寿县与北京天德泰科技股份有限公司签订林业碳汇精准扶贫项目框架协议。实施林业碳汇项目是践行习近平总书记"绿水青山就是金山银山"重要思想的实际举措，通过林业碳汇资源的开发及交易，加快推动护林、育林、造林，建立起绿色、低碳、环保、可持续的林业经济，实现林业企业低碳发展，为林业改革提供强劲动力。（延寿县信息中心）

（一）案例概述

截至2018年，诺华川西南林业碳汇、社区和生物多样性项目已完成造林再造林4095.8公顷，建立护林围栏20.9万米，投入育苗、造林、补植、幼林管护和抚育劳动力33万个。2016～2018年，社区农户

① 资料来源：哈尔滨市延寿县人民政府网站，http：//www.hlyanshou.gov.cn/content/83578.html，2017年12月10日。

通过参与项目获得劳务收入超过2600万元、苗木收益1300多万元，人均增收在2160元以上。[①] 2018年5月，在四川省林业和草原局、四川省科学技术厅、四川省扶贫开发局等的高度重视和支持下，基于诺华项目前期近10年的探索及其在本研究项目的推动，结合已取得的良好扶贫成效与经验，四川省在全国率先启动实施了森林碳汇扶贫示范工程，将升级版"诺华"模式的创新模式，在凉山彝族自治州越西、昭觉和雷波三县先行试点。

新闻链接：

"政府+企业+高校"合作实施　森林碳汇扶贫示范工程启动[②]

由四川省林业厅主办，四川农业大学和四川省大渡河造林局承办的森林碳汇扶贫示范工程启动暨研讨会日前在蓉召开，标志着这项"政府+企业+高校"合作实施的森林碳汇扶贫工程启动。

森林碳汇扶贫示范工程打造"政府+企业+高校"合作的新模式。示范工程依托"诺华川西南林业碳汇项目"，以及国家社会科学基金"推进西南民族地区森林碳汇扶贫的政策研究"和省科学技术厅科技扶贫专项"森林碳汇产业扶贫技术集成与示范"项目来推进实施。将推行两种精准扶贫带动模式："集体经济主导型"，以发挥村级经济组织作用、集体林地入股等为重点，完善和推行以社区参与为核心的"企业+村集体经济组织+农户"带动模式；"农户主体型"，完善和推行以农户为核心的"企业+农户"带动模式，促进贫困农户就近就业和技术培训，实现精准扶贫精准脱贫。该示范工程将在凉山州的越西、昭觉、雷波3个县实施多项重点建设任务：生态贫困区造林技术集成与示范，为生态贫困治理，降低贫困人口因灾返贫风险提供示范样板；林下复合经营技术

---

① 资料由凉山彝族自治州林业局、四川省大渡河造林局提供。

② 资料来源：四川省人民政府网站，http：//www. sc. gov. cn/10462/12771/2018/5/24/10451619. shtml，2018年5月24日。

集成与示范，为逐步实现碳汇林综合经营提供典型样板；集约养殖技术集成与示范，为实现区域传统畜牧业发展与项目建设可持续发展的双赢提供样板。（记者 江芸涵）

（二）主要探索

立足市场化运作、兼顾效率与公平，按照“实事求是、因地制宜、分类指导、精准扶贫”的总体要求，本着“政府引导、企业主导、农户参与、科技支撑、示范引领、稳步推进”的基本思路，以拓展、提升诺华项目社区功能为基础，以推动贫困农户有效参与为核心，以“扶真贫、真扶贫”为导向，不断完善“农户主体型”和“集体经济主导型”两种精准扶贫带动模式以及扶贫资源整合、贫困人口参与和监测评估考核“三位一体”的森林碳汇扶贫机制，初步形成了多方共同参与、资源有机整合、扶贫方式优势互补、共促脱贫的良好局面。

第一，围绕一个宗旨。以贫困人口受益和发展机会创造为宗旨，以诺华项目深入推进为依托，在巩固前期造林再造林成果、提升项目建设可持续性的进程中实现精准扶贫精准脱贫。

第二，推行两种精准扶贫带动模式。切实强化政府引导及其在项目、资金、政策支持与考评中的作用，不断探索、分类实施两种森林碳汇精准扶贫模式。一是“农户主体型”。充分发挥基层政府部门作用，在林地产权明晰、农户市场经济意识较强、确权宜林地资源较丰富的贫困村，依托“六有”大数据平台[①]，有针对性地引导建档立卡贫困户参与项目技术培训，优先安排有劳动能力、符合条件的建档立卡贫困户参与苗木繁育、碳汇林种植、补植、管护、围栏建设等务工活动，推行和完善以农户为核心的“企业 + 农户”带动模式，促进贫困农户就近就业，有效实现精准扶贫精准脱贫。二是“集体经济主导型”。在集体经

① “六有”大数据平台是四川省脱贫攻坚数据库的总称，“六有”是指户有卡、村有册、乡有簿、县有档、市有卷、省有库。

济组织治理结构较完善、集体宜林地资源较丰富的贫困村，积极发挥村级经济组织作用，以集体林地入股的方式，推行和完善以社区参与为核心的“企业+村集体经济组织+农户”带动模式，不断提高贫困农户参与森林碳汇项目开发的组织化程度，在发展壮大集体经济的同时有效助推脱贫攻坚。

第三，完善三大扶贫机制。坚持政府推动与市场驱动、项目实施与精准扶贫相结合，主动融入脱贫攻坚大格局，不断建立和完善扶贫资源整合、贫困人口参与和监测评估考核“三位一体”的森林碳汇扶贫机制。一是扶贫资源整合机制。在成立森林碳汇扶贫示范工程领导小组及其办公室，强化四川省发展和改革委员会、林业和草原局、扶贫开发局、科学技术厅等部门协同，省、州、县、乡（镇）上下联动，加大对项目配套资金和政策支持的同时，加大项目与在社区实施的农户技术培训、产业扶贫、异地搬迁扶贫和生态公益林建设等项目的统筹力度，完善扶贫资源整合机制，进一步形成政策激励合力，弥补市场失灵。二是贫困人口参与机制。以明确各参与主体责任，拓展贫困人口参与渠道和提升参与程度为重点，充分发挥项目社区村委会、专业合作社、农村精英等的作用，不断提高贫困农户深入参与森林碳汇项目开发的组织化程度，积极引导有意愿、有能力的建档立卡贫困户参与示范工程的推进实施。三是监测评估考核机制。突出科技支撑在森林碳汇扶贫示范基地建设中的作用，明确精准帮扶贫困村、贫困户、贫困人口数量以及技术培训次数等具备硬约束的考核性指标，健全有利于强化森林碳汇扶贫的监测评估考核机制。

第四，实施四项重点建设任务。针对项目前期亟待解决的实践问题，深化了以下四方面建设，提升了项目扶贫开发的平台作用和聚合效应。一是生态贫困区森林碳汇造林技术集成与示范。以拓展农户参与渠道、完善贫困人口参与机制为重点，结合碳汇造林再造林及其补种补植，积极引导、优先吸收有劳动能力、符合条件的建档立卡贫困户参与高寒山地碳汇林苗木培育、造林、抚育、管护、病虫害防治等新技术集成、培训与示范工作，在持续为贫困社区注入造林营林先进适用技术、促进贫困户就近就业的同时，提升贫困人口可行能力，提高脱贫质量。二是碳汇林林下复合经营技术集成与示范。以前瞻性提升碳汇林综合效益、不断降低贫困人口对项目地块传统生计依赖为重点，结合项目区资源优势和特色产业，进一步开展林下蘑菇、中药材等种植技术集成、培训与示范，积极为未来提升碳汇林综合经营效益、推进碳汇项目长期可持续运营创造条件。三是集约养殖技术集成与示范。以缓解大规模造林导致的短期林牧矛盾为重点，进一步开展牛羊圈养、种草养畜、养蜂等特色畜牧产业的先进适用技术集成、培训与示范，推动实现社区畜牧业与项目建设可持续发展双赢。四是扶贫效果监测与评估技术集成与应用。以增加森林碳汇扶贫透明度、提高扶贫主体履约率、矫正扶贫行动偏差为重点，针对森林碳汇项目益贫效果的典型多样性、空间异质性和时间动态性特征，完善森林碳汇扶贫绩效综合评价体系，为提高森林碳汇扶贫效率提供重要保证。

（三）基本经验

诺华项目在多年的开发实施过程中，不论是在组织管理、规划设计、开展社区项目，还是在新阶段精准扶贫模式创新及其运行机制建设等方面，都积累了宝贵经验。

第一，加强组织领导，切实发挥政府的引导和推动作用。市场机制是森林碳汇扶贫的基础，但政府在森林碳汇扶贫尤其是项目实施初期的引导与推动作用同样不可忽视。作为在我国深度贫困地区实施的森林碳汇项目，诺华项目从建设伊始不仅成立了项目指导委员会、专家咨询委员会，每年定期召开项目指导委员会和专家咨询委员会会议，指导项目总体实施，解决和协调项目实施中的重大问题，审议项目年度进展，而且在挂靠省、州、县（保护区）林业主管部门成立了三级项目协调管理办公室，明确了分管领导，确定了专职工作人员，全程开展宣传、协调和督促等工作，从而卓有成效地克服了规划设计、认证注册、组织建设等环节中的政策、资金、技术等瓶颈，破解了项目地块选择与边界确定、林地流转与使用合同签订等诸多项目业主四川省大渡河造林局难以克服的难题，确保了项目顺利实施，推动了新阶段扶贫资源整合、扶贫方式集成和“扶真贫、真扶贫”的落实落地。例如，项目实施不仅得到了四川省林业和草原局、凉山彝族自治州政府的项目、资金配套，而且得到了税务机关、外汇管理部门和银行等的大力支持，有效地缓解了资金短缺压力，降低了汇率风险；为降低长期运营中的农户退出风险，签订了包括土地使用权人、项目业主和属地县林业主管部门的三方合同；为切实助力精准扶贫、提高扶贫履约率，强化了贫困人口参与务工、技术培训等扶贫定量指标的年度计划和精准考核。

第二，注重社区参与，不断发挥社区农户的主体作用。社区农户是保障项目成功实施的一线力量。为保证项目顺利开展与可持续经营，诺华项目从规划设计之初，就特别注重发挥社区农户的主体作用，重视乡土知识、乡土智慧和乡土文化。积极采用基线调查法、参与式乡村评估法开展基线调查和社区调查，了解社区经济社会发展需求，征集社区农户参加项目的地块利用、树种选择等意愿及其利益诉求，加强对社区农户的宣传沟通，研判项目开发潜在风险，征求社区农户对项目推进实施的意见和建议，不断增加和提高社区弱势群体尤其是更加依赖传统农业生计的贫困人口共同参与项目规划设计、实施和监督的机会和程度。这不但为项目的基线情景识别、额外性认证、可行性论证等提供了科学依据和质量保证，而且为建立更契合社情民意的项目运行模式及其利益联结机制、推动项目开发惠及更多贫困人口、更好地赢得广泛理解与支持、推动项目长期运营等发挥了关键性作用，有效地提升了项目扶贫效应。如为了充分尊重当地农户的生活习惯，项目明确在碳汇林郁闭后不限制薪柴采集，并主动参加了地方政府节能柴灶的推广工作；在碳汇林管护上，不仅通过建设碳汇林围栏、选聘建档立卡贫困户巡护防止牛羊损毁树苗，而且通过加强社区宣传、制定村规民约、发挥家支头人和毕摩的作用等引导社区农户共同管护，有力地推动了前期造林成果巩固与助力脱贫攻坚双赢。

第三，强化科技支撑，不断提升项目开发的扶贫效应。项目业主长期坚持与四川农业大学、四川省林业科学研究院、四川省林业调查规划院、四川省社会科学院、中国大自然保护协会（TNC）、北京山水自然保护中心、四川省绿化基金会和凉山彝族自治州林业科学研究所等科研院（所）以及非政府组织进行深度合作，切实发挥自然和社会科学的科技支撑作用，不但取得了在地处高寒山区、生态脆弱区、立地条件差的土地上造林营林的显著成效，为打破贫困陷阱带来了额外的资金、技术、环境和政策支持，提供了外部资源、调动了内部资源、汇聚了政策资源，而且针对传统农牧业是项目社区农户主要生活来源，社区经济发展相对滞后、生产方式相对落后、生产力低、贫困发生率高等客观现实，采取了邀请科研院所专家开展技术培训与指导、赠送科普读本或先进适用农业技术手册、积极参与社区特色产业技术示范基地共建等技术补偿方式，不断推动森林碳汇项目实施与区域脱贫攻坚“五个一批”[①]的有机结合，为助力精准扶贫精准脱贫，疏解林牧、林农、林林矛盾，提升项目开发的扶贫效应开辟了新途径。

小　结

本章对西南民族地区森林碳汇扶贫进行了现状考察与个案分析，结果表明，碳汇造林再造林项目地块多处于生态脆弱区和贫困山区，与碳汇造林再造林试点相伴而行的森林碳汇扶贫获得了长足发展，客观上为西南民族贫困地区生态扶贫、绿色减贫和脱贫攻坚开辟了新途径、取得了新进展、积累了新经验，森林碳汇扶贫已具备政治基础、民意基础和实践基础。但总体来看，简单地将在贫困地区实施森林碳汇项目等同于森林碳汇扶贫，以及将森林碳汇项目等同于一般产业扶贫项目的片面认

① “五个一批”是指面向2020年全面建成小康社会打赢脱贫攻坚战采取的五种基本脱贫类型，包括发展生产脱贫一批、易地搬迁脱贫一批、生态补偿脱贫一批、发展教育脱贫一批、社会保障兜底一批等。

识仍普遍存在，把贫困人口受益和发展机会创造扶贫目标纳入森林碳汇项目规划设计、认证注册、组织建设、监测评估等各个环节的格局尚未形成，局部以“扶真贫、真扶贫”为导向的“森林碳汇＋精准扶贫”实践尚处于地方政府主导下的探索性试验阶段，政策出台更多的是基层政府为破解森林碳汇开发实践难题、契合当前精准扶贫精准脱贫紧迫要求而进行的强制性制度变迁，制度安排具有典型的短期性、突击性、碎片化特征，实践的延续性和可持续性不强。推动森林碳汇扶贫可持续发展的宏观管理制度供给不足，具有决定性作用、凸显扶贫功能的森林碳汇标准和方法学等规范性制度，以及与之关系重大的碳税、碳汇权抵押或贴息贷款，碳汇林保险，碳汇林间伐采伐等特惠性政策亟待建立，与产业扶贫、生态建设相关的财税、金融、投资、森林生态补偿、技术援助等普惠性政策亟待整合，森林碳汇在促进贫困人口受益和发展机会创造等方面的作用还远没有充分发挥。如何站在实现应对气候变化与扶贫双赢的战略高度，在推进森林碳汇市场繁荣和项目开发可持续运营的进程中，不断破除传统森林碳汇项目开发模式下的政策分散、部门分割格局，不断强化包括贫困人口在内的社区农户主体作用，不断推动森林碳汇扶贫由聚焦贫困地区的“单轮驱动”型向兼顾区域整体又更加强调精准到户到人的“双轮驱动”型变革与转型，不断提高贫困农户的参与度和直接净受益水平，是当前及今后相当长一段时期内森林碳汇扶贫研究、实践和政策推动的重要方向。

第六章　农户持续参与森林碳汇项目的意愿分析*

我国“明晰产权、确权到户”的集体林权制度主体改革基本完成，使得与日俱增的森林碳汇项目在实施过程中，造林实体（企业）必须加强与多个农户合作，形成“公司 + 农户”的合作造林再造林模式，社区农户日益成为碳汇造林的基本单元和反贫困的主体。然而，森林碳汇项目工程周期长、预期林木销售收益不稳定，较之一般造林项目的标准更严、要求更高、难度更大，客观上增加了农户退出项目建设、发生违约风险的概率。① 农户一旦退出，不仅会对国际国内碳汇注册备案、造林实体（企业）与碳汇购买方交易、碳减排核算等造成严重负面影响，而且降低了社区农户尤其是贫困农户从项目实施过程中获益的持续性。因此，如何调动农户持续参与的积极性，对推动森林碳汇项目顺利实施、在可持续运营中达成应对气候变化与贫困人口受益和发展机会创造双赢的既定目标至关重要，同时也是提升森林碳汇扶贫绩效迫切需要关注、解决的重要议题之一。为此，本章将通过对已经参与了森林碳汇项目的农户的抽样调查，研究农户森林碳汇项目的持续参与意愿及其影响因素，以期为因势利导制定相应激励机

* 本章主要内容来自杨帆、曾维忠、张维康等《林农森林碳汇项目持续参与意愿及其影响因素》，《林业科学》2016 年第 7 期，第 138 ~ 147 页。

① 孔凡斌：《林业应对全球气候变化问题研究进展及我国政策机制研究方向》，《农业经济问题》2010 年第 7 期，第 105 ~ 109 页。

制和政策保障机制，确保农户持续积极参与森林碳汇项目，促进森林碳汇项目开发应对气候变化与贫困人口受益和发展机会创造双赢目标的实现提供科学依据。

第一节　森林碳汇项目农户持续参与意愿的理论分析

一　持续参与意愿的判定

目前已有部分研究对森林碳汇项目实施的农户参与进行了研究。黄颖利和聂佳基于计划行为理论，构建了农户参与森林碳汇行为意向的理论模型，认为农户个体特征，林地资源和林权状况，对政策、预期成本和风险的认知等是影响其参与行为意向的主要因素。[①] 陈珂等分析了农户参与中德合作造林项目意愿的影响因素，结果表明农户对项目的认知、家庭平均月收入、林地离家最远距离、项目参与要求、农户从众心理及林业政策等显著影响农户的参与意愿。[②] 方小林和高岚通过对广东省的调查发现，农户参与项目建设的意愿不强、对森林碳汇认知度低阻碍了森林碳汇项目的发展。[③] 田琪等的研究显示，年龄、家庭收入水平、家庭成员外出务工情况、森林固碳认知、项目组织模式等显著影响林场职工林业碳汇的供给意愿。[④] 宁可等的实证结果显示，户主年均接受营林培训次数、林地质量、农户经营态度和地区差异等是影响农户参

① 黄颖利、聂佳：《林农参与森林碳汇行为意向理论分析框架——基于 TPB 模型的视角》，《经济师》2013 年第 11 期，第 24 ~ 25、34 页。

② 陈珂、陈文婷、王玉民：《农户参与中德合作造林项目意愿影响因素的实证分析——以辽宁省朝阳市为例》，《农业经济》2011 年第 5 期，第 32 ~ 35 页。

③ 方小林、高岚：《广东森林碳汇项目的影响因素及对策研究》，《江苏农业科学》2012 年第 11 期，第 6 ~ 8 页。

④ 田琪、柯水发、杜欣：《我国林业碳汇供给意愿的影响因素分析——基于湖北省太子山林场的实证调查》，《生态经济》（学术版）2013 年第 2 期，第 168 ~ 173 页。

与碳汇林经营意愿的主要因素。① 以上研究对本章研究具有重要价值和启示，但忽略了对农户持续参与森林碳汇项目的思考。

根据“理性的小农”理论，农户是理性经济人，当面临多种行为选择机会时，会在一定约束条件下选择认为能实现其自身利益最大化的目标方案。② 假设农户在参与完成森林碳汇项目前期造林后，面临 n 种经济行为选择，持续参与项目建设只是其中之一，在剩余 $n-1$ 种经济行为机会中，第 i 种的净收益 V_i 最大（V_i 为农户持续参与项目建设的机会成本），$V_i = R_i - C_i$，R_i、C_i 分别为农户选择第 i 种经济行为的收益和成本，R_1、C_1 分别为农户继续参与森林碳汇项目的预期收益和成本。假设继续参与森林碳汇项目和选择第 i 种经济行为之间具有时间上的互斥性，则农户持续参与森林碳汇项目的决策模型可以表示为 $D = P(F = R_1 - C_1 - R_i + C_i)$，$F$ 为农户持续参与森林碳汇项目的预期净收益，P 为农户持续参与森林碳汇项目的概率，D 为农户持续参与森林碳汇项目的决策函数。由决策模型可知，只有当 $F > 0$ 时农户才具有持续参与意愿，$F < 0$ 时农户则不愿意持续参与。

F 值由 R_1、C_1、R_i、C_i 共同决定，而 R_1、C_1、R_i、C_i 的值又受到农户自身和外部环境多因素共同作用的影响。用 j 表示农户的自身内部因素，如性别、年龄、受教育年限和家庭特征等，用 l 表示外部环境因素，如项目特征、制度环境、自然环境等，用 $g(j, l)$、$h(j, l)$ 分别表示对 R_1、C_1、R_i、C_i 产生正向影响和负向影响的作用力，则 $F = R_1 - C_1 - R_i + C_i = f[g(j, l), h(j, l)] = g(j, l) - h(j, l)$，因此，只有当 $g(j, l) > h(j, l)$ 时，F 值才大于零，农户才具有持续参与项目建设的意愿。

① 宁可、沈月琴、朱臻：《农户对森林碳汇认知及碳汇林经营意愿分析——基于浙江、江西、福建 3 省农户调查》，《北京林业大学学报》（社会科学版）2014 年第 2 期，第 63 ~ 69 页。

② 〔美〕西奥多·W. 舒尔茨：《改造传统农业》，梁小民译，商务印书馆，1987，第 122 ~ 124 页。

综上，农户持续参与森林碳汇项目的意愿不仅受到农户个体特征、家庭特征等内部因素的影响，也受到项目特征、环境特征等外部因素的影响，农户的持续参与意愿是在内外因素共同作用下的理性选择。

二　持续参与意愿影响因素的识别

基于以上理论分析，本节将农户持续参与森林碳汇项目的意愿影响因素分为4组，即个体特征、家庭特征、项目特征和环境特征，并就农户持续参与森林碳汇项目的意愿及其影响因素提出如下假设。

第一，个体特征。无论是行为学、行为经济学理论，还是众多关于个体行为的实证研究均表明，个体行为决策与其人口学特征紧密相关。本节选取性别、年龄和受教育年限3个变量作为农户的个体特征变量。一般而言，男性的体格较女性强健，视野较女性开阔，持续参与森林碳汇项目的能力强于女性，因此，其持续参与意愿也可能强于女性。森林碳汇项目建设属于重体力劳动，随着年龄的增加，农户的体能下降，持续参与意愿可能会逐渐减弱；此外，农户年龄越大，越容易成为风险规避者，越可能从个体生命周期和项目建设周期的长短对比中做出保守选择，持续参与意愿也会逐渐减弱。农户受教育年限越长，可能导致两种情况：一是对经济损益的理性分析能力越强，二是对经济与生态的辩证关系认知能力越强。前者可能在收益低于预期的情况下做出消极决策，后者则不论收益高低都可能更倾向于做出积极决策，因此受教育年限对农户的持续参与意愿影响不确定。

第二，家庭特征。本节选取参与项目土地面积、家庭收入水平、劳动力数量、兼业化程度4个变量来反映土地、资本、劳动力等用于森林碳汇项目建设的家庭生产要素资源禀赋状况。一般而言，参与项目土地面积大小在一定程度上反映了农户家庭对林业收入的依赖程度和预期收益大小，参与项目土地面积越大，表明农户家庭对林业收入的依赖程度越高，预期收益值越大，农户的持续参与意愿可能越强。农户家庭若要获得较高森林碳汇项目潜在收益，必须投入一定成本，家庭收入水平越高，能够用于林业投资的资金越多，农户越愿意持续参与项目建设。劳动力数量越多的家庭，能够用于森林碳汇项目建设的劳动力越充裕，持续参与意愿可能越强。本节定义兼业化程度为非农收入占家庭总收入的比重，兼业化程度越高的家庭，对包括森林碳汇收入在内的农业收入依赖性越低，持续参与意愿可能越弱。

第三，项目特征。项目特征变量紧密围绕农户持续参与项目的收入、成本、契约束缚等进行设计，包括项目组织模式、前期收益满意度、后期收益预期、持续参与机会成本等。从理论上讲，项目组织模式不同，可能导致农户参与方式、利益联结机制、收益风险保障以及对自身权利和义务的认知等出现差异，进而影响农户的持续参与意愿。农户对参与项目建设的前期收益满意度越高，后期收益预期越高，其持续参与意愿可能越强。若农户认为项目建设的持续参与机会成本越高，其持续参与意愿可能越弱。

第四，环境特征。项目前期选址时已将自然环境的适宜性考察在内，因此本节的环境特征主要考察制度环境对农户持续参与意愿的影响。农户个体的行为意向选择总是嵌套在一定的制度环境之中，并与之互动。本节选取政府扶持力度、林业信息获取难易、道路交通状况等3个变量来反映与森林碳汇项目建设密切相关的制度环境。一般而言，政府对森林碳汇项目的扶持力度越大，越有利于激励农户持续参与项目建设。林业信息获取难易由政府、造林实体（企业）发布信息的及时准确性来衡量，政府、造林实体（企业）及时准确发布与项目相关的政策措施、气象预报、灾害预警等信息，可以提高农户的政策感知与御灾能力，有利于农户持续参与项目建设。农户所在地的道路交通状况反映了与森林抚育管护和林产品销售密切相关的基础设施情况，道路交通状况越好，越有利于森林抚育管护与林产品销售，农户的持续参与意愿可能越强。

三　计量模型构建与指标量化

被解释变量农户森林碳汇项目持续参与意愿是指农户在参与完成项目前期造林后，按照合约继续履行不改变土地用途、进行碳汇林抚育管护等相关义务的意愿。按照李克特量表法（Likert Scale）将农户的持续参与意愿划分为有序的5个层次：很不愿意、较不愿意、态度中立、较愿意、很愿意。由于被解释变量属于多分类有序变量，且解释变量以离散型数据为主，故适宜选取有序 Probit 模型作为实证分析方法。有序 Probit 模型的一般形式为 $Y_i = \beta X_i + \varepsilon_i$，$Y_i$是潜在变量，$X_i$是解释变量集合，$\beta$是待估系数，$\varepsilon_i$是随机扰动项。

基本模型设定为：农户森林碳汇项目持续参与意愿 = F（个体特征，家庭特征，项目特征，环境特征）+随机扰动项。根据以上分析，模型变量信息见表6－1。

表6－1 变量说明与预期作用方向

变量名称	变量含义及赋值	预期作用方向
被解释变量		
农户的持续参与意愿（Y）	很不愿意＝1；较不愿意＝2；态度中立＝3；较愿意＝4；很愿意＝5	
解释变量		
个体特征变量		
性别（X_1）	男＝1；女＝0	+
年龄（X_2）	实际观测值（周岁）	−
受教育年限（X_3）	实际观测值（年）	?
家庭特征变量		
参与项目土地面积（X_4）	实际观测值（公顷）	+
家庭收入水平（X_5）	2013年家庭人均纯收入（元）：2000元以下＝1；2000～4000元＝2；4000～6000元＝3；6000～8000元＝4；8000元及以上＝5	+
劳动力数量（X_6）	实际观测值（个）	+
兼业化程度（X_7）	非农收入占家庭总收入的比重（%）：0～20%＝1；20%～40%＝2；40%～60%＝3；60%～80%＝4；80%～100%＝5	−
项目特征变量		
项目组织模式（X_8）	家庭生产单独签约组织模式＝1；其他＝0	?
前期收益满意度（X_9）	很不满意＝1；较不满意＝2；一般＝3；较满意＝4；很满意＝5	+

续表

变量名称	变量含义及赋值	预期作用方向
后期收益预期(X_{10})	很低 = 1;较低 = 2;一般 = 3;较高 = 4;很高 = 5	+
持续参与机会成本(X_{11})	很低 = 1;较低 = 2;一般 = 3;较高 = 4;很高 = 5	-
环境特征变量		
政府扶持力度(X_{12})	很小 = 1;较小 = 2;一般 = 3;较大 = 4;很大 = 5	+
林业信息获取难易(X_{13})	很困难 = 1;较困难 = 2;一般 = 3;较容易 = 4;很容易 = 5	+
道路交通状况(X_{14})	很差 = 1;较差 = 2;一般 = 3;较好 = 4;很好 = 5	+

注：+、-、? 分别表示解释变量对被解释变量的影响方向为正、负和不确定；考虑到研究区域的特殊性，定义劳动力人口为 14 ~ 65 周岁具有劳动能力的人口；研究区域的项目组织模式大致分两种，即家庭生产单独签约组织模式和家庭生产联合签约组织模式（详细解释见后文）。

第二节　森林碳汇项目农户持续参与意愿的调查

一　数据说明

为剔除项目组织模式及其利益联结机制、区域社会经济文化差异等因素的影响，本章选取诺华川西南林业碳汇、社区和生物多样性项目实施社区为研究区域。样本区域是在以家庭承包土地造林为主的项目县展开的，具体为美姑县、甘洛县和越西县，3 县均主要集中在确权到户的宜林地开展项目建设，并已完成前期造林进入抚育管护阶段。农户通过与项目业主签订合同参与到项目建设中，合同期限为 30 年。在合同期内，项目业主四川省大渡河造林局负责组织项目施工，农户则负责碳汇造林和碳汇林抚育管护。农户的参与收益主要包括项目期中的劳务收益和项目期后的林木及林副产品收益，而合同期内造林地块产生的碳汇收益则全部归造林实体所有。农户的参与成本主要是劳动力成本和参与地块利用价值的机会成本，参与条件主要是确权到户的宜林地必须符合碳汇造林选址要求。

二　农户持续参与意愿程度

森林碳汇项目农户参与行为涉及土地、劳动力等多种要素的投入，鉴于物质资本、自然资本、社会资本等资源禀赋差异，农户参与森林碳汇项目的意愿程度往往存在显著的差异。收集的397户农户问卷统计结果显示，46.35%的农户在森林碳汇项目参与决策中持中立态度，6.80%的农户参与意愿强烈，28.97%的农户具有明显的参与意愿；24.69%的农户不愿意继续参与森林碳汇项目。总体上来看，样本农户森林碳汇项目持续参与意愿基本呈正态分布（见图6－1），持中立态度的样本最多，占样本总体的46.35%，农户持续参与意愿均值为3.03（见表6－2），介于"态度中立"和"较愿意"之间，明显趋于"态度中立"，表明农户的持续参与意愿不强，有待进一步提升。

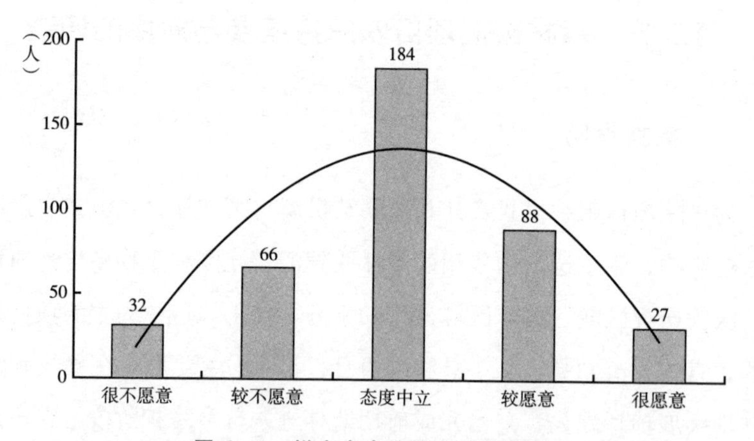

图6－1　样本农户的持续参与意愿

三　森林碳汇项目参与农户的基本特征

参与农户的年龄主要集中在40～49周岁（31.49%）、30～39周岁（20.48%），平均受教育年限仅为4.15年，每个家庭平均拥有劳动力数量为3.83个，2013年家庭人均纯收入在4000～6000元的样本居多(57.68%)，收入水平低于四川省平均水平（7895元），收入来源主要靠传统农业和外出务工，兼业化程度较低（2.80）（见表6-2）。从样本基本情况和调查发现，调查区域农民文化水平较低，青壮年留守率较高，家庭收入水平较低，收入来源途径较少，当地农民摆脱贫困的愿望强烈。

表6-2 变量的描述性统计结果

变量名称	最小值	最大值	均值	标准差
农户的持续参与意愿(Y)	1	5	3.03	0.99
性别(X_1)	0	1	0.66	0.47
年龄(X_2)	17	65	42.11	11.62
受教育年限(X_3)	0	15	4.15	3.53
参与项目土地面积(X_4)	0.05	0.53	0.12	0.05
家庭收入水平(X_5)	1	5	2.77	0.76
劳动力数量(X_6)	1	7	3.83	1.21
兼业化程度(X_7)	1	5	2.80	0.76
项目组织模式(X_8)	0	1	0.49	0.50
前期收益满意度(X_9)	1	5	2.97	0.95
后期收益预期(X_{10})	1	5	2.96	0.80
持续参与机会成本(X_{11})	1	5	2.62	1.10
政府扶持力度(X_{12})	1	5	2.74	0.96
林业信息获取难易(X_{13})	1	5	2.71	0.86
道路交通状况(X_{14})	1	5	2.90	0.70
样本量	397			

第三节 森林碳汇项目农户持续参与意愿的实证分析

一 多重共线性检验

为保证模型准确与稳定，需对各自变量间进行多重共线性检验。方法是将自变量其中之一作为因变量，其余变量作为自变量进行回归分析。判断是否存在多重共线性的标准是容忍度（Tolerance）或方差膨胀因子（VIF）。容忍度的值越小，表明该自变量作为因变量进行回归分析时被其他变量解释的程度越高，因此越可能存在严重的多重共线性，容忍度合理的范围是（0.1，+∞）；方差膨胀因子是容忍度的倒数，若其值≥10，说明自变量间可能存在严重的多重共线性问题。

表6-3显示了以性别为因变量，其他变量为自变量的多重共线性检验结果。其中，容忍度的最小值0.606>0.1，VIF的最大值1.650<10，可见自变量间不存在较为严重的多重共线性问题。同理可对其他各自变量进行多重共线性检验。受篇幅所限，略去其他检验过程。从全部检验结果来看，多重共线性检验的容忍度和方差膨胀因子均在合理范围内。因此，回归方程中各自变量间不存在严重的多重共线性问题。

表6-3 模型多重共线性检验

		共线性统计量	
		容忍度	VIF
性别(X_1)	ln(年龄)(X_2)	0.715	1.399
	受教育年限(X_3)	0.914	1.095
	ln(参与项目土地面积)(X_4)	0.864	1.158
	家庭收入水平(X_5)	0.899	1.112
	劳动力数量(X_6)	0.804	1.243
	兼业化程度(X_7)	0.944	1.059
	项目组织模式(X_8)	0.726	1.377
	前期收益满意度(X_9)	0.606	1.650
	后期收益预期(X_{10})	0.607	1.647
	持续参与机会成本(X_{11})	0.932	1.073
	政府扶持力度(X_{12})	0.790	1.266
	林业信息获取难易(X_{13})	0.704	1.420
	道路交通状况(X_{14})	0.763	1.310

二 有序Probit模型估计

运用Stata 12.0统计软件，对数据进行有序Probit模型回归处理，为确保模型运行稳定，年龄和参与项目土地面积取对数后进入模型，结果见表6-4。由表6-4可知，模型总体拟合效果较好，自变量作用方向也基本符合预期。

三　模型结果分析

由表6-4可知，年龄、参与项目土地面积、家庭收入水平、兼业化程度、项目组织模式、前期收益满意度、后期收益预期、政府扶持力度、林业信息获取难易、道路交通状况等变量通过了显著性检验，可见这些变量是显著影响农户持续参与森林碳汇项目意愿的关键因素。具体分析如下。

第一，个体特征对农户持续参与森林碳汇项目意愿的影响。“年龄”变量在1%的水平下显著且系数为负，表明年龄越大，农户的持续参与意愿越弱，符合前文关于农户体能和风险偏好的研究假设，因此，森林碳汇项目在参与主体的人口瞄准上，应该更加关注青壮年农户。“性别”变量未能通过显著性检验，表明男性并不显著具有比女性更强烈的持续参与意愿，因此，项目建设过程中也需关注女性的态度与诉求，给予女性平等的参与权利。“受教育年限”变量未能通过显著性检验，原因可能是被调查农户的受教育年限普遍偏短，出现统计学意义上的显著性不明显。

第二，家庭特征对农户持续参与森林碳汇项目意愿的影响。“参与项目土地面积”变量在5%的水平下显著且系数为正，表明农户家庭的参与项目土地面积越大，其持续参与意愿越强，符合前文研究假设。“家庭收入水平”变量在1%的水平下显著且系数为正，表明农户的家庭收入水平越高，其持续参与意愿越强，符合前文研究假设；同时也反映出家庭收入水平越低，农户退出参与的可能性越大，原因可能是家庭收入水平是家庭经济能力和经济地位的体现，家庭收入水平越低表明家庭经济能力和经济地位越低，也意味着家庭公共政治地位越低、公共话语权越弱，这样的农户家庭越容易在项目收益分配谈判中被边缘化，利益受到侵蚀的可能性越大，持续参与的积极性越容易被打击。“兼业化程度”变量在1%的水平下显著且系数为负，符合前文研究假设，表明对包括森林碳汇项目收入在内的农业收入依赖性越低的农户，越有可能退出参与。这从侧面提供了一个森林碳汇项目选址瞄准的依据，即在以农（尤其是以林）为生的贫困地区开展项目，更有利于森林碳汇项目的可持续发展。“劳动力数量”变量未能通过显著性检验，原因可能是森林碳汇项目后期的碳汇林抚育管护对劳动力数量的要求并不大，因此一般家庭均能满足。

第三，项目特征对农户持续参与森林碳汇项目意愿的影响。“项目组织模式”变量在1%的水平下显著且系数为负，结合所选研究区域项目实施特点，根据合同签订方式差异，将项目组织模式划分为两种，即家庭生产单独签约组织模式和家庭生产联合签约组织模式。家庭生产单独签约组织模式是指造林实体（企业）和单个农户直接签订项目合同，由造林实体（企业）支付资金，单个农户在自家承包土地上参与项目建设，农户根据项目合同可获得造林、森林抚育管护劳务收入和林副产品收入等。家庭生产联合签约组织模式是指造林实体（企业）和多个农户共同签订项目合同，由造林实体（企业）支付资金，多个农户共同在各自承包土地上参与项目建设，实行收益共享、风险共担，这种组织模式下，多个农户被捆绑形成利益共同体，其中一人发生违约行为即会损害全体利益，农户之间形成了一种互相监督与制约的机制。实证检验表明，家庭生产联合签约组织模式下，农户的持续参与意愿更强。“前期收益满意度”和“后期收益预期”变量均在1%的水平下显著且系数为正，符合预期，表明经济收益是农户考虑持续参与项目与否的重要因素，对经济收益的满意度和预期越高，农户的持续参与意愿越强。“持续参与机会成本”变量没有通过显著性检验，原因可能是研究区域资源匮乏、交通不便、经济落后、创收途径较少，因此农户对持续参与森林碳汇项目的机会成本认知较少。

第四，环境特征对农户持续参与森林碳汇项目意愿的影响。“政府扶持力度”变量在1%的水平下显著且系数为正，符合预期，表明政府提供适度的政策、资金、物资、技术等支持，能够增强农户的持续参与意愿。“林业信息获取难易”变量在1%的水平下显著且系数为正，符合预期，表明与项目建设相关的林业信息发布越及时准确，农户的持续参与意愿越强烈。“道路交通状况”变量在1%的水平下显著且系数为正，符合预期，表明道路交通状况的改善可以增强农户的持续参与意愿。

表6-4　有序Probit模型回归结果

自变量	系数	标准误	Z值	P值
个体特征变量				
性别(X_1)	0.190	0.129	1.470	0.141
ln(年龄)(X_2)	-1.034***	0.242	-4.270	0.004
受教育年限(X_3)	0.014	0.018	0.800	0.424
家庭特征变量				
ln(参与项目土地面积)(X_4)	0.528**	0.268	1.970	0.048
家庭收入水平(X_5)	0.322***	0.084	3.810	0.003
劳动力数量(X_6)	0.076	0.054	1.400	0.161
兼业化程度(X_7)	-0.227***	0.079	-2.870	0.004
项目特征变量				
项目组织模式(X_8)	-0.831***	0.142	-5.870	0.000
前期收益满意度(X_9)	0.387***	0.079	4.890	0.000
后期收益预期(X_{10})	0.628***	0.097	6.490	0.005
持续参与机会成本(X_{11})	-0.028	0.055	-0.510	0.612
环境特征变量				
政府扶持力度(X_{12})	0.228***	0.068	3.350	0.001
林业信息获取难易(X_{13})	0.377***	0.083	4.550	0.007
道路交通状况(X_{14})	0.370***	0.095	3.890	0.000
对数似然比 Loglikelihood	-347.380			
Pseudo R^2	0.312			
P值	0.000			

注：***、**分别表示在1%和5%的水平下显著。

小　结

本章基于实地调查的截面数据，实证分析了农户的森林碳汇项目持续参与意愿及其影响因素。研究结果表明，项目区内农户持续参与森林碳汇项目的意愿并不强烈，有待进一步提升；年龄、参与项目土地面积、家庭收入水平、兼业化程度、项目组织模式、前期收益满意度、后期收益预期、政府扶持力度、林业信息获取难易、道路交通状况等因素对农户的持续参与意愿具有显著影响。

以上研究结论对提升农户持续参与森林碳汇项目的积极性，实现森林碳汇项目开发持续运营与减贫双赢具有明显的政策启示。对造林实体（企业）而言，重要策略是完善收益激励机制。一是实行区域、土地和人口多重瞄准，重点在生态脆弱、依赖林业的贫困地区开展项目建设，密切关注贫困家庭农户的参与意愿，预防贫困家庭边缘化对项目可持续发展造成阻碍；二是因地制宜遴选和优化项目组织模式，关键是实现利益共享与风险共担，造林实体（企业）可选取家庭生产联合签约组织模式，与拥有土地承包经营权的多个农户共同签订项目合同，或者与农户和县级林业主管部门或乡政府共同签订三方合同等方式，降低农户退出风险；三是按时足额发放相关补贴、碳汇林抚育管护劳务费用等，确保农户的短期收益；四是尽可能选取经济价值高的地方树种，将森林碳汇项目与生态旅游相结合，顺势将项目期后森林资源用于生态旅游开发，增加农户长期收入预期，建立长效激励机制。就政府而言，重要策略是完善政策保障制度。一是加大政府扶持力度，强化扶贫资源、扶贫方式、扶贫政策等的整合，提供政策优惠、资金补助、物资援助和技术指导，强化政府扶持对农户持续参与的激励；二是建立健全林业信息发布和灾害预警机制，完善森林保险制度；三是依靠财政扶持林区道路、灌溉等基础设施建设，克服自然条件限制对项目发展及其社区农户参与的约束。

第七章　农户参与森林碳汇项目的制约因素分析*

作为森林碳汇项目最主要的供给者、最直接的参与者和森林碳汇扶贫的最终受益对象，农户实际参与行为不仅仅直接影响森林碳汇项目的顺利开展和森林碳汇交易的实施，更决定着森林碳汇扶贫绩效的高低。当前，囿于碳交易市场的不完善和森林碳汇项目计量监测标准、方法的复杂性，农户参与森林碳汇项目面临来自其内部自主因素和外部嵌入因素的双重制约，系统分析农户森林碳汇项目实际参与行为，挖掘农户行为的制约因素，厘清资源禀赋、社区环境、项目制度对参与行为的影响机制，扫清或减少社区农户，尤其是贫困人口参与障碍，进一步拓展农户参与渠道、优化农户参与方式，对实现应对气候变化和减贫的双赢具有重要意义。国内外众多文献针对农户参与森林碳汇项目的现状及其面临的障碍进行了广泛研究①，但绝大多数研究单纯地从农户或家庭内部因素出发，忽略了当前森林碳汇项目扶贫

---

* 本章主要内容来自龚荣发、曾维忠《政府推动背景下森林碳汇项目农户参与的制约因素研究》，《资源科学》2018 年第 5 期，第 201 ~ 211 页。

① Benitez, P., McCallum, I., Obersteiner, M., et al., "Global Supply for Carbon Sequestration: Identifying Least-Cost Afforestation Site Sunder Country Risk Considerations," Laxenbur: Ⅱ A-SA, IR, 2004; Nhung, N. T. H., "Optimal Forest Management for Carbon Sequestration: A Case Study of Eucalyptus Urophylla and Acacia Mangium in Yen Bai Province, Vietnam," Singapore: EEPSEA Final Report, 2009; Antle, J. M., Stoorvogel, J. J., "Payments for Ecosystem Services, Poverty and Sustainability: The Case of Agricultural Soil Carbon Sequestration," *Springer New York* 31 (2009): 133 - 161; （转下页注）

开发以政府推动为主这一前提。在当前中国基层治理制度和碳市场发展背景下，地方政府或者说村社集体依然是森林碳汇项目发展的主要推动者，将政府行为、项目特征等外部因素纳入农户参与行为分析是必要的。为此，本章将借鉴嵌入式社会结构理论，通过微观抽样调查数据，以农户参与程度为对象，实证研究在既定 CDM 森林碳汇标准下，项目实施区域农户森林碳汇参与行为及其影响因素，以期为扫清或减少农户参与障碍，制定提升农户参与性的森林碳汇支持政策提供有益借鉴。

第一节　森林碳汇项目农户参与行为的理论基础

一　森林碳汇项目农户参与行为的界定

森林碳汇项目农户参与行为是一个综合概念，不仅涉及土地、劳动力、建议、咨询等多种要素的投入，还涉及森林碳汇项目规划设计、组织建设、持续经营、监测评估 4 个阶段。着眼森林碳汇项目实践，通常将森林碳汇项目开发划分为规划设计、建设经营、监测评估 3 个阶段。在规划设计阶段，农户参与主要是对项目本底调查和项目规划设计的“配合”和“建议”，从要素投入上属于典型

（接上页注①）陈冲影：《林业碳汇与农户生计——以全球第一个林业碳汇项目为例》，《世界林业研究》2010 年第 5 期，第 15 ~ 19 页；Benessaiah, K., “Carbon and Livelihoods in Post-Kyoto: Assessing Voluntary Carbon Markets,” *Ecological Economics* (77) (2012): 1 - 6；朱臻、沈月琴、吴伟光等：《碳汇目标下农户森林经营最优决策及碳汇供给能力——基于浙江和江西两省调查》，《生态学报》2013 年第 8 期，第 2577 ~ 2585 页；丁一、马盼盼：《森林碳汇与川西少数民族地区经济发展研究——以四川省凉山彝族自治州越西县为例》，《农村经济》2013 年第 5 期，第 38 ~ 41 页；明辉、漆雁斌、李阳明等：《林农有参与林业碳汇项目的意愿吗？——以 CDM 林业碳汇试点项目为例》，《农业技术经济》2015 年第 7 期，第 102 ~ 113 页；杨帆、曾维忠、张维康等：《林农森林碳汇项目持续参与意愿及其影响因素》，《林业科学》2016 年第 7 期，第 138 ~ 147 页。

的无形要素投入。建设经营阶段是农户参与行为最为集中的阶段，涉及参与造林、营林、技术培训等项目活动，通过土地流转或出租、入股等多种形式将土地用以开发森林碳汇项目，以及对项目实施的理解、支持、配合等。监测评估阶段囿于森林碳汇项目计量监测标准的严格性和计量监测方法的专业性，农户可参与程度较低，主要的参与行为是知情权和建议权等无形要素的投入。综上，本研究认为，森林碳汇项目农户参与行为是指在森林碳汇项目规划设计、建设经营和监测评估3个阶段，需要农户配合或参与的9项活动中农户的实际行为，以农户参与程度来反映其参与行为（见表7-1）。

表7-1　森林碳汇项目农户参与行为

参与阶段	参与行为
B1：规划设计阶段	B11：是否参加或知晓本底调查（问卷、座谈等）
	B12：是否就规划设计提出自己或村民代表的意见
B2：建设经营阶段	B21：是否公示（公告）项目规划或签订合同
	B22：是否参与培训
	B23：是否取得宜林地入股或流转收益
	B24：是否取得劳务、管护、放牧和公益林生态补偿等收益
	B25：是否遵守合同
B3：监测评估阶段	B31：是否参与项目阶段性验收、监测和评估
	B32：避免矛盾和纠纷的意见是否被采纳

二　森林碳汇项目农户参与行为制约因素分析的指标选择

嵌入式社会结构理论认为，经济行动不是完全原子化和孤立的，而是嵌入社会结构中的，其受到社会关系的制约，任何一项经济行为都受到自主因素和嵌入因素的双重约束。森林碳汇项目农户参与行为不仅受到农户个体特征、家庭资源禀赋、社会资本等自主因素的影响，还受到嵌入因素的制约，包括森林碳汇项目组织模式、产权归属等项目特征和项目属地经济发展、村民和睦程度等村社环境特征。首先，家庭联产承包责任制下家庭仍是农业生产经营决策的主体，尤其是集体林权制度改革逐步深化背景下，农户或家庭的森林碳汇供给主体地位逐步得到体现和提升，户主的文化程度、性别等个体特征以及家庭资源禀赋、社会资本等家庭特征均会通过影响农户参与意愿和参与能力，进而影响其参与决策和参与行为。其次，我国长期以来实行的家庭联产承包责任制导致农村土地细碎分散，而森林碳汇要求规模化集中生产，这就导致单个农户不可能独自进行森林碳汇供给，不可避免地受到项目属地政府、集体、其他农户行为和经济、社会、自然环境的影响。最后，中国基层治理制度决定了地方政府或村社集体在森林碳汇项目建设中的突出作用，尤其是目前我国碳交易市场尚不完备的情况下，在未来一段时间内，政府依然是森林碳汇项目主要的推动力量，在这一背景下，农户参与行为涉及两个主要的方面：一是非自主选择下的配合行为，二是自主选择下的参与决策。因而本章借鉴嵌入式社会结构理论，探讨农户个体特征、家庭经营特征、家庭社会资本 3 个自主因素，项目特征和社区特征 2 个嵌入因素对森林碳汇农户参与程度的影响。

“自主因素”中的农户个体特征是指户主或家庭决策者的文化程度、年龄、性别等会对农户森林碳汇认知程度、参与意愿、参与决策等产生影响力的因素。本章选择文化程度、性别与年龄作为农户个体特征的描述。家庭经营特征是家庭所拥有的劳动力、林地、经济收入等会对农户森林碳汇参与方式、参与程度等产生影响力的因素。本章选用收入水平、劳动力比例与林地面积来反映家庭经营特征。家庭社会资本是家庭所拥有的关系网络、社会信任等会对农户森林碳汇项目决策、建议、监测评估等信息的知情权产生影响力的因素。本章选用农户家庭关系网络、对政府的信任程度（简称政府信任程度）以及村民之间的相互信任程度（简称村民信任程度）作为二级指标。

“嵌入因素”中的社区特征：森林碳汇项目的生产成本，项目的注册、管理等都由项目属地政府或第三方企业承担，因而农户参与程度不可避免地受到项目属地政治、经济、自然环境特征的影响。本章选用畜牧业依赖程度、政府支持程度以及村社和睦程度来反映社区特征。项目特征主要是指森林碳汇项目劳动力投入、林地来源、组织模式等会影响农户参与方式、利益联结机制、收益风险保障以及对自身权利和义务的认知的因素。本章依据实际，选用劳动力来源、林地权属以及组织模式作为项目特征的二级指标。

参与程度的高低主要取决于参与意愿和参与能力两个方面，因而自主因素和嵌入因素对森林碳汇农户参与程度的影响包括两条路径。一是通过影响农户参与意愿，间接影响农户参与程度。已有研究表明，农户个体特征、家庭经营特征等自主因素对农户参与意愿具有显著的影响[①]；而项目特征、社区特征等嵌入因素会影响农户对森林碳汇风险预期等，进而影响参与意愿[②]。二是直接对农户参与行为形成“控制”，影响农户参与能力。[③] 因而本章将参与意愿作为中间变量，一方面全面分析自主因素和嵌入因素对参与程度的影响，另一方面分析在当前政府推动背景下，农户自主选择对参与程度的影响。影响路径如图 7－1 所示。

---

① 明辉、漆雁斌、李阳明等：《林农有参与林业碳汇项目的意愿吗？——以 CDM 林业碳汇试点项目为例》，《农业技术经济》2015 年第 7 期，第 102～113 页；朱臻、沈月琴、吴伟光等：《碳汇目标下农户森林经营最优决策及碳汇供给能力——基于浙江和江西两省调查》，《生态学报》2013 年第 8 期，第 2577～2585 页。

② 黄颖利、聂佳：《林农参与森林碳汇行为意向理论分析框架——基于 TPB 模型的视角》，《经济师》2013 年第 11 期，第 24～25、34 页。

③ 黄颖利、聂佳：《林农参与森林碳汇行为意向理论分析框架——基于 TPB 模型的视角》，《经济师》2013 年第 11 期，第 24～25、34 页。

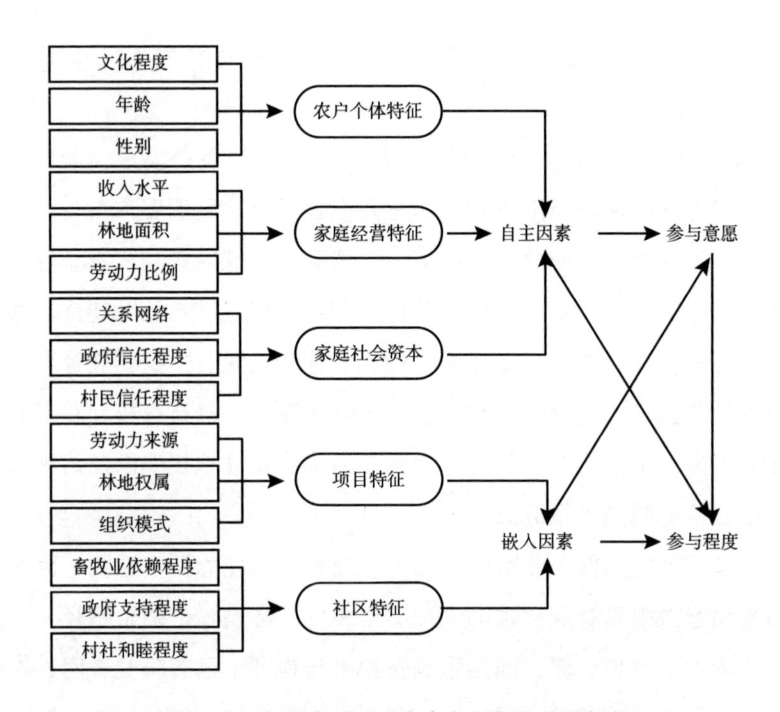

图7-1　森林碳汇项目农户参与程度分析框架

第二节　森林碳汇项目农户参与行为的调查与分析

一　调查区域概述

本章数据选取自课题组对“中国四川西北部退化土地的造林再造林项目”和“诺华川西南林业碳汇、社区和生物多样性项目”2个项目区进行的实地问卷调查和个案访谈，共728个有效样本。

川西南项目和川西北项目均属于“京都规则”下的造林再造林项目（CDM-AR），在土地合格性、碳基线、边界以及碳汇计量监测标准、方法等方面一致，项目实施区主要分布在四川深度贫困地区，造林主体均为四川省大渡河造林局，但两者的组织经营模式不同以及项目属地经济、社会、文化环境的差异，导致农户参与方式、参与意愿、参与程度差异显著。在走访中发现，川西北 - 平武县项目（川西北项目平武县实施区）是由四川省大渡河造林局自筹资金建设的单边项目（先建设后销售），平武县林业局协助造林、管护，提供部分造林种苗资金投入，并联合四川省大渡河造林局和其他单位开展造林技术培训、启动食用菌培育和生物质固体燃料加工利用试验示范项目等惠民举措；碳汇造林主要依托项目区当地或周边农户或造林施工队，项目期结束后，农户获得全部木材收益和30%的碳汇收益，平武县林业局获得20%的碳汇收益，因而对项目的支持力度较大，协助项目所在村建立村规民约，以保证项目顺利开展，同时，四川省大渡河造林局在碳汇林区建立木制围栏，减少放牧和人类无意识行为破坏。川西南 - 甘洛县项目（川西南项目甘洛县实施区）属于双边项目（先销售后建设），前期资金主要来源于诺华企业提前支付的部分碳信用，极大地减缓了前期的资金压力，为确保造林成活率和规范，主要依托雷波造林公司开展造林，但农户参与项目的方式和途径单一，获益能力较弱，同时碳汇林地主要由宜林荒山或轮歇地构成，林牧矛盾突出，农户对项目抵触情绪较高，加上甘洛县林业局属于辅助单位，不享受利益分配，对项目积极性不高，导致农户对项目收益预期偏离较大（见表7 -2）。

表7 -2　川西北 - 平武县项目和川西南 - 甘洛县项目特征

	川西北 - 平武县项目	川西南 - 甘洛县项目
资金来源	平武县林业局投入造林种苗，四川省大渡河造林局自筹资金	诺华57%；政府配套43%
林地来源	以村民小组集体林地为主，部分农户自留林地	以农户宜林荒山、轮歇地为主，部分集体林地
利益分配	木材收益100%归农户；碳汇收益30%归农户，25%归四川省大渡河造林局，20%归平武县林业局，25%用于经营管理支出	木材收益100%归农户；碳汇收益100%归诺华
经营管理	四川省大渡河造林局和平武县林业局管理；平武县林业局雇请当地农户或护林员进行后期抚育管护	四川省大渡河造林局统一管理；企业雇用当地部分农户抚育管护
造林主体	当地造林施工队，保护区负责施工前技术培训，技术人员现场指导	雷波造林公司，部分采用当地农户

二 调查结果与分析

从综合参与程度来看，甘洛县（26.34%）和平武县（30.03%）农户参与程度普遍较低，3个阶段参与程度差异化明显，监测评估阶段参与程度最低，从福利改善的角度来看，相比于劳动力投入、林地投入等能带来直接经济福利的参与行为，建议权、知情权等能带来非经济福利的参与行为的参与程度相对较低。甘洛县与平武县对比来看，后者参与程度高于前者，且两者在各阶段各行为上存在明显的差异，尤其是“是否参与培训”和“是否遵守合同”两项行为，可能的原因是：一方面，川西北项目由政府主导，开展多项惠农举措，在农业生产技能培训开展的频次、范围等方面相对较高、较大，且甘洛县属于彝族聚集区，常年的牧耕文化使得农户对农业生产技能的需求较弱；另一方面，甘洛县对畜牧业的依赖程度较高，森林碳汇项目开展所形成的林牧冲突较为严重，导致农户参与意愿较弱，参与程度不高。但值得关注的是，甘洛县在农户间接参与方面明显优于平武县，这可能与平武县大量农民尤其是青壮年普遍“离农”和“外出务工”有关。

调研对象中男性受访者较多，占样本总数的69.61%；受访农户年龄偏大，61.49%的受访者在45岁以上。甘洛县样本中彝族占比较高（71.79%），女性户主比例较高（31.09%），农业以畜牧业为主，对林地的依赖度较高，林牧冲突明显，文化程度相对较低，大部分农户仅受过1~2年教育，收入水平较低；碳汇林以农户宜林荒山或轮歇地为主，采用专业造林公司进行碳汇林营造和管护，对政府信任程度相对较低，但村民之间的信任程度较高；对项目本地调查、规划、监测评估等阶段间接参与意愿较强，但劳动力投入和林地投入等直接参与意愿相对较弱。平武县样本中居民文化程度相对较高，96.09%的农户家庭中有小学水平以上的成员，林地资源和劳动力相对丰富，家庭生产以农业和外出务工为主，对畜牧业的依赖度较低，收入水平较高；碳汇林以集体林地为主，项目属地农户劳动力投入占比较高（88.83%），且享有部分碳汇收益，对政府信任程度较高，农户直接参与和间接参与意愿较强（见表7－3）。

表7－3　各变量评价标准及描述性分析

潜变量	可测变量及量化	川西北－平武县项目		川西南－甘洛县项目	
		均值	标准差	均值	标准差
B:参与程度	B11:是否参加或知晓本底调查（问卷、座谈等）——是=1;否=0	0.922	0.072	0.949	0.049
	B12:是否就规划设计提出自己或村民代表的意见——是=1;否=0	0.341	0.225	0.327	0.220
	B21:是否公示（公告）项目规划或签订合同——是=1;否=0	0.810	0.154	0.955	0.043
	B22:是否参与培训——是=1;否=0	0.849	0.128	0.455	0.248
	B23:是否取得宜林地入股或流转收益——是=1;否=0	0.675	0.249	0.481	0.250
	B24:是否取得劳务、管护、放牧和公益林生态补偿等收益——是=1;否=0	0.754	0.185	0.310	0.082
	B25:是否遵守合同——是=1;否=0	0.788	0.167	0.173	0.143
	B31:是否参与项目阶段性验收、监测和评估——是=1;否=0	0.151	0.128	0.256	0.191
	B32:避免矛盾和纠纷的意见是否被采纳——是=1;否=0	0.073	0.067	0.096	0.087
	平均参与	0.300	0.022	0.263	0.037
SF:项目特征	SF1:劳动力来源——造林、管护采用专业造林公司=0;造林、管护采用当地农户=1	0.888	0.099	0.276	0.200
	SF2:林地权属——碳汇林产权属于集体=0;碳汇林产权属于农户=1	0.318	0.217	0.776	0.174
	SF3:组织模式——农户单独签约=0;农户联合签约=1	0.875	0.103	0.421	0.135
SE:社区特征	SE1:畜牧业依赖程度——非常依赖=1;部分依赖=2;不重要=3;不依赖=4;完全不依赖=5	3.626	0.826	2.718	0.869
	SE2:政府支持程度——非常支持=5;支持=4;一般=3;不支持=2;非常不支持=1	3.341	0.716	3.365	1.450
	SE3:村社和睦程度——非常和睦=5;和睦=4;一般=3;不和睦=2;非常不和睦=1	3.000	1.520	3.333	1.107

续表

潜变量	可测变量及量化	川西北－平武县项目		川西南－甘洛县项目	
		均值	标准差	均值	标准差
PF：农户个体特征	PF1：文化程度——大专及以上＝5；高中＝4；初中＝3；小学＝2；没上学＝1	3.143	0.500	2.365	0.693
	PF2：年龄——(0.8,1]＝5；(0.6,0.8]＝4；(0.4,0.6]＝3；(0.2,0.4]＝2；(0,0.2]＝1	3.123	1.192	3.947	1.113
	PF3：性别——女性＝0，男性＝1	0.897	0.093	0.689	0.214
PE：家庭经营特征	PE1：收入水平——(0.8,1]＝5；(0.6,0.8]＝4；(0.4,0.6]＝3；(0.2,0.4]＝2；(0,0.2]＝1	3.034	0.513	2.032	1.454
	PE2：林地面积——(0.8,1]＝5；(0.6,0.8]＝4；(0.4,0.6]＝3；(0.2,0.4]＝2；(0,0.2]＝1	3.654	0.852	2.660	1.288
	PE3：劳动力比例——(0.8,1]＝5；(0.6,0.8]＝4；(0.4,0.6]＝3；(0.2,0.4]＝2；(0,0.2]＝1	2.765	0.772	3.468	1.044
PS：家庭社会资本	PS1：关系网络——是否有亲戚是村社、乡镇或以上干部：有＝1，没有＝0	0.092	0.084	0.074	0.068
	PS2：政府信任程度——完全信任＝5；部分信任＝4；没感觉＝3；不信任＝2；完全不信任＝1	3.847	1.255	2.481	1.249
	PS3：村民信任程度——完全信任＝5；部分信任＝4；没感觉＝3；不信任＝2；完全不信任＝1	1.788	1.167	3.941	0.817
BI：参与意愿	BI1：间接参与意愿——非常愿意＝5；愿意＝4；不一定＝3；不愿意＝2；非常不愿意＝1	3.877	0.253	3.045	0.645
	BI2：林地投入——非常愿意＝5；愿意＝4；不一定＝3；不愿意＝2；非常不愿意＝1	3.872	0.195	2.840	0.571
	BI3：劳动力投入——非常愿意＝5；愿意＝4；不一定＝3；不愿意＝2；非常不愿意＝1	3.849	0.318	2.872	0.432

注：年龄、收入水平、林地面积、劳动力比例对应的分段节点均为将原始数值进行标准化到0～1后的值。

第三节 森林碳汇项目农户参与行为制约因素的实证分析

一 信度与效度检验

为检验问卷的稳定性和可靠性，本章运用 SPSS 20.0 对样本进行信度和效度检验，整体克伦巴赫 α 系数为 0.801，表明问卷具有较高的内部一致性；因子分析结果表明，KMO 值为 0.802，Bartlett 球形检验近似卡方值为 2798.308，显著性水平为 0.000，各解释变量内部一致性较高，旋转后累计方差贡献率较高，表明数据具有较好的结构效度。各指标检验结果如表 7－4 所示。

表 7－4 各指标检验结果

一级指标	二级指标	标准因子载荷	有效因子数量	克伦巴赫 α 系数	Bartlett 球形检验
SF:项目特征	SF1:劳动力来源	0.607	1	0.572	242.483***
	SF2:林地权属	0.741			
	SF3:组织模式	0.719			
SE:社区特征	SE1:畜牧业依赖程度	0.693	1	0.567	49.307***
	SE2:政府支持程度	0.743			
	SE3:村社和睦程度	0.772			
PF:农户个体特征	PF1:文化程度	0.768	1	0.591	113.489***
	PF2:年龄	0.559			
	PF3:性别	0.534			
PE:家庭经营特征	PE1:收入水平	0.572	1	0.491	63.480***
	PE2:林地面积	0.603			
	PE3:劳动力比例	0.579			
PS:家庭社会资本	PS1:关系网络	0.733	1	0.542	57.361***
	PS2:政府信任程度	0.699			
	PS3:村民信任程度	0.807			

续表

一级指标	二级指标	标准因子载荷	有效因子数量	克伦巴赫α系数	Bartlett球形检验
BI:参与意愿	BI1:间接参与意愿	0.839	1	0.726	749.050***
	BI2:林地投入	0.908			
	BI3:劳动力投入	0.898			
B:参与程度	B11:是否参加或知晓本底调查(问卷、座谈等)	0.684	1	0.572	285.764***
	B12:是否就规划设计提出自己或村民代表的意见	0.684			
	B21:是否公示(公告)项目规划或签订合同	0.717			
	B22:是否参与培训	0.721			
	B23:是否取得宜林地入股或流转收益	0.754			
	B24:是否取得劳务、管护、放牧和公益林生态补偿等收益	0.677			
	B25:是否遵守合同	0.703			
	B31:是否参与项目阶段性验收、监测和评估	0.725			
	B32:避免矛盾和纠纷的意见是否被采纳	0.693			

注：***表示在1%的置信水平下显著。

二　模型估计

本章使用AMOS 17.0软件作为结构方程模型（SEM）分析的工具，利用川西北－平武县和川西南－甘洛县两县728户数据进行整体样本的验证性分析，CFI和GFI值均大于0.90，RESMA值小于0.08，表明模型对数据的拟合程度较高，路径系数标准化结果如表7－5所示。

表 7-5　SEM 分析结果

路径	模型 1 总模型	模型 2 甘洛县	模型 3 平武县	路径	模型 1 总模型	模型 2 甘洛县	模型 3 平武县
B <—SF	0.855**	0.915**	0.890**	SE1 <—SE	0.892	0.903	0.317
B <—SE	0.783*	0.866*	0.701**	SE2 <—SE	0.687	0.538	0.718
B <—PF	0.318*	0.357**	0.291*	SE3 <—SE	0.884	0.988	0.780
B <—PE	0.297*	0.333**	0.274**	PF1 <—PF	0.875	0.801	0.863
B <—PS	0.757**	0.743***	0.777**	PF2 <—PF	0.886	0.839	0.894
B <—BI	0.357	0.277**	0.197**	PF3 <—PF	0.671	0.699	0.605
BI <—SF	0.494*	0.451**	0.502*	PE1 <—PE	0.915	0.844	0.972
BI <—SE	0.538*	0.687**	0.494*	PE2 <—PE	0.848	0.819	0.875
BI <—PF	0.535**	0.570**	0.505**	PE3 <—PE	0.895	0.921	0.814
BI <—PE	0.511**	0.483**	0.512**	PS1 <—PS	0.933	0.852	0.960
BI <—PS	0.507**	0.537*	0.495*	PS2 <—PS	0.947	0.863	0.991
SF1 <—SF	0.719	0.972	0.668	PS3 <—PS	0.959	0.936	0.978
SF2 <—SF	0.734	0.683	0.899	BI1 <—BI	0.894	0.891	0.910
SF3 <—SF	0.607	0.577	0.615	BI2 <—BI	0.816	0.855	0.738
				BI3 <—BI	0.870	0.894	0.841

注：* 表示在 10% 的置信水平下显著，** 表示在 5% 的置信水平下显著。

三　计量结果分析

结构方程模型分析结果表明，农户个体特征、家庭经营特征、家庭社会资本等 5 个潜变量都直接影响或通过参与意愿间接影响农户参与程度，这与朱臻等、黄颖利和聂佳、明辉等的研究结论一致。① 社区特征

① 朱臻、沈月琴、吴伟光等：《碳汇目标下农户森林经营最优决策及碳汇供给能力——基于浙江和江西两省调查》，《生态学报》2013 年第 8 期，第 2577 ~ 2585 页；黄颖利、聂佳：《林农参与森林碳汇行为意向理论分析框架——基于 TPB 模型的视角》，《经济师》2013 年第 11 期，第 24 ~ 25、34 页；明辉、漆雁斌、李阳明等：《林农有参与林业碳汇项目的意愿吗？——以 CDM 林业碳汇试点项目为例》，《农业技术经济》2015 年第 7 期，第 102 ~ 113 页。

和项目特征对农户参与程度的影响较大，总影响效应为 1.154 和 1.031，表明农户能否或愿意参与项目，不仅是农户自主经济行为的选择，也是项目属地政府和项目业主主导下的管理选择，且更多地受到后者的影响，因而参与意愿对参与程度的影响系数相对较小（0.357），且路径不显著（P 值 =0.1372），进一步说明参与程度研究的意义。但参与意愿在不同项目区域内，对参与程度的影响显著，主要的原因在于，两个项目中农户自主选择行为的差异，川西南－甘洛县项目碳汇林主要依赖于农户宜林荒山或轮歇地，农户具有林地经营权，因而在林地投入上具有自主选择权；相反，川西北－平武县项目以村民小组集体林地为主，农户在林地投入上不具有自主选择权，反而是在劳动力投入上具有自主选择权。因此，在不同项目下参与意愿影响参与行为的具体方面不同，导致总体上参与意愿对参与程度的影响不显著，而在不同项目区域内影响显著。

从项目特征来看，森林碳汇项目劳动力来源、林地权属以及组织模式直接决定了农户参与森林碳汇的可能程度。川西南－甘洛县项目为保证其造林符合 CDM 标准，采用专业造林公司负责造林，限制了农户在劳动力上的投入，因而川西南－甘洛县项目区在劳动力方面的参与率（31.03%）低于川西北－平武县项目区（75.42%），劳动力来源对参与程度的影响也较高（0.972）。而川西北－平武县项目的碳汇林主要依赖于集体林地，使拥有承包经营权的农户以林地入股、流转等方式参与项目的可行性降低，可知林地投入方式是制约农户参与的重要方面，因此林地权属对参与程度的边际影响较高（0.899）。此外，从组织模式来看，农户联合签约模式往往依托亲属关系、邻里关系形成了非正式性组织，这些组织共同拥有或具有决策权的碳汇林地占比更高，且组织领导者通常在村组具有一定的影响，在树种选择、林地经营、碳汇收益分配等方面更具有话语权和知情权，森林碳汇项目的“主人翁意识”更强，因而参与程度更高。从整体来看，一方面，劳动力投入和林地投入是农户参与森林碳汇最为主要的方式，无论是对哪一类参与的限制，都会极大地降低农户的参与程度，因而在当前森林碳汇项目以政府推动为主的背景下，增强农户在劳动力投入和林地投入上的自主性是提升农户参与程度的主要方面，这就必然要求项目在劳动力和林地等要素选择上进行制度优化；另一方面，伴随着农地确权制度的深入和劳动力转移的增加，农户分化更明显，林地细碎化程度更高，单个农户参与森林碳汇的可行性降低，依托地方政府或非正式组织进行联合签约是增强农户话语权和建议权的主要方面，也能极大地提高农户对森林碳汇的参与程度。

从社区特征来看，川西南－甘洛县为彝族聚集区，对畜牧业依赖程度较高，且牛羊等畜牧产品对于彝民来说，不仅仅是收入来源，更具有地位象征、婚嫁礼品等多重功能，则川西南－甘洛县项目区林牧冲突显著，对参与程度的影响大于川西北－平武县项目区，因而农户对畜牧业依赖程度对参与程度的边际贡献最高（0.903）。从村社和睦程度来看，由于川西北－平武县农户外出务工比例较高，且属于多民族混合聚居区，村民之间日常交流较少，而川西南－甘洛县以彝族为主，加上毕摩、宗族等非正式组织的存在，村民之间和睦程度较高，在项目参与决策上同质性较强，有利于农户参与，因而其村社和睦程度对参与程度的正向贡献高于平武县项目区（0.988 > 0.780）。无论是川西北－平武县项目区还是川西南－甘洛县项目区，政府支持程度都是影响参与程度的主要因素，这与目前我国的基层治理结构相关，同时，村委长期与村民生活在一起，已经建立起一定的信任关系，相比于企业而言，政府更可信，因而政府支持程度越高，农户参与程度越高。无论是已经开展的森林碳汇项目的发展，还是未来森林碳汇项目的开展，基层组织始终承担着重要的推动功能，尤其是在当前农户分化日益明显的形势下，依托基层组织优化森林碳汇发展环境，减少森林碳汇开展所带来的负面影响，能极大地提高农户对森林碳汇项目的支持程度。通过对比两个项目区，非正式组织在缓解社区环境对农户参与上具有显著的作用。但值得关注的是，非正式组织在增强农户森林碳汇的话语权、建议权以及缓解社区环境对农户森林碳汇参与制约等方面具有显著影响，但不可否认的是非正式组织的功能有限，尤其是近年来，农村劳动力的大量外流，导致农户分化越来越明显，以村“两委”为基础的基层治理体系的完善也在一定程度上削弱了非正式组织的能力，因而依赖非正式组织来提高农户参与程度的潜力不足。

此外，农户个体特征、家庭经营特征以及家庭社会资本等自主因素也是影响农户参与程度的重要方面，尤其是家庭社会资本。中国农村的人口分布，目前仍然以同姓、亲属等关系为纽带，村民之间大多具有直系或旁系亲属关系，因而行为同质性较强，关系网络越宽，与政府关系越密切的农户参与程度越高。同时，性别、文化程度、林地面积、收入水平等也对参与程度具有显著的影响，表明妇女、少地者、贫困户等往往被边缘化，被排除在项目参与之外。这不仅是因为不平等政治博弈的存在，还因为妇女、少地者、贫困户往往不具备造林、营林技术，且林地分散、面积小，森林碳汇项目参与方式少，参与难度大。

小　结

本章从项目规划设计、建设经营、监测评估三个阶段对农户森林碳汇参与行为进行了量化，发现在当前森林碳汇项目以政府为主体推动下，农户参与程度整体较低，农户个体特征、家庭经营特征、家庭社会资本等 3 个自主因素和项目特征、社区特征等 2 个嵌入因素对农户参与程度具有明显影响，项目特征和社区特征是制约农户参与程度提升的主要方面。项目特征主要是通过强制性的项目契约限制农户劳动力和土地投入的可能性，社区特征表现为群体性决策对农户选择行为的影响以及区域发展对项目本身的制约两个方面；家庭社会资本和物资资本以及家庭决策的个体特征作为农户家庭资源禀赋的体现，直接决定着农户的“参与能力”，因而也会影响农户参与程度的高低。从要素视角来看，农户参与主要是劳动力、林地以及建议、决策、选择等无形要素的投入，农户营林和造林技术落后难以满足碳汇林建设、林地准入标准严格限制大量林地资源投入、非正式组织功能弱化，而正式组织发展不足，是导致农户参与程度较低的主要原因。因而，提升农户参与程度的关键在于增强农户在上述要素上的投入能力。劳动力方面主要是农户现代林业经营技术的提升；林地方面主要是增强农户林地资源的可投入性，即林地标准问题；无形要素方面主要是推动正式组织的发展，发挥正式组织在增强农户话语权、建议权等方面的作用。

因而，在当前中国以政府为主导推动森林碳汇项目的背景下，应重点从以下方面扫清参与障碍、提升社区农户参与程度。一是农户维度：关注农户劳动力投入能力的提升。以政府为主导，市场为辅助，建立以造林、营林、碳汇监测核算等实用技术为基础，注重实践操作的基层教育机制，提升有意愿参与森林碳汇的农户，尤其是妇女、少地者、贫困户参与森林碳汇项目开发的可行能力。二是项目维度：关注农户林地投入能力的提升。优化森林碳汇项目建设、监测标准，在满足碳汇计量监测标准的前提下，尽最大可能地放宽对土地合格性、树种等方面的限制，增强农户林地要素投入上的自主选择权，转换政府与农户在森林碳汇项目建设中的角色，倡导发展“政府引导 + 市场主体 + 农户自愿”的森林碳汇开发模式。三是政府维度：关注农户无形要素投入能力提升。加快推动林业股份合作社、林业专业合作社、林业技术协会等林业类农民组织以及其他农民组织的发展，发挥农民组织在推动农户参与森林碳汇建设、管理、监督等阶段的重要作用，条件成熟的地区还可以积极发展以森林碳汇经营为主要业务的林业类合作社。

第八章　农户参与森林碳汇项目的受偿意愿分析*

全球气候变暖对人类社会发展造成严重不确定性负面影响，客观上要求各国积极采取措施节能减排，实行低碳发展。森林碳汇由于具备比其他减排方式更高效、更经济的特点，被《京都议定书》确定为二氧化碳减排的主要替代方式。[①] 大力发展森林碳汇造林再造林项目有利于有效遏制全球气候变暖。从节约土地租金和降低劳动力成本等方面考虑，森林碳汇造林项目一般选址在偏远贫困的农村，农户是最重要、最主要的参与主体和参与单元。在目前森林碳汇市场机制不完善的情况下，农户参与项目的机会成本超过了其参与收益，农户大多是在企业与政府的共同动员下被动参与，缺乏自主参与的积极性。森林碳汇项目建设周期长，一般在20~40年，农户的持续积极参与是项目持续健康发展的重要保障。因此，在市场机制以外，建立另外一套由政府主导的补偿机制，通过市场与政府的双重作用，激励农户的项目参与积极性显得十分必要，也是森林碳汇扶贫的题中应有之义。

现阶段给予农户森林碳汇造林生态补偿的理由可以进一步具体表述

---

* 本章主要内容来自杨浩、曾圣丰、曾维忠等《基于希克斯分析法的中国森林碳汇造林生态补偿——以“放牧地－碳汇林地”土地用途转变为例》，《科技管理研究》2016年第9期，第221~227页。

① 肖艳、张汉林：《基于林产品贸易的碳汇流量的中国气候谈判之立场探讨》，《软科学》2013年第8期，第50~54页。

如下。第一，纳入碳汇市场交易的森林碳汇造林项目除了具有吸收二氧化碳、缓解全球气候变暖之功效外，同时还具备其他多重生态价值，包括净化空气、保育土壤、涵养水源、防风固沙、保护生物多样性等，这些生态价值同样具有正外部性，但目前没能通过市场方式得到补偿。第二，森林碳汇造林所用农户土地在造林前具有其他生计功能，如放牧、耕种，变更为碳汇造林地后，放牧地减少导致农户放牧牲畜数量或质量下降，或耕地面积减少导致农户种植业收入减少，造成农户现有福利损失，给予补偿能够弥补这种损失，从而提高农户参与、管理森林碳汇项目的积极性，促进项目可持续发展。第三，现阶段农户虽然可以通过森林碳汇市场交易获得劳务、碳汇销售等收益，但目前的森林碳汇市场交易机制不完善，属于典型的买方市场①，森林碳汇的交易定价权被买方主掌，农户处于被动接受地位，几乎不具备议价能力，仅靠劳务、碳汇销售等收益，不足以弥补农户参与森林碳汇项目的机会成本。第四，我国目前已经具有森林生态补偿法律条款，森林的生态效益得到了法律认可，但森林碳汇尚不在补偿范围之列。1998 年通过的《中华人民共和国森林法》修正案第八条第六款明确规定：国家设立森林生态效益补偿基金，用于提供生态效益的防护林和特种用途林的森林资源、林木的营造、抚育、保护和管理。2001 年财政部明确表示，同意设立森林生态效益补偿资金，主要用于提供生态效益的防护和管理，这标志着中国森林生态补偿资金专项已正式纳入财政预算。但从目前的理论研究和实践来看，森林碳汇及其附加生态效益尚未纳入森林生态效益的补偿范畴。② 第五，森林碳汇造林生态补偿作为生态扶贫的一种有效途径与方式，能够帮助贫困农户增加收入，摆脱贫困，这与我国 2020 年全面建

① 梁建忠、文冰：《森林碳汇市场与碳税影响分析》，《林业经济》2017 年第 11 期，第 47～51 页；杨帆、曾维忠：《我国森林碳汇市场综述与展望》，《资源开发与市场》2014 年第 5 期，第 603～606 页。

② 朱永杰：《中国省域森林资源碳汇贡献及其补偿问题研究》，中国林业出版社，2012，第 180 页。

成小康社会的目标相一致。第六，目前，各国森林生态补偿既有公共财政机制，又有市场化机制，两种机制利弊分存，综合两者是总趋势。[①]用市场化机制补偿森林的碳汇效益，用公共财政机制补偿碳汇林的其他生态价值，应该是现实背景下的务实选择，而后者是本章的研究重点。第七，政府给予农户森林碳汇造林生态补偿是其支持生态发展、促进生态繁荣、构建生态文明的具体体现，有利于发挥政府为人民群众生态实践提供支持的示范作用。

本章将通过对四川省诺华川西南林业碳汇、社区和生物多样性项目区参与农户的实地调查，考察农户土地从放牧地转变为森林碳汇造林地过程中的生态补偿受偿意愿，测算森林碳汇造林的生态补偿意愿额度，并通过Tobit模型分析影响农户受偿意愿的相关因素，以期为我国制定森林碳汇造林生态补偿政策及整合森林碳汇扶贫资源提供一定的参考借鉴。

第一节　理论、方法与数据

一　理论

本章借助希克斯（J. R. Hicks）分析法，分析政府和农户供求森林碳汇造林生态补偿的补偿意愿和受偿意愿。在对该方法的具体运用过程中参考了张顺民、黎诣远对该方法的介绍，以及曹建华和郭小鹏、余亮亮和蔡银莺对该方法的运用。[②]希克斯把衡量福利变化的消费者剩余（Consumer Surplus，CS）分为补偿变化（Compensating Variation，CV）

① 曾以禹、吴柏海、周彩贤等：《碳交易市场设计支持森林生态补偿研究》，《农业经济问题》2014年第6期，第67～76页。

② 张顺民：《中级微观经济学教程》，中国经济出版社，2006，第106～116页；黎诣远：《微观经济学》，高等教育出版社，2007，第155页；曹建华、郭小鹏：《意愿调查法在评价森林资源环境价值上的运用》，《江西农业大学学报》（自然科学版）2002年第5期，第645～648页；余亮亮、蔡银莺：《基于农户受偿意愿的农田生态补偿——以湖北省京山县为例》，《应用生态学报》2015年第1期，第215～223页。

和等价变化（Equivalent Variation，EV）。如图 8－1 所示，假设农户的生产可能性曲线为 l_1、l_2，效用函数曲线为 u_1、u_2，马歇尔需求曲线为 j，希克斯需求曲线为 j_1、j_2，横轴 Y_1 表示放牧地面积，纵轴 Y_2 表示放牧牲畜中的其他生产要素投入。假定农户的初始效用水平为 u_1 上的 E_1 点，现将放牧的土地用途变更为森林碳汇造林地，导致放牧地面积减少，进而导致牧草量减少，放牧牲畜数量减少或质量下降，农户的效用水平下降为 u_2 上的 E_3 点，减少的放牧地面积 A_1A_2 转化为森林碳汇造林地，意味着通过营造碳汇林该土地上植物量对二氧化碳的吸收能力增强，该土地的生态功能增强，该区域的生态环境改善，其他社会成员的效用水平得到了提高。CV 表示欲使农户效用水平恢复到 u_1（E_2 点）时必须给予农户的补贴，因而 CV 能够度量当农户把放牧地转变为森林碳汇造林地时为避免其效用水平下降所需的补贴额度，即受偿意愿额度（Willingness To Accept，WTA）。由希克斯需求曲线 j_1 可知，$S_{P_1E_1'E_2'P_2}$ 是 WTA 的大小，也是 CV 的大小。由马歇尔需求曲线 j 可知，$S_{P_1E_1'E_3'P_2}$ 是 CS 的大小，即农户为了恢复放牧地用途变化前的效用水平所增加的成本。同理，可推导其他社会成员对森林碳汇造林导致生态环境改善所愿意支付的额度。假定其他社会成员的初始效用水平为 u_2 上的 E_3 点，农户的放牧地变更为森林碳汇造林地之后，经过植树造林，生态环境得到改善，其效用水平上升到 u_1（E_1 点）水平，由此，EV 可以度量其他社会成员为森林碳汇造林导致的生态环境改善带来的效用水平提高而愿意支付的最高价格，即补偿意愿额度（Willingness To Pay，WTP），其大小可以用 $S_{P_1E_4'E_3'P_2}$ 表示。

由图 8－1 可知，$S_{P_1E_1'E_2'P_2} > S_{P_1E_1'E_3'P_2} > S_{P_1E_4'E_3'P_2}$，即 $WTA = CV > CS > EV = WTP$，农户的森林碳汇造林生态补偿的受偿意愿额度 > 农户参与森林碳汇项目的机会成本 > 其他社会成员对森林碳汇造林生态补偿的补偿意愿额度，其他社会成员的补偿意愿额度不足以满足农户森林碳汇造林生态补偿的受偿意愿额度，需要政府补贴予以弥补。

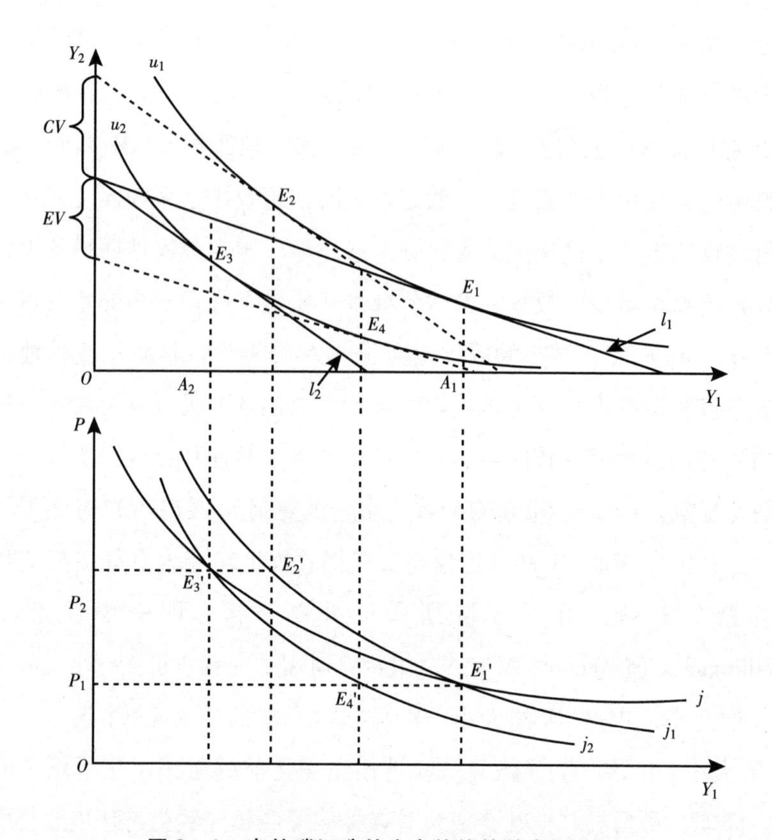

图 8－1　森林碳汇造林生态补偿的希克斯分析

二　方法

现有的生态补偿标准确定方法主要有机会成本法、意愿调查法、市场价值法、替代市场法、影子价格法、非平衡态经济热力学方法、资源物理学方法等。① 其中，后三种方法较为新颖，但其理论基础和应用研究还不够成熟；而碳汇林除碳汇以外的其他生态价值可供交易的市场或替代市场尚未形成，因此市场价值法和替代市场法也不适用。机会成本

① 余亮亮、蔡银莺：《基于农户受偿意愿的农田生态补偿——以湖北省京山县为例》，《应用生态学报》2015 年第 1 期，第 215～223 页；苏广实：《自然资源价值及其评估方法研究》，《学术论坛》2007 年第 4 期，第 77～80 页。

法和意愿调查法是目前较主流的生态补偿标准确定方法，现有大部分研究主要采用其中之一。[①] 意愿调查法建立在被调查者（补偿者或受偿者）的主观意愿基础上；机会成本法的纯粹客观核算可能缺乏对补偿者或受偿者的主体性关照。因此，本章将意愿调查法和机会成本法相结合，确定森林碳汇造林生态补偿的额度范围，既能有效弥补二者各自的缺陷，又能使二者的估算结果互相验证。

（一）机会成本法

机会成本又称择一成本，是指将一定资源用作某种用途时所放弃的其他各种用途中的最大收入。应用到森林碳汇造林生态补偿中，是农户为了参与森林碳汇造林而改变原来放牧土地使用用途导致的畜牧业收入的减少量。其计算公式如下：

$$V_i = M_i - C_i \tag{8-1}$$

式中，i 表示第 i 个被调查的森林碳汇项目参与农户，$i = 1, 2, \cdots, n$，V_i为农户参与森林碳汇造林的机会成本，M_i为农户在原放牧地放养牲畜的年收益，C_i为农户已经获得的来自企业的碳汇相关收益，包括劳务费用（L_i）和企业放牧补贴（K_i），在实际调研中，M_i、L_i、K_i均为 2013 年的发生值。由此可得：

$$V_i = M_i - (L_i + K_i) \tag{8-2}$$

式（8-2）为第 i 个农户 2013 年参与森林碳汇项目的机会成本，式（8-2）左右两边共同除以农户家庭的碳汇造林地参与面积（R_i），即得到第 i 个农户 2013 年参与森林碳汇项目的亩均机会成本：

$$\frac{V_i}{R_i} = \frac{M_i - (L_i + K_i)}{R_i} \tag{8-3}$$

① 李国平、李潇、萧代基：《生态补偿的理论标准与测算方法探讨》，《经济学家》2013 年第 2 期，第 42～49 页；李晓光、苗鸿、郑华：《机会成本法在确定生态补偿标准中的应用——以海南中部山区为例》，《生态学报》2009 年第 9 期，第 4875～4883 页。

将全体农户2013年参与森林碳汇项目的亩均机会成本加总求均值，即得到反映全体农户2013年参与森林碳汇项目的亩均机会成本：

$$\frac{\sum_{i=1}^{n} \frac{V_i}{R_i}}{n} = \frac{\sum_{i=1}^{n} \frac{M_i - (L_i + K_i)}{R_i}}{n} \quad (8-4)$$

（二）意愿调查法

意愿调查法（Contingent Valuation Methord，CVM）又称条件价值评估法。该方法利用效用最大化原理，通过构建假想市场，直接询问潜在补偿者对非市场物品的补偿意愿与额度，或者潜在受偿者的受偿意愿与额度。[①] 由于目前国家并没有对森林碳汇造林的生态效益进行经济补偿，同时森林碳汇市场交易仅包括碳汇产品，由森林碳汇造林产生的其他生态价值并未形成交易市场，因此，本研究将采用意愿调查法直接询问受访农户的受偿意愿与额度。全体农户的平均受偿意愿额度（P，对应前文的 WTA）计算公式为：

$$P = \frac{\sum_{i=1}^{n} p_i}{n} \quad (8-5)$$

式中，i 表示第 i 个被调查的森林碳汇项目参与农户，p_i 为其受偿意愿额度，n 表示被调查的农户总数。

三　数据说明

（一）研究区域概况

本章数据来源于课题组在四川省诺华川西南林业碳汇、社区和生物多样性项目区的实地调研，调查对象是将自家承包的放牧地转变为森林

① 蔡银莺、张安录：《基于农户受偿意愿的农田生态补偿额度测算——以武汉市的调查为实证》，《自然资源学报》2011年第2期，第177～189页；Boxall, P. C., Adamowicz, W. L., Swait, J., et al., "A Comparison of Stated Preference Methods for Environmental Valuation," *Ecological Economics* 18 (3) (1996): 243-253。

碳汇造林地的农户。该项目2010年正式启动实施，在四川省凉山彝族自治州的5个县（越西、甘洛、美姑、昭觉、雷波）和3个自然保护区（申果庄、马鞍山、麻咪泽）的部分土地上营造4196.8公顷多功能人工林，预计在30年的项目计入期内吸收100万~130万吨二氧化碳，年均产生约4.0万吨二氧化碳。该项目的实施地位于长江上游金沙江和长江的二级支流大渡河流域，水土流失严重；项目区也是2010年环保部印发的《中国生物多样性保护战略与行动计划（2011—2030年）》所选取的32个中国生物多样性保护优先区之一，即横断山南段优先区，是大熊猫等珍稀濒危物种的重要栖息地。该项目的实施不仅能够营造碳汇林吸收二氧化碳，减缓气候变化，也能够提高保护区周边森林生态系统景观的连通性，增强生物多样性保护及其对气候变化的适应性，同时能够提高长江上游水土保持能力，实现森林的多重效益、多重价值。但是参与农户，尤其是承包土地使用属性从放牧地转变为碳汇造林地的农户，由于放牧地减少，其家庭放牧数量和质量不同程度下降，畜牧业收益出现不同程度的减少。项目内部资料显示，项目建设中由放牧地转变为碳汇林地的土地共有1716.7公顷，占项目总用地的40.9%。

（二）问卷设计、改进与调查

问卷主体分为三部分。第一部分主要调查影响农户参与森林碳汇项目受偿意愿的因素，包括农户个体特征、家庭特征、项目特征、社区特征等；第二部分主要调查农户将放牧地用于碳汇林建设的生态补偿受偿意愿及额度，本章采用开放式题项直接询问农户的受偿意愿额度，这样做的优势是，可以有效弥补支付卡式或二分式问卷对农民可能引起的心理锚定效应，从而提高结果的可信度；[1] 第三部分主要调查农户改变放牧地用途造成的机会成本，主要是放牧数量减少和放牧收入的减少。

① 唐卫海、徐晓惠、王敏等：《锚定效应的产生前提及作用机制》，《心理科学》2014年第5期，第1060~1063页。

调研采取问卷调查与个案深度访谈相结合的方式，问卷采取随机抽样的方式，在对符合条件的农户进行识别的基础上展开调研。为确保问卷的有效性，在正式调研前进行了预调研并完善了调查问卷，且对调查员进行了集中培训，正式调研在2015年8月展开。为了克服部分彝族农民不懂汉语的困难，本次调研邀请学习（过）汉语的当地青年、学生充当翻译。总共发放问卷200份，回收有效问卷183份，回收有效率为91.50%。

（三）样本基本特征

被调查样本的基本特征见表8－1。从性别来看，男性居多；年龄集中在30～50周岁；受教育年限普遍偏短；家庭劳动力数量较充足，以3～4个居多；2013年家庭人均纯收入偏低，收入在2000～4000元的家庭居多，远低于同期四川省的平均水平（7895元）；家庭收入主要来源为农业；参与碳汇造林地面积一般在10亩及以下；参与项目造成的牲畜减少量一般在5～10头（只）；家与最近集市的距离较远，一般在20～50千米；村集体经济状况普遍为比较贫困。

表8－1 被调查样本的基本特征

变量		频数	频率(%)	累计频率(%)
性别	男	135	73.77	73.77
	女	48	26.23	100.00
年龄(周岁)	≤30	33	18.03	18.03
	30～40	76	41.53	59.56
	40～50	45	24.59	84.15
	50～60	19	10.38	94.54
	>60	10	5.46	100.00
受教育年限(年)	≤6	146	79.78	79.78
	7～9	32	17.49	97.27
	≥10	5	2.73	100.00
劳动力数量(个)	1～2	26	14.21	14.21
	3～4	148	80.87	95.08
	5～6	9	4.92	100.00

续表

变量		频数	频率(%)	累计频率(%)
家庭人均纯收入($\times 10^3$元)	≤2	54	29.51	29.51
	2~4	74	40.44	69.95
	4~6	33	18.03	87.98
	>6	22	12.02	100.00
收入主要来源	农业	130	71.04	71.04
	其他	53	28.96	100.00
参与碳汇造林地面积(×10 亩)	≤1	123	67.21	67.21
	1~2	21	11.48	78.69
	2~3	39	21.31	100.00
牲畜减少量(头,只)	≤5	11	6.01	6.01
	5~10	160	87.43	93.44
	>10	12	6.56	100.00
家与最近集市的距离(×10 千米)	≤2	4	2.19	2.19
	2~5	152	83.06	85.25
	>5	27	14.75	100.00
村集体经济状况	非常贫困	37	20.22	20.22
	比较贫困	122	66.67	86.89
	一般	24	13.11	100.00

第二节　实证分析

一　农户森林碳汇造林生态补偿的受偿意愿额度测算

根据公式（8-4）和公式（8-5）分别测算农户森林碳汇造林生态补偿的机会成本和受偿意愿额度，得到农户参与森林碳汇项目的平均机会成本为1758元/（亩·年），农户参与森林碳汇项目的平均受偿意愿额度为2025元/（亩·年），结果与前文理论分析中 $CV>CS$ 的理论预期相一致，在一定程度上印证了调研数据的可信度。需要回应的是，农户的平均受偿意愿额度偏高，比如，远高于2013年确定的国家级公益林补偿标准［15元/（亩·年）］。原因在于，一是由造林前的土地用途所决定，农户造林前的土地主要用于放牧，导致土地用途改变的机会成本偏高；二是被调查区域属于贫困的偏远山区，对农牧业的依赖度较高，农户获取其他收益的机会偏少；三是不排除在国家大力实施对农业的补贴政策背景下，农户对财政补贴的依赖性有所提高。

二　农户受偿意愿额度的影响因素分析

（一）实证模型选择

对影响农户森林碳汇造林生态补偿的受偿意愿额度的相关因素进行经济计量分析，既是验证农户受偿意愿额度有效性的关键之一，也是制定森林碳汇造林生态补偿标准的依据。在实际调查中，全部农户都具有受偿意愿，受偿意愿额度 ∈ （0，+∞），若采用普通最小二乘法（OLS）进行估计，参数会产生严重的偏误，因此，采用 Tobit 模型检验影响农户受偿意愿额度的因素。[①] Tobit 模型属于标准的删截回归模型，适用于因变量的观测值在正值上大致连续分布，但包含一部分观测值受到某种限制而缺失的回归分析。其一般形式为：

$$\begin{cases} Y^* = \beta^{T} X_i + \varepsilon_i \\ Y = \max(0, Y^*) \end{cases} \quad \varepsilon_i \sim N(0, \sigma), i = 1, 2, \cdots, n \tag{8-6}$$

式中，Y^* 为潜变量，Y 为被解释变量，X_i为解释变量，β 为待估系数，ε_i为随机误差项。

本章在总结前人研究的基础上，同时结合研究目的，确定以下四类解释变量：个体特征、家庭特征、项目特征、环境特征。变量定义见表 8-2。Tobit 模型设计形式如下：

$$\begin{aligned} y_i^* &= \beta_0 + \beta_i x_i + u \\ y_i &= \max(0, y_i^*) \end{aligned} \tag{8-7}$$

式中，y_i^* 为潜变量，y_i为被解释变量，即被调查农户回答的受偿意愿额度（*WTA*），x_i为解释变量，β_0为截距项，β_i为待估参数，u 为残差项，i 为解释变量的个数，本章选取 10 个。

---

① 周华林、李雪松：《Tobit 模型估计方法与应用》，《经济学动态》2012 年第 5 期，第 105~119 页。

表 8-2 变量定义与赋值

变量名称			变量定义及赋值	最小值	最大值	均值	标准差	预期方向
被解释变量	受偿意愿额度（*WTA*, y）		实际观测值[千元/(亩·年)]	0.3	5	2.02	1.09	
解释变量	个体特征	性别（x_1）	男=1；女=0	0	1	0.74	0.44	-
		年龄（x_2）	实际观测值（周岁）	17	70	39.42	10.52	?
		受教育年限（x_3）	接受学校教育年限（年）	0	12	4.15	3.18	-
	家庭特征	劳动力数量（x_4）	实际观测值（个）	1	6	3.99	0.42	-
		家庭人均纯收入（x_5）	2013 年家庭人均纯收入（$\times 10^3$ 元）	1.5	8	3.83	2.11	-
		收入主要来源（x_6）	农业=1；其他=0	0	1	0.71	0.45	+
	项目特征	参与碳汇造林地面积（x_7）	实际观测值（×10 亩）	0.2	3	1.49	0.88	+
		牲畜减少量（x_8）	因参与森林碳汇造林而减少的牲畜数量，实际观测值（头，只）	4	50	10.39	6.36	+
	环境特征	家与最近集市的距离（x_9）	实际观测值（×10 千米）	2	12	5.44	1.70	+
		村集体经济状况（x_{10}）	非常贫困=1；比较贫困=2；一般=3	1	3	1.93	0.57	-

注：+、-、? 分别表示解释变量对被解释变量的影响方向为正、负和不确定。

（二）模型多重共线性检验

为保证模型准确与稳定，需对各自变量间进行多重共线性检验。方法是将自变量其中之一作为因变量，其余变量作为自变量做回归分析。[①] 判断是否存在多重共线性的标准是容忍度（Tolerance）或方差膨胀因子（VIF）。容忍度的值越小，表明该自变量作为因变量进行回归分析时被其他变量解释的程度越高，因此越可能存在严重的多重共线性，容忍度合理的范围是（0.1，+∞）；方差膨胀因子是容忍度的倒数，若其值≥10，说明自变量间可能存在严重的多重共线性问题。

表8-3显示了以性别为因变量，其他变量为自变量的多重共线性检验结果。其中，容忍度的最小值0.780>0.1，VIF的最大值1.283<10，可见自变量间不存在较为严重的多重共线性问题。

同理可对其他各自变量进行多重共线性检验。受篇幅所限，本章略去其他检验过程。从全部运行结果来看，多重共线性检验的容忍度和方差膨胀因子均在合理范围内。因此，回归方程中各自变量间不存在严重的多重共线性问题。

表8-3　自变量间的多重共线性检验

		共线性统计量	
		容忍度	VIF
x_1	x_2	0.932	1.073
	x_3	0.924	1.083
	x_4	0.956	1.046
	x_5	0.780	1.283
	x_6	0.895	1.117
	x_7	0.851	1.175
	x_8	0.922	1.084
	x_9	0.957	1.045
	x_{10}	0.889	1.125

① 马雄威：《线性回归方程中多重共线性诊断方法及其实证分析》，《华中农业大学学报》（社会科学版）2008年第2期，第78~81、85页。

（三）实证分析

运用 Eviews 7.2 对农户参与森林碳汇项目受偿意愿的影响因素进行实证分析（见表 8-4）。从 Tobit 模型回归结果来看，受教育年限、收入主要来源、参与碳汇造林地面积、牲畜减少量、家与最近集市的距离、村集体经济状况等因素显著影响农户森林碳汇造林生态补偿的受偿意愿额度。具体分析如下。

在被调查农户的个体特征中，“受教育年限”变量在 5% 的水平下通过显著性检验，系数为负。这意味着在其他条件既定的情况下（下同），受教育年限越长的农户，其森林碳汇造林生态补偿的受偿意愿额度越低。这主要是因为，第一，受教育年限越长，农户的人力资本越丰富，参与市场经济和创收的能力越强，从而对森林碳汇造林生态补偿的依赖性越低；第二，受教育年限越长，个体的认知能力越强，对森林碳汇的生态效益认识可能越充分，同时，从教育的个体社会化功能来看，一般而言，受教育年限越长，个体对自身社会角色和社会责任的认知程度也会越高，公民的社会责任感可能因此越强，其行为可能从纯粹理性的利己方向向有利于公众的利他方向转变，从而降低对森林碳汇造林生态补偿的受偿意愿额度。

在家庭特征中，“收入主要来源”变量在 1% 的水平下通过显著性检验，系数为正。这意味着以农业为主要收入来源的农户家庭，对森林碳汇造林生态补偿的受偿意愿额度要求较高。以农业为主要收入来源，表明农户家庭拥有较少的非农创收途径，对农业收入的依赖性较强，因此从农业获取更多收益的意愿也更强烈。

在项目特征中，“参与碳汇造林地面积”和“牲畜减少量”均在 1% 的水平下通过了显著性检验，且系数为正。前者意味着参与碳汇造林地面积越大，农户的单位面积受偿意愿额度越高，这可能与农户受规模收益递增的影响有关，农户希望森林碳汇造林地的产出增量超过其投入增量，这符合理性经济人假设，与舒尔茨在《改造传统农业》中提出的“理性的小农”理论相契合。后者意味着农户因参与森林碳汇项目而减少的牲畜数量越多，其希望得到的补偿也越多。牲畜数量减少越多，意味着农户从畜牧业获取的收益减少越多，同时也意味着参与森林碳汇项目的机会成本增加越多，因此农户希望得到的补偿也越多。

在环境特征中，“家与最近集市的距离”和“村集体经济状况”均在1%的水平下通过显著性检验，前者系数为正，后者系数为负。前者意味着离集市越远的农户，其受偿意愿额度要求越高。距离集市的远近在一定程度上决定和反映了农户参与市场经济行为的机会，距离集市越远，意味着农户参与市场经济行为的机会越少，其通过自身的经济交换行为获取收益的可能性越低，因此对非市场的财政补贴额度要求越高。后者意味着村集体经济状况越好，农户的受偿意愿额度越低，村集体经济状况在一定程度上反映了农户周围的经济环境，即村集体经济状况越好，意味着农户周围的经济环境越好，而良好的经济环境对嵌套其中的农户的经济发展带动作用越明显，农户从经济环境中分得的经济红利越多，从而对财政补贴的要求越低。

表8-4 Tobit模型回归结果（$n=183$）

自变量	系数	标准误	Z值	P值
x_1	0.0630	0.1410	0.4465	0.6552
x_2	0.0027	0.0059	0.4591	0.6462
x_3	-0.0406**	0.0198	-2.0500	0.0404
x_4	0.1073	0.1467	0.7313	0.4646
x_5	-0.0329	0.0324	-1.0171	0.3091
x_6	0.4197***	0.1399	2.9998	0.0027
x_7	0.2479***	0.0740	3.3511	0.0008
x_8	0.0435***	0.0100	4.3637	0.0000
x_9	0.1765***	0.0366	4.8249	0.0000
x_{10}	-0.5970***	0.1112	-5.3704	0.0000
C	0.8051	0.7650	1.0523	0.2927
可决系数	0.8099			
P值	0.0000			

注：***、**分别表示在1%、5%的水平下显著。

小　结

本章在以希克斯分析法对森林碳汇造林生态补偿进行理论分析的基础上，利用四川省诺华川西南林业碳汇、社区和生物多样性项目区参与农户的调查数据，以“放牧地－碳汇林地”土地用途转变所造成的机会成本为基础，结合农户受偿意愿，运用机会成本法和意愿调查法，测算森林碳汇造林生态补偿的受偿意愿额度，并运用Tobit模型分析农户森林碳汇造林生态补偿的受偿意愿额度的影响因素。研究表明，被调查农户均具有森林碳汇造林生态补偿受偿意愿，受偿意愿额度在1758元/（亩·年）和2025元/（亩·年）之间。受教育年限、收入主要来源、参与碳汇造林地面积、牲畜减少量、家与最近集市的距离、村集体经济状况等因素对农户森林碳汇造林生态补偿的受偿意愿额度影响显著。

本章从理论和实证两方面论证了现阶段给予农户森林碳汇造林生态补偿的必要性。这既与现阶段碳汇市场的不完善有关，也与2020年全面建成小康社会扶贫攻坚阶段的目标任务有关，正如习近平在2015年11月中央扶贫开发工作会议上的重要讲话指出的那样，要加大贫困地区生态保护修复力度，增加重点生态功能区转移支付，扩大政策实施范围。[①] 对森林碳汇项目实施财政补贴，是实施精准扶贫精准脱贫“五个一批”工程的具体实践，有必要更加关注森林碳汇项目的扶贫功能。与此同时，政府财力毕竟有限，为了降低农户对财政补贴的依赖性，提出以下政策建议。

第一，教育因素显著影响农户的受偿意愿额度，因此，有必要增加对农户，尤其是贫困地区农户及其下一代的教育投资，通过学校教育、宣传和讲座培训，增强他们的生态环境保护意识。这对促进当地生态环

① 新华网：《习近平：脱贫攻坚战冲锋号已经吹响　全党全国咬定目标苦干实干》，http://news.xinhuanet.com/politics/2015-11/28/c_1117292150.htm，2015年11月28日。

境和全球气候改善、降低农户对财政补贴的过度依赖，均具有正向意义。第二，为农户开辟多元化的增收渠道，帮助其摆脱对单一林业、畜牧业的依赖，有利于降低农户对森林碳汇项目的受偿意愿额度，减少公共财政生态补贴压力。第三，除了经济补偿，还需加大对农户的技术补偿，为其提供碳汇造林、管护技术和集约化养殖技术，提高森林碳汇项目和畜牧业的产出效率，增加收入，从而降低农户对财政补贴的依赖。第四，培养贫困人口的市场参与能力，增加贫困地区的市场参与机会，营造良好的市场参与环境，有利于农户降低对森林碳汇项目财政补贴的依赖性。第五，不断完善碳汇交易市场规则，遏制买方定价行为，帮助农户从森林碳汇市场交易中直接获益，是减少农户对森林碳汇项目财政补贴依赖的根本途径。

第九章　农户参与森林碳汇项目的文化适应分析*

从文化的视角来看，森林碳汇项目作为一种新型商业契约文化载体，对保持碳储量增长和避免碳泄漏有严格规定，尤其是基于CDM的造林再造林碳汇项目，通常要求农户在相当长的项目期内（一般为20~40年）严格遵守合同约定，放弃或部分放弃对林地的使用权和林木的所有权，持续开展碳汇林抚育和管护等，导致农户采伐薪柴、放牧等传统生计活动受到限制。[①] 源于国际森林碳汇减排标准和项目交易规则下的某些制度安排与合同条款，与植根于我国贫困地区的传统农牧文化规范和民族文化习俗之间存在潜在矛盾或不适。若处理不当，不仅会阻碍项目可持续发展，而且会妨碍民族和谐与社会稳定。所以，在边远贫困地区，尤其是少数民族贫困地区实施市场机制主导下的森林碳汇项目，就不仅是一个经济学视角的生态补偿问题，而且是一个管理学视角的农户激励问题，还是一

---

* 本章主要内容来自 Yang, F., Paudel, K. P., Cheng, R. Z., et al., "Acculturation of Rural Households Participating in a Clean Development Mechanism Forest Carbon Sequestration Program: A Survey of Yi Ethnic Areas in Liangshan, China," *Journal of Forest Economics* 32 (2018): 135-145。

① Jindal, R., Swallow, B., Kerr, J., "Forestry-based Carbon Sequestration Projects in Africa: Potential Benefits and Challenges," *Natural Resources Forum* 32 (2) (2008): 116-130；陈冲影：《林业碳汇与农户生计——以全球第一个林业碳汇项目为例》，《世界林业研究》2010年第5期，第15~19页；吕植：《中国森林碳汇实践与低碳发展》，北京大学出版社，2014。

个两种不同文化之间的调适与融合，乃至农民内心深处对以森林碳汇项目为载体的现代商业文化的情感认同以及对传统文化和现代商业文化的适应问题。为此，本章将借助Berry的二维文化适应理论分析框架，[①] 通过微观抽样调查数据，实证研究在既定合同契约下，项目参与农户对传统文化和以造林再造林碳汇项目为载体的现代商业文化的适应策略及影响因素，以期能更好地从项目区当地居民的文化适应视角出发，为推进森林碳汇项目实施与可持续发展提供相关建议，也对我国民族贫困地区生态产业扶贫和涉农域外项目引进的本土化产生一定借鉴意义。

第一节　文化适应策略识别量表构建

已有一些研究开始讨论有关森林碳汇与文化的关联。官波等分析认为，森林碳汇制度建设对云南民族文化持续发展具有重要的保障作用。[②] 文艳林通过建立藏文化对农业影响的指标体系和分析模型，评估藏文化对经济发展的影响，认为藏文化主导下的农业能够天然融合碳汇经济。[③] 丁一和马盼盼对四川省凉山彝族自治州越西县森林碳汇项目实施区的调查显示，项目区农户对彝族毕摩文化具有很高的信仰，充分运用毕摩和毕摩文化的影响力，有利于碳汇造林项目的宣传、实施和后期管护。[④] Walker等对亚马孙河流域当地居民的调研发现，他们历来重视森林和森林资源的价值，在文化意

① Berry, J. W., *Acculturation as Varieties of Adaptation. In Acculturation: Theory, Models and Some New Findings* (Westview Press, Boulder, CO, 1980), pp. 9-25.

② 官波、施择、宁平：《森林碳汇制度对云南民族文化持续发展的保障作用》，《昆明理工大学学报》（社会科学版）2012年第4期，第60~64页。

③ 文艳林：《藏文化农业与碳汇经济发展》，《林业经济》2013年第3期，第112~115页。

④ 丁一、马盼盼：《森林碳汇与川西少数民族地区经济发展研究——以四川省凉山彝族自治州越西县为例》，《农村经济》2013年第5期，第38~41页。

识上反对外来者对当地林业资源的控制。① 已有成果对本研究具有重要价值和启示，但相对忽略了关注农户参与森林碳汇交易的文化适应问题，缺乏建立在一定数量农户样本微观调查数据基础上的实证研究。

二维文化适应理论分析框架自 Berry 在 1980 年提出以来，就成为文化适应研究领域的理论基础和重要范式。该分析框架依据个体在文化适应中面对两个基本问题——是否趋向于保持原有文化传统和身份、是否趋向于和新文化接触并参与到新文化活动中的态度，将文化适应方式分为四类：整合（Integration）、同化（Assimilation）、分离（Separation）和边缘化（Marginalization）。其中，整合是指个体既重视保持源文化，也强调对新文化的吸收与接纳（即高源文化认同，高新文化认同）；同化是指个体不愿意保持源文化，认同并追求新文化（即低源文化认同，高新文化认同）；分离是指个体重视保持源文化并希望避免与其他文化接触（即高源文化认同，低新文化认同）；边缘化是指个体对保持源文化和吸收接纳新文化都不感兴趣（即低源文化认同，低新文化认同）（见表 9－1）。② 在四种文化适应策略中，最具适应性的通常被认为是整合策略，而适应性最差的则是边缘化策略，同化和分离策略位列其间。③

---

① Walker, W., Baccini, A., Schwartzman, S., et al., "Forest Carbon in Amazonia: The Unrecognized Contribution of Indigenous Territories and Protected Natural Areas," *Carbon Management* 5 (5－6) (2014): 1－26.

② Berry, J. W., *Acculturation as Varieties of Adaptation. In Acculturation: Theory, Models and Some New Findings* (Westview Press, Boulder, CO, 1980), pp. 9－25.

③ Phinney, J. S., Navarro, D. M., "Variation in Bicultural Identification among African American and Mexican American Adolescents," *Journal of Research on Adolescence* 7 (1) (1997): 3－32; Matsudaira, T., "Measures of Psychological Acculturation: A Review," *Transcultural Psychiatry* 43 (3) (2006): 462－487.

表 9－1　二维文化适应理论分析框架

		源文化	
		高认同	低认同
新文化	高认同	整合	同化
	低认同	分离	边缘化

由二维文化适应理论分析框架可知，个体文化适应与个体对源文化和新文化的认同紧密相关，个体对源文化和新文化的认同差异影响着个体在跨文化交流中的文化适应策略选择。根据 Graves、Murphy、Schwartz 等的观点，完整的文化认同包括价值认同、态度认同和行为认同三方面。[①] 因此，本章借鉴相关研究成果，编制了森林碳汇项目参与农户对传统文化认同的测量量表和以森林碳汇项目为载体的现代商业文化（以下简称商业文化）认同的测量量表（见表 9－2、表 9－3），要求被试者对观测题项按照李克特量表法（Likert Scale）进行赞同性打分，对每一个题项做出较契合自身意见或态度的评价，分值从 1 到 5 分别表示"非常不赞同""比较不赞同""态度中立""比较赞同""非常赞同"，然后对各题项分值加总求均值，分别求得项目参与农户的传统文化认同和商业文化认同得分。

表 9－2　农户对传统文化认同的测量量表

潜变量	观测题项
价值认同	彝族是崇拜自然的民族，轮歇种植是重要的生产习俗
	彝族是崇尚自由的民族，放牧牛羊是重要的传统风俗
	彝族是敬火崇火的民族，火塘是神圣之地，火把节是民族风俗
	毕摩文化是彝族民族文化核心和文化财富

① Graves，T. D.，"Psychological Acculturation in a Tri-ethnic Community，" *Southwestern Journal of Anthropology* 23（4）（1967）：337－350；Murphy，J. W.，*Culture，Identity，and Politics*（London：Cambridge University Press，1987）；Schwartz，S. J.，Montgomery，M. J.，Briones，E.，"The Role of Identity in Acculturation among Immigrant People：Theoretical Propositions，Empirical Questions，and Applied Recommendations，" *Human Development* 49（1）（2006）：1－30.

续表

潜变量	观测题项
态度认同	轮歇种植比集约种植更好
	放养比圈养牲畜更优
	烧火堂才能驱邪除害、祈福保平安
	毕摩是智慧、公正、无私的化身
行为认同	我会继续轮歇种植
	我会保持散养牲畜
	我会坚持用薪柴烧火塘
	我更愿意遵照毕摩或村干部等的意见来处理森林碳汇项目合同纠纷

表 9-3　农户对以森林碳汇项目为载体的现代商业文化认同的测量量表

潜变量	观测题项
价值认同	商业文化的核心之一是契约精神
	遵守合约是合同目标得以实现的基础
	违反合约就应该受到相应的惩罚
	商业合同对合同双方都产生规制和约束
态度认同	在碳汇林下种植或放牧对实现合同目标有负面影响
	在碳汇林地采伐薪柴对实现合同目标有负面影响
	在碳汇林地及周边随意用火对实现合同目标有潜在风险
	项目合同规定没有“霸王”条款
行为认同	我不会在碳汇林林分郁闭前开展林下种植或放牧
	我不会在碳汇林林分郁闭前采伐薪柴
	我不会在碳汇林地及周围做出危险的燃烧行为
	我会根据项目合同规定的方式接受纠纷处理

第二节　文化适应策略影响因素选取

文化适应是反映文化特性和文化功能的基本概念。既有研究显示，文化适应受到个体内外部因素的影响，其中，内部因素包括认知评价方式、应对方式、人格、与文化相关的知识与技能、人口统计学因素等，外部因素包括生活变化、社会支持、接触程度、文化距离、歧视与偏见等。[①] 已有研究表明，文化适应并不只发生在个体或群体在空间上发生位移的情况之下，只要个体或群体的日常生活中有不同文化的相遇，文化适应就会发生。[②] 在本研究中，首先，项目参与农户对传统文化和商业文化的适应不涉及人口空间位移，而是由外来文化进驻产生的。因此，除接触程度以外，涉及需要人口空间位移才会出现的外部影响因素不适用于本研究。其次，由于农户认知评价方式、应对方式、人格等内部因素属隐性因素，需要长时期的持续观测才可能获得较为准确的数据。为此，本章选择外部因素中的接触程度和内部因素中与文化相关的知识与技能以及人口统计学因素，考察其对农户两种文化的适应影响，其中，接触程度用两个观测变量表征，分别是参与项目时间和参与项目土地面积，与文化相关的知识与技能用家与最近集市的距离表征，人口统计学因素则用性别、年龄、受教育年限和家庭收入主要来源表征。

被调查样本以彝族为主（96.86%），男性居多（57.59%），平均受教育年限较短（4.47 年），有外出务工经历者较少（28.27%），家庭人口数在 4～6 人的较多（69.63%）。家庭收入主要来源为传统农牧业（85.86%），2015 年家庭人均可支配收入为 5704.71 元，与凉山彝族自治州 2015 年平均水平 9422 元差距较大，其中 19.37% 的农户为建档立卡贫困户，贫困发生率高于凉山彝族自治州平均水平（13.40%）。家与最近集市的距离平均为 29.82 千米，参与项目时间平均为 3.04 年，参与项目土地面积在 0.10～1.00 公顷的居多（91.62%）。在调查中发现，受历史、自然、社会等因素影响，项目实施村普遍地处偏远、交通不便、生存环境恶劣、基础设施薄弱、公共服

① 陈慧、车宏生、朱敏：《跨文化适应影响因素研究述评》，《心理科学进展》2003 年第 6 期，第 704～710 页；王挺：《黎族的文化适应：特征、影响因素及理论模式》，博士学位论文，华东师范大学，2013。

② Koneru, V. K., Mamani, A. G. W., Flynn, P. M., et al., "Acculturation and Mental Health: Current Findings and Recommendations for Future Research," *Applied & Preventive Psychology* 12 (2) (2007): 76－96；唐雪琼、钱俊希、陈岚雪：《旅游影响下少数民族节日的文化适应与重构——基于哈尼族长街宴演变的分析》，《地理研究》2011 年第 5 期，第 835～844 页。

务滞后、人口居住分散，农户行路难、上学难、就医难、增收难、住房难等问题还没有得到根本解决。农户普遍对粗放式土地经营、放牧性畜和燃烧薪柴等传统生产和生活方式有较强的依赖性。受教育、语言等制约，农户外出务工机会十分有限，青壮年农民留守率高。有效样本基本情况如表9－4所示。

表9－4　有效样本基本情况

	最小值	最大值	均值	标准差
性别（男＝1；女＝0）	0	1	0.58	0.45
年龄（周岁）	18	61	39.09	12.30
受教育年限（年）	0	12	4.47	3.63
是否有外出务工经历（有＝1；否＝0）	0	1	0.28	0.45
家庭人口数（人）	2	8	5.00	1.40
家庭人均可支配收入（元/年）	2500	9800	5704.71	377.29
家庭收入主要来源（农牧业＝1；非农＝0）	0	1	0.86	0.35
家与最近集市的距离（千米）	5	60	29.82	16.74
参与项目时间（年）	1	5	3.04	1.37
参与项目土地面积（公顷）	0.10	1.20	0.46	0.27

第三节　文化适应策略的调查与分析

一　数据说明

本章数据选取自课题组对诺华川西南林业碳汇、社区和生物多样性项目核心实施区进行的实地问卷调查和个案访谈。为保证调查数据质量，更好地反映项目参与农户对商业文化与传统文化的适应，在走访四川省凉山彝族自治州各级林业主管部门、四川省大渡河造林局、北京山水自然保护中心成都办公室等多方项目参与主体基础上，课题组设计了调查问卷和访谈提纲并开展了预调研。正式调研采取分层抽样与随机抽样相结合的方法。首先在五个实施县中选取了美姑、甘洛和越西三县，然后在每个县的主要造林区选取2～4个项目村，最后在选定的项目村随机选取20～30个项目参与农民进行调查。共调查农民210人，获得有效问卷191份，问卷有效率为90.95%。

二　农户对两种文化的认同度

统计结果显示，农户对传统文化认同平均得分为4.05，对商业文化认同平均得分为3.48。配对样本T检验结果表明，农户对传统文化认同显著高于对商业文化认同（T值=11.10，P值=0.00<0.01）。对此，在调查访谈中发现，该项目多数造林区处于半山坡地或高寒山地，主要采取“农户或村集体无偿提供土地、30年项目周期结束后全部林木收益归土地承包者或所有者”的利益分配模式。尽管当地农户从项目开发中获得的劳务收入、放牧损失补贴以及生态公益林补偿等短期直接经济收益有限，但由于彝族有保护森林的文化传统，多数农户对项目进驻持肯定态度。农户对参与森林碳汇项目的不适应主要集中在：一是在碳汇林林分郁闭前，采取建设围栏等封山措施是必要的，但挤占了牛羊群自主选择采食和运动空间，挑战了自由散养放牧的传统风俗，认为圈养不仅会增加养殖成本，而且会导致牛羊容易生病；二是部分造林用地占用了轮歇地，挑战了传统轮歇种植习俗；三是限制林下种植、采伐薪柴和防火等规定苛刻，缩小了中药材种植、传统薪柴采集空间，限制了农地打火把、火把节等传统用火活动，认为合同规定合理不够合情，不利于火文化与人文精神的传承；四是顾虑项目实施周期长、权益不能得到充分保障，认为通过法律制度程序处理合同纠纷的方式繁杂，希望适当通过当地毕摩、村干部等乡村精英来担保并协调合同争议。

三　农户的文化适应策略判别

按照认同得分，分别对传统文化认同和商业文化认同进行高低分组，低于3分划为低认同组，否则划为高认同组。再对传统文化认同与商业文化认同进行匹配，形成整合、同化、分离和边缘化四种文化适应策略（见表 9 -5）。由表 9 -5 可知，项目区农户对传统文化和商业文化采取的适应策略中，人数占比由高到低依次为整合（39.27%）、分离（26.70%）、同化（18.32%）、边缘化（15.71%）。非参数卡方检验结果显示，四种文化适应策略对应的人数分布差异显著（$\chi^2 = 25.78$，P 值 $= 0.00 < 0.01$）。

表 9 -5　文化适应策略的判别标准与人数分布

单位：人，%

文化适应策略	判别标准	频数	频率
整合	高传统文化认同、高商业文化认同	75	39.27
同化	低传统文化认同、高商业文化认同	35	18.32
分离	高传统文化认同、低商业文化认同	51	26.70
边缘化	低传统文化认同、低商业文化认同	30	15.71

四　农户文化适应策略的差异性分析

不同文化适应策略对应的人数分布情况见表 9 -6。分别对不同特征农户的两种文化适应策略对应的人数分布进行交叉表差异显著性检验。现将影响其文化适应策略的潜在主要因素分析归纳如下。

表 9 -6　农户森林碳汇项目文化适应策略分布状况

单位：人，%

		文化适应策略							
		整合		同化		分离		边缘化	
		频数	频率	频数	频率	频数	频率	频数	频率
性别	男	35	31.82	18	16.36	35	31.82	22	20.00
	女	40	49.38	17	20.99	16	19.75	8	9.88
年龄	18 ~25 岁	11	24.44	13	28.89	10	22.22	11	24.44
	25 ~40 岁	37	56.92	10	15.38	10	15.38	8	12.31
	40 ~55 岁	21	42.86	10	20.41	10	20.41	8	16.33
	55 岁及以上	6	18.75	2	6.25	21	65.63	3	9.38

续表

		文化适应策略							
		整合		同化		分离		边缘化	
		频数	频率	频数	频率	频数	频率	频数	频率
受教育程度	没上过学	7	16.67	10	23.81	16	38.10	9	21.43
	小学	35	49.30	11	15.49	15	21.13	10	14.08
	初中	25	51.02	6	12.24	13	26.53	5	10.20
	高中(中专)及以上	8	27.59	8	27.59	7	24.14	6	20.69
家庭收入主要来源	农牧业	67	40.85	28	17.07	43	26.22	26	15.85
	非农	8	29.63	7	25.93	8	29.63	4	14.81
家与最近集市的距离	10 千米以下	11	36.67	2	6.67	12	40.00	5	16.67
	10～30 千米	33	49.25	14	20.90	11	16.42	9	13.43
	30～50 千米	21	33.87	11	17.74	21	33.87	9	14.52
	50 千米及以上	10	31.25	8	25.00	7	21.88	7	21.88
参与项目时间	2 年以内	14	35.90	8	20.51	10	25.64	7	17.95
	2～4 年	17	26.56	12	18.75	21	32.81	14	21.88
	4 年及以上	44	50.00	15	17.05	20	22.73	9	10.23
参与项目土地面积	0.25 公顷以下	8	15.38	10	19.23	21	40.38	13	25.00
	0.25～0.50 公顷	19	34.55	6	10.91	21	38.18	9	16.36
	0.50～0.75 公顷	22	53.66	4	9.76	7	17.07	8	19.51
	0.75 公顷及以上	26	60.47	15	34.88	2	4.65	0	0.00

从性别上看，女性农民对待传统文化和商业文化主要采用整合策略（49.38%），人数接近被访女性农民的一半；而男性农民采取整合和分离策略的人数相当，合计占比超过60%，同时，男性农民选择边缘化策略的人数也较多，占比达1/5。不同性别的农民在传统文化和商业文化适应策略上的人数分布存在显著差异（$\chi^2 = 9.80$，P 值 $= 0.02 < 0.05$），总体而言，女性农民的适应能力更强，适应程度更高，这与丁凤琴和高晶晶的研究结果相似。[①] 女性在文化适应中更加喜欢使用冒险的适应策略，这种冒险策略能够促使其更好地接受外来文化，从而女性

① 丁凤琴、高晶晶：《西部少数民族聚居区生态移民人口迁移的文化适应——以宁夏中部干旱带地区为例》，《农业经济问题》2015 年第 6 期，第 75～82 页。

表现出更强的文化适应性。[①] 如果有更大的社会支持和成就，那么男性的文化适应程度会更高。[②] 在彝族的家支文化中，男性由于生理上的优势，占据着经济和政治上的主导地位；女性由于生理上的弱势，处于经济和政治的从属地位。[③] 而森林碳汇项目作为现代商业契约文化的载体，强调参与对象的公平和平等，以项目参与收益为代表的成就也基本是同工同酬，男女平等，目前相对低廉的项目收益不仅不能给男性带来额外的成就感，还让其在与女性收益的对比中产生经济主导地位丧失的挫败感与危机感，从而造成男性对项目所代表的商业文化的不适应。

从年龄上看，在整合策略上，随着年龄的增长，采用该策略的人数呈现倒"U"形，表明相较于25岁以下的青年人和55岁及以上的老年人，25~55岁的中年人采取整合策略的比率更高；在同化策略上，25岁以下的青年人采取该策略的占比最高（28.89%）；在分离策略上，55岁及以上的老年人采取该策略的占比最高（65.63%）；在边缘化策略上，也是25岁以下的青年人采取该策略的占比最高（24.44%）。不同年龄的农民在传统文化和商业文化适应策略上的人数分布存在显著差异（$\chi^2=42.81$，P值$=0.00<0.01$）。上述人数分布规律印证了Beiser得出的青年和老年都是文化适应的高危阶段的研究结论[④]，而这种高危的表现在青年人和老年人中不尽相同，老年人受母体文化影响深，容易形成固化观念，对不同于己的外来文化多持迟疑或否定态度，不易接受，难以适应，多采取分离策略；而青年人内在的固化文化观念不易形成，对外来文化的认同、接受和适应能力更强，甚至易被外来文化同化。

---

① 王亚鹏：《藏族大学生的民族认同、文化适应与心理疏离感》，硕士学位论文，西北师范大学，2002。

② Lopez, E. J., Ehly, S., Garcia, V. E., "Acculturation, Social Support and Academic Achievement of Mexican and Mexican American High School Students: An Exploratory Study," *Psychology in the Schools* 39 (3) (2002): 245-257.

③ 郝彧：《彝族家支文化中的女性地位》，《西南民族大学学报》（人文社科版）2015年第11期，第55~59页。

④ Beiser, M., "Influences of Time, Ethnicity, and Attachment on Depression in Southeast Asian Refugees," *American Journal of Psychiatry* 145 (1) (1988): 46-51.

从受教育程度看，随着受教育程度逐步提高，采用整合策略的人数总体上在波动中增多，采用分离策略的人数在逐渐减少。不同受教育程度的农民在传统文化和商业文化适应策略上的人数分布存在显著差异（χ^2 =18.70，P 值 =0.03 <0.05）。这可能是因为教育与认知能力、知识技能、社会经济财富等联系紧密，受教育程度与文化适应呈正相关[①]，农户受教育程度更高，不仅对森林碳汇项目实施的生态和社会效益的认知能力更强，通过接受项目实施方宣传，能够更好地理解项目实施在改善当地以及更大范围内人与自然关系中的作用，而且通过参与项目造林、营林技术培训和实践活动等，能够更好地掌握新技术并有效地迁移到其他就业、创业等经济活动中，因此其适应程度更高。

从家庭收入主要来源看，以农牧业为家庭收入主要来源的农户选择整合策略的最多（40.85%），而以非农为家庭收入主要来源的农户在整合、同化和分离策略上的人数分布差异并不明显。不同家庭收入主要来源的农户在传统文化和商业文化适应策略上的人数分布差异并不显著（χ^2 =1.85，P 值 =0.60 >0.10）。这可能与项目实施区整体的经济社会发展相对滞后，传统种植业、养殖业依然是绝大多数农户家庭收入主要来源，非农收入仍普遍有限有关。

从家与最近集市的距离看，人数分布并无明显规律。家与最近集市的距离不同的农户在传统文化和商业文化适应策略上的人数分布也无显著差异（χ^2 =13.18，P 值 =0.16 >0.10）。可能的解释是，森林碳汇项目实施区地处贫困偏远农村，交通不便、市场不发达，集市仅用于日常生产、生活用品的交换，对商业文化的形成和传播作用有限，家距集市较近的农户并未在初级化的市场交易中习得更多的商业文化。

从参与项目时间看，参与项目 4 年及以上的农户选择整合策略的最多（50.00%），参与项目 2 ~ 4 年的农户则选择分离策略的最多

① 陈慧、车宏生、朱敏：《跨文化适应影响因素研究述评》，《心理科学进展》2003 年第 6 期，第 704 ~ 710 页。

(32.81%)，参与项目 2 年以内的农户也选择整合策略的最多(35.90%)。参与项目时间不同的农户在四种文化适应策略上的人数分布没有显著差异（$\chi^2 = 10.30$，P 值 $= 0.11 > 0.10$）。主要原因在于文化适应的长期性，需要个体在较长时期的文化交流与碰撞中，找到自身的适应均衡点，采取适合自身的文化适应策略。而长期生活在相对封闭的偏远贫困山区的农户，对商业文化的适应需要更长时间。

从参与项目土地面积看，随着参与项目土地面积的增加，选择整合策略的人数总体在增多，选择分离策略的人数总体在减少。参与项目土地面积不同的农户在四种文化适应策略上的人数分布存在显著差异($\chi^2 = 50.32$，P 值 $= 0.00 < 0.01$)。可能的解释是，参与项目土地面积越大，在一定程度上表明该户家庭规模越大，其在区域内的经济和政治地位往往越高，越愿意在以正式制度为代表的项目实施中遵守合同规定，以此巩固其在族群内的权威和声誉。

小　结

基于 CDM 的诺华川西南林业碳汇、社区和生物多样性项目实施区的调查数据，从整合、同化、分离、边缘化四个维度，实证分析了彝族聚居区农户对传统文化和以森林碳汇项目为载体的现代商业文化的适应策略及影响因素。研究结果表明：第一，被调查农户对传统文化认同显著高于对商业文化认同，仅依靠正式制度规制农户履约是不够的；第二，整合和分离策略是被调查农户对待传统文化和商业文化采取的两种主要适应策略；第三，性别、年龄、受教育程度和参与项目土地面积是影响农户文化适应策略选择的重要影响因素。具体而言，女性、中年人、受教育程度越高、参与项目土地面积越大的农户的文化适应程度越高。

基于以上发现，本章有以下几点启示。第一，着眼于项目设计，在森林碳汇项目地块选择、环境评价、社区评估和建设规划等环节中，应关注项目区传统风俗习惯，适当增加男性、老年人、受教育程度较低、参与项目土地面积较小的农户的话语权，提升其项目规划的本土文化适应性。第二，着力于项目宣传，运用“同群效应”，加大对女性、中年人、受教育程度较高、参与项目土地面积较大等潜在文化适应性越强的人群的宣传力度，发挥其带动群体文化适应提升的作用。第三，着重于项目实施，充分发挥非正式制度和村民自治的作用。要充分发挥地方精英的作用，积极将森林碳汇项目的制度安排逐步融入村规民约等非正式制度中，进而推动现代商业文化与区域传统文化的融合。更重要的是，要强化以村民自治为核心的村级组织与民主政治建设，既通过村民自治力量不断强化正式制度与非正式制度的有效融合与相互支撑，又通过村级组织消减造林企业自利性诉求，维护农户合法权益，循序渐进地实现区域传统文化保护、贫困人口受益等与项目建设可持续经营的多赢。

第十章　生计资本对农户森林碳汇项目参与收益的影响分析*

诺华川西南林业碳汇、社区和生物多样性项目，云南腾冲小规模再造林景观恢复项目是分别在彝族、傣族、哈尼族、白族等少数民族聚居贫困地区实施的典型森林碳汇项目。这两个项目的实施主体分别为四川省大渡河造林局和云南腾冲林业局苏江林场，均按照 CDM - AR 标准，采取“政府 + 企业 + 农户”的建设模式及项目周期结束后全部林木归土地所有者的基本利益联结机制。在调研中发现，两个项目社区参与农户均从项目中获得了一定的经济收入，但资本丰富度不同的农户所获收益存在明显差异。由此推断，农户所拥有的资本存在差异将影响农户参与森林碳汇项目方式的选择，最终导致其参与收益不同。因此，本章研究试图借鉴生计资本理论、农户行为理论和行为经济学理论，对不同项目区实施的森林碳汇项目中参与农户生计资本和参与收益间的关系进行实证检验，以期为森林碳汇扶贫路径的优化提供有益借鉴。

---

* 本章主要内容来自 Qiu，L. L.，Yan，F.，Paudel，K. P.，et al.，“Influence of Rural Households' Livelihood Capital on Income Derived from Participation in the Forest Carbon Sequestration Project：A Case from the Sichuan and Yunnan Provinces of China，” *International Forestry Review* 20（4）（2018）：538 - 558。

第一节　理论分析与研究假设

生计资本既是生计安全的重要保障，也是实现不同生计策略选择的必要条件。[①] 人们的生计策略选择并不完全自由[②]，不同的生计资本状况决定了人们生计策略的选择，人们实现不同生计策略的能力依赖于其所拥有的生计资本。生计资本的多寡和类型对人们选择空间的大小和可使用路径的多少具有关键性作用，资本和资产量与质的多样构成可以呈现差异极大的生计状况。[③] 李雪萍和王蒙在对武陵山区农户多维贫困的调查中发现，农户生计资本的匮乏导致其生计资本转换处于低水平均衡陷阱中。[④] 在有关旅游扶贫的研究中，有学者认为资本的缺乏严重制约了贫困人口旅游参与方式的选择，并对其从旅游发展中受益形成了一定阻碍。[⑤] 有关劳动参与的研究表明，投资教育、健康和迁移等导致的人力资本提升对劳动参与能力具有正向影响。[⑥] 以上研究表明，一般地，就一项经济活动而言，潜在参与者的生计资本越丰富，其选择参与该项经济活动的能力会越强。

---

① Moser, C., "The Asset Vulnerability Framework: Reassessing Urban Poverty Reduction Strategies," *World Development* 26 (1) (1998): 1 - 19.

② Ellis, F., *Rural Livelihoods and Diversity in Developing Countries* (Oxford University Press, 2000).

③ 邢成举、葛志军：《集中连片扶贫开发：宏观状况、理论基础与现实选择——基于中国农村贫困监测及相关成果的分析与思考》，《贵州社会科学》2013 年第 5 期，第 123 ~ 128 页。

④ 李雪萍、王蒙：《多维贫困“行动—结构”分析框架下的生计脆弱——基于武陵山区的实证调查与理论分析》，《华中师范大学学报》（人文社会科学版）2014 年第 5 期，第 1 ~ 9 页。

⑤ 王永莉：《旅游扶贫中贫困人口的受益机制研究——以四川民族地区为例》，《经济体制改革》2007 年第 4 期，第 92 ~ 96 页；李忠斌、李军明：《民族地区贫困人员参与旅游扶贫的障碍与对策研究》，《民族论坛》2015 年第 6 期，第 15 ~ 21 页。

⑥ 蔡昉、王美艳：《中国城镇劳动参与率的变化及其政策含义》，《中国社会科学》（英文版）2004 年第 4 期，第 15 ~ 27 页；石智雷、杨云彦：《家庭禀赋、家庭决策与农村迁移劳动力回流》，《社会学研究》2012 年第 3 期，第 157 ~ 181 页。

在供需双方均具备自由选择权的情况下，劳动力市场更加统一，也更具竞争性，人力资本更丰富的劳动者凭借自身资本禀赋优势可获得更高的回报率①，即其会更加青睐资本回报率高的项目。因此，在同时拥有多项经济活动可供选择时，一项经济活动的收益回报率竞争性就成了劳动者根据自身生计资本选择参与与否、参与方式的依据。生计资本富裕的农户能够从非农活动中获得较多的回报。② 以上研究表明，一般地，就多项具有竞争性的经济活动而言，潜在参与者的生计资本越丰富，其选择参与投资回报率越高的经济活动的能力也会越强。

从以上分析可知，生计资本对人们生计策略的选择具有显著影响，但影响方式是复杂的。一般地，人们所拥有的生计资本与其生计策略选择呈正相关关系，生计资本越丰富，其生计策略选择能力越强，生计策略选择机会越多。因此，一方面，农户拥有更多生计资本，意味着其参与包括森林碳汇项目在内的生计活动的能力更强，更可能深度参与项目，由此所带来的参与收益可能更多；另一方面，拥有更多生计资本的农户，也可能由于其生计策略选择能力更强，生计策略选择机会更多，更容易在收益回报率更高的非农活动中获取更高收益，因而在森林碳汇项目的参与中持消极态度。基于上述分析，本章提出以下假设。

假设 1：生计资本对农户森林碳汇项目参与收益有影响。

不同的生计资本对人们的生计策略选择影响是不同的。自然资本的增加通常会使农户更加积极地参与农业类生计活动并从中获得更多

① 万定山：《中国城市居民收入分布的变化：1988—1999 年》，《经济学》（季刊）2005 年第 4 期，第 45 ~ 66 页。

② 梁义成、李树茁、李聪：《非农参与对农业技术效率的影响：农户层面的新解释》，《软科学》2011 年第 5 期，第 102 ~ 107 页；张丽、赵雪雁、侯成成等：《生态补偿对农户生计资本的影响——以甘南黄河水源补给区为例》，《冰川冻土》2012 年第 1 期，第 186 ~ 195 页。

收益。[①] 通过对甘南高原农牧民生计活动进行分析，张丽等发现自然资本缺乏的农户倾向于选择其他非农生计活动，与此同时，农户生计多样化受多种因素的综合影响。[②] 类似地，基于对农户生计策略的量化分析，苏芳和尚海洋、蒙吉军等、郝文渊等、赵文娟等和伍艳的研究结果显示，从事农业生产活动的农户大多拥有较为丰富的自然资本和物质资本。[③] 值得注意的是，本章所调查的森林碳汇项目位于偏远山区，项目的实行需依托农村劳动力和林地等资源，由此来看，其属于农业生计活动。据此，本章提出以下假设。

假设 2：自然资本正向影响农户森林碳汇项目参与收益。

假设 3：物质资本正向影响农户森林碳汇项目参与收益。

通过实证分析，蒙吉军等和郝文渊等发现，相比之下，以非农生计活动为主要生计策略的农户拥有更为丰富的人力资本和金融资本[④]，即人力资本和金融资本较为丰富的农户更倾向于将非农生计策略作为主要

---

① 苏芳、蒲欣冬、徐中民等：《生计资本与生计策略关系研究——以张掖市甘州区为例》，《中国人口·资源与环境》2009 年第 6 期，第 119 ~ 125 页；赵文娟、杨世龙、徐蕊：《元江干热河谷地区生计资本对农户生计策略选择的影响——以新平县为例》，《中国人口·资源与环境》2015 年第 S2 期，第 162 ~ 165 页。

② 张丽、赵雪雁、侯成成等：《生态补偿对农户生计资本的影响——以甘南黄河水源补给区为例》，《冰川冻土》2012 年第 1 期，第 186 ~ 195 页。

③ 苏芳、尚海洋：《农户生计资本对其风险应对策略的影响——以黑河流域张掖市为例》，《中国农村经济》2012 年第 8 期，第 79 ~ 96 页；蒙吉军、艾木入拉、刘洋等：《农牧户可持续生计资产与生计策略的关系研究——以鄂尔多斯市乌审旗为例》，《北京大学学报》（自然科学版）2013 年第 2 期，第 321 ~ 328 页；郝文渊、杨东升、张杰等：《农牧民可持续生计资本与生计策略关系研究——以西藏林芝地区为例》，《干旱区资源与环境》2014 年第 10 期，第 37 ~ 41 页；赵文娟、杨世龙、王潇：《基于 Logistic 回归模型的生计资本与生计策略研究——以云南新平县干热河谷傣族地区为例》，《资源科学》2016 年第 1 期，第 136 ~ 143 页；伍艳：《贫困山区农户生计资本对生计策略的影响研究——基于四川省平武县和南江县的调查数据》，《农业经济问题》2016 年第 3 期，第 88 ~ 94 页。

④ 蒙吉军、艾木入拉、刘洋等：《农牧户可持续生计资产与生计策略的关系研究——以鄂尔多斯市乌审旗为例》，《北京大学学报》（自然科学版）2013 年第 2 期，第 321 ~ 328 页；郝文渊、杨东升、张杰等：《农牧民可持续生计资本与生计策略关系研究——以西藏林芝地区为例》，《干旱区资源与环境》2014 年第 10 期，第 37 ~ 41 页。

收入来源[①]。一般地，金融资本更丰富的农户会更青睐非农行业。[②] 也有学者通过研究发现，随着农户人力资本的增加，其主要生计策略极可能会实现从农业到非农业的转变。[③] 据此，本章提出以下假设。

假设 4：人力资本负向影响农户森林碳汇项目参与收益。

假设 5：金融资本负向影响农户森林碳汇项目参与收益。

与此同时，苏芳和尚海洋实证分析了张掖市甘州区农户的生计策略，发现社会资本更丰富的农户更易于实现非农就业。[④] 类似地，伍艳和赵文娟等认为，社会资本更丰富的农户一般会对农业生计活动缺乏兴趣，且易于将注意力聚焦在非农产业。[⑤] 因此，本章提出以下假设。

假设 6：社会资本负向影响农户森林碳汇项目参与收益。

第二节　数据、样本特征、变量设置与理论模型构建

一　数据与样本特征

（一）数据说明

本章所使用的数据选取自课题组对四川、云南两省项目实施区的抽

---

① 赵文娟、杨世龙、徐蕊：《元江干热河谷地区生计资本对农户生计策略选择的影响——以新平县为例》，《中国人口·资源与环境》2015 年第 S2 期，第 162 ~ 165 页；赵文娟、杨世龙、王潇：《基于 Logistic 回归模型的生计资本与生计策略研究——以云南新平县干热河谷傣族地区为例》，《资源科学》2016 年第 1 期，第 136 ~ 143 页；伍艳：《贫困山区农户生计资本对生计策略的影响研究——基于四川省平武县和南江县的调查数据》，《农业经济问题》2016 年第 3 期，第 88 ~ 94 页。

② 苏芳、蒲欣冬、徐中民等：《生计资本与生计策略关系研究——以张掖市甘州区为例》，《中国人口·资源与环境》2009 年第 6 期，第 119 ~ 125 页。

③ 郭秀丽、周立华、陈勇等：《典型沙漠化地区农户生计资本对生计策略的影响——以内蒙古自治区杭锦旗为例》，《生态学报》2017 年第 20 期，第 6963 ~ 6972 页。

④ 苏芳、尚海洋：《农户生计资本对其风险应对策略的影响——以黑河流域张掖市为例》，《中国农村经济》2012 年第 8 期，第 79 ~ 96 页。

⑤ 伍艳：《贫困山区农户生计资本对生计策略的影响研究——基于四川省平武县和南江县的调查数据》，《农业经济问题》2016 年第 3 期，第 88 ~ 94 页；赵文娟、杨世龙、王潇：《基于 Logistic 回归模型的生计资本与生计策略研究——以云南新平县干热河谷傣族地区为例》，《资源科学》2016 年第 1 期，第 136 ~ 143 页。

样入户调查。样本区分别为四川省凉山彝族自治州甘洛县、越西县与云南省腾冲市森林碳汇项目实施社区。由于问卷中的部分问题需要农户通过回忆进行作答，为使调研数据更加真实科学，此次问卷调查基于农户2016年的参与情况展开，需要强调的是，调研数据均为农户家庭层面的数据，并非个人层面的数据。此外，为避免变量间的内生性所带来的干扰，调查期间所收集的农户生计资本指标数据均为2016年初数据，参与收益数据则为2016年1~8月的汇总数据。

（二）样本特征

本章以农村家庭而非农民个体为研究对象，探讨农户家庭所拥有的生计资本对其参与森林碳汇项目的影响。这对被访问对象有两点要求，一是其充分了解所在家庭各项情况，二是其代替所在家庭接受访问。在被访问对象中，就所属地域而言，云南省腾冲项目区被访问农户数量明显多于四川省凉山彝族自治州项目区，主要原因在于，一是云南省项目区农户相对密集、参与人数更多；二是云南省项目区与旅游景区接壤，社会经济发展水平更高，社区农户语言沟通更加顺畅，更能表达自己的见解，部分农户还能明确对森林碳汇项目开发做出评价，问卷有效率更高。就性别而言，男性明显多于女性，占69.21%，说明项目区男性参与外来活动的积极性要高于女性；就年龄分布来看，31~60周岁的中年农民是样本主体，占74.66%，说明项目区中年农民依然是参与各项活动的主力军；就学历而言，多数被访问对象文化程度在初中及以下，占比96.73%，表明项目区参与农户的整体受教育程度偏低(见表10-1)。

表10-1　被访问对象的基本特征

类型	选项	有效样本数(户)	比例(%)
所属项目区	四川凉山	105	28.61
	云南腾冲	262	71.39
性别	男	254	69.21
	女	113	30.79

续表

类型	选项	有效样本数(户)	比例(%)
年龄	30周岁及以下	57	15.53
	31~45周岁	158	43.05
	46~60周岁	116	31.61
	61周岁及以上	36	9.81
学历	小学及以下	197	53.68
	初中	158	43.05
	高中及以上	12	3.27

调研发现，截至目前，绝大多数农户参与森林碳汇项目获得经济收益的方式主要包括两种，一种是以土地流转的方式参与，获得生态公益林补偿等政策性补偿；另一种是以务工的方式参与苗木繁育、整地、造林、补植、管护、围栏建设等获得劳务收入。其中，以务工的方式参与项目和以土地流转的方式参与项目的人数大体相当，少数农户同时通过土地流转和务工的方式参与项目（见表10-2）。四川凉山和云南腾冲项目实施区农户参与项目所获日均务工报酬大致相当，通常为120元左右。

表10-2　农户森林碳汇项目参与方式

参与方式	有效样本数(户)	
	四川省	云南省
务工	74	150
土地流转	60	130
务工与土地流转	29	18

二　变量选取与说明

第一，因变量。因变量为农户森林碳汇项目参与收益，是定比变量。参与收益是指农户参与森林碳汇项目所获得的经济收入总和。

第二，自变量。本章关注生计资本对农户参与森林碳汇项目所获收益的影响。基于研究假设，对自变量设置如下。

自然资本。自然资本是指农户在进行生计活动时可以使用的耕地、水和林地等自然资源。在充分考虑森林碳汇项目具体情况后，本章采用家中被纳入森林碳汇项目的林地面积和家中耕地面积两项指标来反映参与农户的自然资本状况。一般地，农户家中耕地面积越大，其自然资本越丰富；家中被纳入森林碳汇项目的林地面积越大，其在参与森林碳汇项目时所拥有的自然资本越多。在控制其他条件不变的情况下，家中被纳入森林碳汇项目的林地面积越大，农户参与项目所获收益越多，因此，该变量对农户森林碳汇项目参与收益的预期影响方向为正。若家中耕地面积越大，一方面，农户可能因忙于农业生计活动而忽略对森林碳汇项目的关注和参与，进而影响其参与收益；另一方面，家中耕地面积越大的农户因拥有较为丰富的自然资本，也可能会对社区新进驻项目关注，并积极争取项目参与机会，以获得更多参与收益。由此可见，家中耕地面积对农户森林碳汇项目参与收益的预期影响方向和效应不确定。

物质资本。物质资本指的是生计活动中所需的基础设施与其他物资等。本章采用家中固定资产拥有量与家附近道路交通便捷度两项指标反映农户的物质资本状况。一般而言，若农户家中所拥有的固定资产越多、家附近的道路交通状况越好，其物质资本越丰富。在控制其他条件不变的情况下，农户家附近的道路交通状况越好，其可越快捷方便地获取森林碳汇项目参与信息和参与机会，获得的参与收益也会越多，故家附近道路交通便捷度对农户森林碳汇项目参与收益的预期影响方向为正。对拥有更多固定资产的农户而言，一方面，其可能凭借自身的物质资本优势，更加积极地参与森林碳汇项目，从而获得更多的收益；另一方面，因拥有更为丰富的物质资本，其也可能会更加青睐非农生计活动，而对森林碳汇项目缺乏兴趣，最终参与项目的收益也就更少。由此看来，家中固定资产拥有量对农户森林碳汇项目参与收益的预期影响方向不确定。

人力资本。人力资本指的是农户在从事生计活动时所拥有的人力、知识和技术等。劳动力数量与质量可通过影响农户参与生计活动的行为，进而影响农户参与生计活动所获收入。因此，本章采用家中成年劳动力数量、家中劳动力受教育年限、家中有无患重大疾病或慢性病的家庭成员、家中劳动力是否拥有非农生产技术及一年中家人参加村（社）

组织的劳动力技能培训次数五项指标来反映被调查农户的人力资本状况。一般而言，家中成年劳动力数量越多、家中劳动力受教育年限越长以及一年中家人参加村（社）组织的劳动力技能培训次数越多、家中劳动力拥有非农生产技术，则家庭人力资本就越丰富。与此同时，若家中有患重大疾病或慢性病的家庭成员，那么家庭人力资本就会在一定程度上被减少。一般地，在控制其他条件不变的情况下，农户家中成年劳动力数量越多，其可参与森林碳汇项目的人数也越多，即参与项目时所拥有的人力资本越丰富，农户的参与收益也可能越高，故该变量对农户森林碳汇项目的预期影响方向为正。农户家中劳动力受教育年限更长，其会更倾向于参与非农生计活动，从而降低森林碳汇项目参与度，最终其参与收益也会更少，故该变量对农户森林碳汇项目的预期影响方向为负。若农户家中有患重大疾病或慢性病的家庭成员，家中劳动力则需将部分精力用于照料病人，从而降低自身森林碳汇项目参与度，最终导致其参与收益的减少，故该变量对农户森林碳汇项目的预期影响方向为负。此外，若家中劳动力拥有非农生产技术，则其会更加青睐非农生计活动，即农户家庭参与森林碳汇项目的频率更低，参与收益也会更少，故该变量对农户森林碳汇项目的预期影响方向为负；若一年中家人参加村（社）组织的劳动力技能培训次数更多，则家中劳动力所掌握的劳动技能越熟练，其将更倾向于选择比森林碳汇项目更具优势的务工项目，因而从森林碳汇项目所获收益将更少，故该变量对农户森林碳汇项目的预期影响方向为负。

金融资本。金融资本指的是农户从事生计活动的资金充裕度与资金可获得性，在一定程度上反映了农户维持生计活动正常运转的能力。本章采用家中有无负债与家中借款难易程度两项指标反映农户金融资本状况。一般而言，若农户家中有负债，则其金融资本相对缺乏；若家中借款越容易，则其金融资本越丰富。在控制其他条件不变的情况下，一方面，若农户家中有负债，那么其可能会更多地参与对劳动力有持久需求的生计活动，从而减少对劳动力有季节性、短期性需求的森林碳汇项目参与，故其参与收益也更低。另一方面，家中有负债的农户有较大的经济负担，可能会增加其劳动强度，尽可能地参与包括森林碳汇项目在内的所有生计活动，故其森林碳汇项目参与收益也可能越多。家中有无负债对农户森林碳汇项目参与收益的影响较为复杂，故该变量对农户森林碳汇项目的预期影响方向不确定。若农户家中借款越容易，其可能越倾向于对投资回报率越高的生计项目进行投资，从而减少参与投入回报率越低的森林碳汇项目，因而其森林碳汇项目参与收益越低，故该变量对农户森林碳汇项目的预期影响方向为负。

社会资本。社会资本指的是生计活动中能够利用的社会资源与关系网络，如与亲邻及村干部的关系、信息资源获取的便捷性等。本章采用农户与亲邻的关系、与村干部的关系、家与最近集市的距离三项指标反映农户的社会资本状况。一般而言，若农户与亲邻的关系越好、与村干部的关系越好，其社会资本越丰富；若农户家与最近集市的距离越远，其与他人的交往就越困难，即社会资本就会越缺乏。一般地，在控制其他条件不变的情况下，若农户与亲邻的关系、与村干部的关系越好，其可获得的生计机会越多，即其生计活动的选择越会多元化，在这种情况之下，森林碳汇项目将缺乏比较优势，导致农户参与项目的积极性不高，最终参与收益也越少。因此，农户与亲邻的关系及与村干部的关系对其森林碳汇项目参与收益的预期影响方向均为负。家与最近集市的距离可通过影响农户获取信息资源的便捷性，进而对农户森林碳汇项目参与行为造成影响，最终影响其参与收益。对家与最近集市的距离更远的农户而言，其更难获取与生计活动相关的信息，这直接导致其生计活动选择范围较窄，在此情形下，森林碳汇项目对这类农户会更加具有吸引力，农户将选择更加积极地参与项目，参与收益也将更高。因此，家与最近集市的距离对农户森林碳汇项目参与收益的预期影响方向为正。

第三，控制变量。本章涉及两个不同区域的森林碳汇项目，为了研究项目制度规则以及不同项目社区社会经济发展水平等差异对因变量的影响，将地域虚拟变量作为控制变量引入实证分析中。各项变量指标的含义、赋值及描述性统计结果见表 10－3。

表 10-3　变量含义、赋值及描述性统计结果

变量名称		变量含义及赋值	均值	标准差
农户森林碳汇项目参与收益(y)		农户参与项目所获得的实际收入(元)	2650.905	4227.243
自然资本	家中被纳入森林碳汇项目的林地面积(x_1)	家中被纳入森林碳汇项目的实际林地面积(公顷)	0.183	0.1251
	家中耕地面积(x_2)	实际耕地面积(公顷)	0.456	0.465
物质资本	家中固定资产拥有量(x_3)	实际固定资产拥有数量	2.4387	0.8337
	家附近道路交通便捷度(x_4)	差=1;一般=2;好=3	2.4768	0.6219
人力资本	家中成年劳动力数量(x_5)	大于或等于16周岁的实际劳动力数量(人)	3.0272	1.3628
	家中劳动力受教育年限(x_6)	大于或等于16周岁的劳动力平均受教育年限(年)	3.8011	1.1505
	家中有无患重大疾病或慢性病的家庭成员(x_7)	无=0;有=1	0.4687	0.4997
	家中劳动力是否拥有非农生产技术(x_8)	否=0;是=1	0.9591	0.1983
	一年中家人参加村(社)组织的劳动力技能培训次数(x_9)	实际参与次数(次)	0.6049	1.5056
金融资本	家中有无负债(x_{10})	无=0;有=1	0.5204	0.5620
	家中借款难易程度(x_{11})	非常难=1;比较难=2;一般=3;较容易=4;非常容易=5	3.2262	1.1945
社会资本	与亲邻的关系(x_{12})	很不好=1;不太好=2;一般=3;比较好=4;非常好=5	4.3924	0.7233
	与村干部的关系(x_{13})	很不好=1;不太好=2;一般=3;比较好=4;非常好=5	2.3406	0.8691
	家与最近集市的距离(x_{14})	家与最近集市的实际距离(千米)	7.2240	12.1654
地域差异(四川省为参照组)		以四川省为参照组,云南省赋值为1	0.7139	0.4526

三　生计资本测度

生计资本测度分两个步骤进行，首先应确定各生计资本指标的权重，其次进行生计资本值的计算。在确定生计资本指标权重方面，当前

运用较为广泛的方法为层次分析法，部分学者也采用国外学者开发的权重测算公式计算生计资本指标权重。在计算生计资本值时，绝大多数学者采用极差标准化法对指标值进行无量纲化处理，再对生计资本值进行计算。

计算权重。本章采用层次分析法确定各生计资本指标的权重，主要步骤如下：建立层次结构模型；对判断矩阵进行赋值；计算权重向量并进行一致性检验；通过群决策中专家数据集结方法，将各专家排序向量进行加权算术平均，最终得到各生计资本指标的权重。计算结果见表10－4。

生计资本值的计算。由于指标间存在单位差异，本章先通过极差标准化的方法对指标进行无量纲化处理。极差标准化计算公式如下：

$$Z_{ij} = (X_{ij} - \min X_{ij}) / (\max X_{ij} - \min X_{ij}) \quad (10-1)$$

式（10－1）中，Z_{ij}代表对第i类生计资本第j项指标进行标准化处理之后的数值，X_{ij}表示第i类生计资本第j项指标原始值，即未经标准化处理的值。

在对生计资本指标进行标准化处理后，根据各指标的标准化值和权重计算生计资本值，计算公式如下：

$$L = \sum_{i=1}^{5} \sum_{j=1}^{n} W_{ij} Z_{ij} \quad (10-2)$$

式（10－2）中，L为生计资本值，W_{ij}为第i类生计资本第j项指标的权重，Z_{ij}为第i类生计资本第j项指标的标准化值。

表10－4　生计资本指标权重

变量指标名称		权重
自然资本	家中被纳入森林碳汇项目的林地面积（x_1）	0.3037
	家中耕地面积（x_2）	0.0506
物质资本	家中固定资产拥有量（x_3）	0.0144
	家附近道路交通便捷度（x_4）	0.0575

续表

变量指标名称		权重
人力资本	家中成年劳动力数量（x_5）	0.1148
	家中劳动力受教育年限（x_6）	0.0301
	家中有无患重大疾病或慢性病的家庭成员（x_7）	0.0400
	家中劳动力是否拥有非农生产技术（x_8）	0.0643
	一年中家人参加村（社）组织的劳动力技能培训次数（x_9）	0.0643
金融资本	家中有无负债（x_{10}）	0.0271
	家中借款难易程度（x_{11}）	0.0813
社会资本	与亲邻的关系（x_{12}）	0.0380
	与村干部的关系（x_{13}）	0.0380
	家与最近集市的距离（x_{14}）	0.0301

四　理论模型构建

本章的因变量 y 为农户森林碳汇项目参与收益，是定比变量，因此本章运用普通最小二乘法构建多元线性回归模型来分析农户生计资本对其参与森林碳汇项目所获收益的影响。首先，为剖析五类总括性生计资本对参与收益的影响效应，构建的回归模型如下：

$$y = c + \alpha_n x_n + \alpha_m x_m + \alpha_h x_h + \alpha_f x_f + \alpha_s x_s + \alpha_{con} x_{con} + \mu \qquad (10-3)$$

式（10－3）中，x_n、x_m、x_h、x_f、x_s、x_{con} 分别为自然资本、物质资本、人力资本、金融资本、社会资本变量和控制变量；α_n、α_m、α_h、α_f、α_s、α_{con} 分别为以上六个变量的回归系数，反映各变量对参与收益的影响效应；c 为常数项；μ 为随机误差项。

其次，为反映农户具体化生计资本变量 x_1、x_2、x_3、…、x_p 对因变量的影响，构建的多元线性回归模型如下：

$$y = c + \beta_1 x_1 + \beta_2 x_2 + \beta_2 x_3 + \cdots + \beta_p x_p + \beta_{con} x_{con} + \varepsilon \qquad (10-4)$$

式（10－4）中，x_p 表示第 p 个影响农户森林碳汇项目参与收益的生计资本变量，x_{con}为控制变量；β_p为第p个生计资本变量的回归系数，反映其对因变量的影响方向和影响程度，β_{con}为控制变量的回归系数；ε为随机误差项；c为常数项。在进行实证分析时，为避免变量极端值的影响，本章对所有变量数值均进行了极差标准化处理。

第三节　实证结果分析与讨论

一　总括性生计资本对参与收益的影响

虽然森林碳汇项目参与者在项目参与期间需承担一定的机会成本[①]，但不可否认的是，林业项目如REDD+、造林与再造林项目能够对社区生计产生正向影响[②]。Awono等的研究表明，REDD+项目在实现二氧化碳减排的同时，也起到了保护和改善项目周边社区生计的作用。[③] 然而，由于不同农户的社会经济地位存在一定差异，其项目参与程度可能有所不同，最终将造成参与收益的差异化。[④] 有研究显示，生计策略不同的农户在生计资本的拥有量上存在差异，且其生计策略的选

① Ndjondo, M., Gourlet-Fleury, S., Manlay, R. J., et al., "Opportunity Costs of Carbon Sequestration in a Forest Concession in Central Africa," *Carbon Balance and Management* 9 (1) (2014): 4; Ickowitz, A., Sills, E., Sassi, D. C., "Estimating Smallholder Opportunity Costs of REDD+: A Pantropical Analysis from Households to Carbon and Back," *World Development* 95 (2017): 15-26; Rakatama, A., Pandit, R., Ma, C., et al., "The Costs and Benefits of REDD+: A Review of the Literature," *Forest Policy and Economics* 75 (2017): 103-111.

② Sunderlin, W. D., De Sassi, C., Sills, E. O., et al., "Creating an Appropriate Tenure Foundation for REDD+: The Record to Date and Prospects for the Future," *World Development* 106 (2018): 376-392.

③ Awono, A., Somorin, O. A., Atyi, R. E., et al., "Tenure and Participation in Local REDD+ Projects: Insights from Southern Cameroon," *Environmental Science & Policy* 35 (2014): 76-86.

④ Shrestha, S., Shrestha, U. B., "Beyond Money: Does REDD+ Payment Enhance Household's Participation in Forest Governance and Management in Nepal's Community Forests?" *Forest Policy and Economics* 80 (2017): 63-70.

择也因生计资本不同而异。[①] 由表 10－5 可知，五类总括性生计资本均显著地影响了参与收益，假设 1 得到了验证。

自然资本和物质资本对农户森林碳汇项目参与收益具有促进作用，表明农户的自然资本和物质资本越丰富，其参与森林碳汇项目所获收益越多，假设 2 和假设 3 得到了验证。类似地，Fang 等和 Hua 等通过实证分析，发现自然资本对农业生计活动具有正向影响，意味着自然资本较为丰富的农户倾向于从农业类生计策略中获取更多收益。[②] 可能的解释是，农户的自然资本和物质资本越丰富，其对农业生计活动的依赖程度越高[③]，即意味着农户越可能会长久地驻扎在农村参与农业活动；森林碳汇项目的持续健康运行需要定期管护和补种，因此需要相对稳定的劳动力供给。自然资本和物质资本更充裕的农户对土地依赖性更强及更可能长期生活在农村，这恰巧满足森林碳汇项目对劳动力的需求，因此农户更可能深度参与森林碳汇项目，参与收益也更多。

人力资本、金融资本和社会资本对农户森林碳汇项目参与收益具有负向影响，表明农户的人力资本、金融资本和社会资本越丰富，其参与项目所获收益会越低，假设 4、假设 5 和假设 6 得到了验证。类似地，苏芳等、蒙吉军等、赵文娟等和 Hua 等的研究表明，人力资本和金融资本对农

① Hua, X., Yan, J., Zhang, Y., "Evaluating the Role of Livelihood Assets in Suitable Livelihood Strategies: Protocol for Anti-poverty Policy in the Eastern Tibetan Plateau, China," *Ecological Indicators* 78 (2017): 62－74.

② Fang, Y., Fan, J., Shen, M., et al., "Sensitivity of Livelihood Strategy to Livelihood Capital in Mountain Areas: Empirical Analysis Based on Different Settlements in the Upper Reaches of the Minjiang River, China," *Ecological Indicators* 38 (2014): 225－235; Hua, X., Yan, J., Zhang, Y., "Evaluating the Role of Livelihood Assets in Suitable Livelihood Strategies: Protocol for Anti-poverty Policy in the Eastern Tibetan Plateau, China," *Ecological Indicators* 78 (2017): 62－74.

③ Fang, Y., Fan, J., Shen, M., et al., "Sensitivity of Livelihood Strategy to Livelihood Capital in Mountain Areas: Empirical Analysis Based on Different Settlements in the Upper Reaches of the Minjiang River, China," *Ecological Indicators* 38 (2014): 225－235; Jiao, X., Pouliot, M., Walelign, S. Z., "Livelihood Strategies and Dynamics in Rural Cambodia," *World Development* 97 (2017): 266－278.

户非农生计策略具有正向影响，即以上两种资本更为丰富的农户将从非农产业中获取更多的收入。[①] 此外，通过实证研究，Fang 等发现金融资本和社会资本是促进农户参与非农生计活动的催化剂，但与此同时，他们认为人力资本与农业生计活动正相关。[②] 也有学者认为金融资本对农户生计策略的选择不具有显著的影响。[③] 对本章以上实证结果的可能解释：人力资本、金融资本和社会资本较高的农户更倾向于选择参与边际收益较高的非农生计活动，这类农户向外流动的意愿较强，流动性往往较高，因此其参与森林碳汇项目的程度较低，参与收益也较少。

表 10－5　五类总括性生计资本对参与收益的影响

变量	均值	标准差	T 值	系数
自然资本(x_n)	0.0064	0.0066	2.6594	0.0564***
物质资本(x_m)	0.0476	0.0183	1.7912	0.0211**
人力资本(x_h)	0.1463	0.0345	1.7463	－0.0960***
金融资本(x_f)	0.0137	0.0065	2.3700	－0.0239**
社会资本(x_s)	0.1626	0.0654	－1.634	－0.0264**
控制变量(x_{con})	0.0516	0.0171	－3.4662	－0.0486**

注：** 和 *** 分别表示在 5% 和 1% 的统计水平下显著。

① 苏芳、蒲欣冬、徐中民等：《生计资本与生计策略关系研究——以张掖市甘州区为例》，《中国人口·资源与环境》2009 年第 6 期，第 119～125 页；蒙吉军、艾木入拉、刘洋等：《农牧户可持续生计资产与生计策略的关系研究——以鄂尔多斯市乌审旗为例》，《北京大学学报》（自然科学版）2013 年第 2 期，第 321～328 页；赵文娟、杨世龙、王潇：《基于 Logistic 回归模型的生计资本与生计策略研究——以云南新平县干热河谷傣族地区为例》，《资源科学》2016 年第 1 期，第 136～143 页；Hua, X., Yan, J., Zhang, Y., "Evaluating the Role of Livelihood Assets in Suitable Livelihood Strategies: Protocol for Anti-poverty Policy in the Eastern Tibetan Plateau, China," *Ecological Indicators* 78 (2017): 62－74。

② Fang, Y., Fan, J., Shen, M., et al., "Sensitivity of Livelihood Strategy to Livelihood Capital in Mountain Areas: Empirical Analysis Based on Different Settlements in the Upper Reaches of the Minjiang River, China," *Ecological Indicators* 38 (2014): 225－235.

③ Wu, Z., Li, B., Hou, Y., "Adaptive Choice of Livelihood Patterns in Rural Households in a Farm-pastoral Zone: A Case Study in Jungar, Inner Mongolia," *Land Use Policy* 62 (2017): 361－375.

二　各项具体化生计资本指标对参与收益的影响

（一）模型拟合结果与比较

运用多元线性回归模型，通过逐步进入和逐步筛选两种方法，构建了 8 个回归方程。方程 1 至方程 7 均通过逐步进入法构建，方程 8 通过逐步筛选法构建。其中，方程 1 至方程 5 是在不考虑其他因素的情况下考察自变量对因变量的独立影响，即方程 1、方程 2、方程 3、方程 4 和方程 5 分别为仅引入自然资本、物质资本、人力资本、金融资本及社会资本变量的模型；方程 6 是包含自然资本、物质资本、人力资本、金融资本及社会资本变量的模型；方程 7 是在方程 6 的基础上引入控制变量的模型，反映在控制地域的影响后自变量对因变量的影响；方程 8 是在引入控制变量后，考虑变量间的多重共线性，逐步剔除不显著的变量而构建的模型。由表 10 – 6 中各变量的回归结果可知，8 个回归方程的 F 统计量所对应的概率都小于 5% 的显著性水平，说明自变量整体上与因变量之间的线性关系显著，均可建立线性模型。同时，在不考虑其他因素的影响下，方程 1、方程 2、方程 3、方程 4、方程 5、方程 6 及方程 7 的调整后的可决系数分别为 0.090、0.059、0.198、0.063、0.065、0.216 和 0.346，方程的拟合优度参差不齐，在五类资本中，人力资本的解释力最强，随后依次为自然资本、社会资本、金融资本及物质资本，五种资本的组合解释力较强，且在控制地域因素后的解释力更强。方程 8 调整后的可决系数为 0.451，优于方程 7，可见通过逐步筛选法构建的回归方程在所有方程中解释力最强。

（二）回归结果分析

因方程 8 不仅纳入了五类生计资本，还控制了地域因素以及考虑了变量间的多重共线性，剔除了不显著的变量，故其结果更科学。因此，下文分析围绕方程 8 的回归结果展开。

表 10-6　多元线性回归结果

生计资本类型	变量	方程 1	方程 2	方程 3	方程 4	方程 5	方程 6	方程 7	方程 8
自然资本	x_1	0.047*** (2.197)					0.042** (2.135)	0.039** (2.124)	0.038** (2.310)
	x_2	0.029 (1.048)					0.031 (1.003)	0.030 (1.214)	
物质资本	x_3		-0.042 (-1.488)				-0.028 (-0.932)	-0.012 (-0.411)	
	x_4		0.011** (2.442)				0.014** (2.047)	0.019** (2.965)	0.017** (2.354)
人力资本	x_5			0.072** (2.446)			0.062*** (2.064)	0.053*** (2.764)	0.061*** (2.453)
	x_6			-0.108** (-2.704)			-0.114** (-2.746)	-0.102** (-2.498)	-0.092** (-2.342)
	x_7			-0.028** (-2.421)			-0.024** (-2.025)	-0.031** (-2.639)	-0.034** (-2.964)
	x_8			-0.050* (-1.732)			0.044 (1.510)	-0.061** (-2.099)	-0.066** (-2.295)
	x_9			-0.344*** (-4.503)			-0.288** (3.664)	-0.272** (-3.519)	-0.078** (-3.695)
金融资本	x_{10}				-0.045 (-1.074)		-0.056 (-1.310)	-0.021 (-0.496)	
	x_{11}				-0.057** (-2.889)		-0.035* (-1.768)	-0.032* (-1.613)	-0.037* (-1.924)

续表

生计资本类型	变量	方程 1	方程 2	方程 3	方程 4	方程 5	方程 6	方程 7	方程 8
社会资本	x_{12}					-0.018* (-2.711)	-0.017** (-2.289)	-0.016** (-2.796)	-0.017** (-2.267)
	x_{13}					-0.028** (-2.397)	-0.021** (-2.530)	-0.025** (-2.007)	-0.024** (-2.579)
	x_{14}					0.503* (4.051)	0.045* (3.050)	0.054* (1.829)	0.044** (1.907)
	x_{con}							-0.061** (-3.659)	-0.058*** (-3.885)
	c	0.078	0.001	0.041	0.045	0.049	-0.039	-0.028	0.011
	R^2	0.066	0.103	0.207	0.071	0.072	0.352	0.483	0.569
	Adjusted R^2	0.090	0.059	0.198	0.063	0.065	0.216	0.346	0.451
	F 值	5.167	8.280	4.977	6.499	3.268	4.201	4.915	9.129
	P 值	0.002	0.000	0.007	0.000	0.036	0.000	0.000	0.000

注：括号内的值为 T 值，*、** 和 *** 分别表示在 10%、5% 和 1% 的统计水平下显著。

第一，自然资本变量的影响。在控制了地域因素后，家中被纳入森林碳汇项目的林地面积在5%的显著性水平下通过了检验，表明农户家中被纳入森林碳汇项目的林地面积对其参与收益具有显著正向影响。具体表现为：家中被纳入森林碳汇项目的林地面积每增加1%，农户的参与收益就相应增加0.038%。农户家中被纳入森林碳汇项目的林地面积越大，其所获得的林地租金收益就越多，林地租金收益的获得将正向促进农户以务工或其他方式参与项目，最终获得越多的参与收益。

第二，物质资本变量的影响。在控制了地域因素后，家附近道路交通便捷度在5%的显著性水平下通过了检验，表明家附近道路交通便捷度对农户的参与收益具有显著正向影响。具体表现为：家附近道路交通越便捷，农户参与森林碳汇项目所获收益越多。由于造林再造林项目大多在偏远贫困地区实施，这意味着许多参与项目的农户在与外界联系时会不可避免地受到地域因素的限制。[①] 在这种情况下，农户家附近的道路交通越便捷，其能够越快捷方便地获取森林碳汇项目参与信息，可能会对森林碳汇项目有越多的了解，因此农户可获得越多的参与机会，参与收益也就越多。相似的结果也出现在 Jiao 等的研究结论中。[②]

第三，人力资本变量的影响。在控制了地域因素后，家中成年劳动力数量在1%的显著性水平下通过了检验，表明家中成年劳动力数量对农户的参与收益具有显著正向影响。具体表现为：家中成年劳动力每增

---

① 丁一、马盼盼：《森林碳汇与川西少数民族地区经济发展研究——以四川省凉山彝族自治州越西县为例》，《农村经济》2013年第5期，第38～41页；曾维忠、张建羽、杨帆：《森林碳汇扶贫：理论探讨与现实思考》，《农村经济》2016年第5期，第17～22页；Yang, F., Paudel, P. K., Cheng, R. Z., et al., "Acculturation of Rural Households Participating in a Clean Development Mechanism Forest Carbon Sequestration Program: A Survey of Yi Ethnic Areas in Liangshan, China," *Journal of Forest Economics* 32 (2018): 135－145。

② Jiao, X., Pouliot, M., Walelign, S. Z., "Livelihood Strategies and Dynamics in Rural Cambodia," *World Development* 97 (2017): 266－278.

加 1 个，农户的参与收益增加 6.1%。可能的原因是，农户家中拥有的成年劳动力越多，其参与森林碳汇项目的程度往往越深，由此所带来的参与收益也越多。该结果与诸多学者的研究相吻合。[①] 家中劳动力受教育年限在 5% 的显著性水平下对农户的参与收益具有负向影响。具体表现为：家中劳动力受教育年限每增加 1 年，农户的参与收益就会减少 9.2%。可能的原因是，家中劳动力受教育年限越长，其越倾向于参加投入回报率越高的非农生计活动，森林碳汇项目作为一种农业性质的项目，受教育年限越长的农户家庭参与其中的积极性会越低，参与收益也会越少。类似地，Wu 等和 Jiao 等的研究结果显示，农户受教育年限的增加将使其生计策略变成以非农业为导向，在此情况下其将减少对农业的依赖。[②] 然而，S. Shrestha 和 U. B. Shrestha 通过调查尼泊尔农户参与社区森林管护的情况，发现教育水平对农户参与森林管护具有正向影响。[③] 家中有无患重大疾病或慢性病的家庭成员在 5% 的显著性水平下通过了检验，表明家中有患重大疾病或慢性病的家庭成员对农户的参与收益具有显著的负向影响。具体表现为：若家中有 1 个患重大疾病或

---

① Hua, X., Yan, J., Zhang, Y., "Evaluating the Role of Livelihood Assets in Suitable Livelihood Strategies: Protocol for Anti-poverty Policy in the Eastern Tibetan Plateau, China," *Ecological Indicators* 78 (2017): 62 - 74; Shrestha, S., Shrestha, U. B., "Beyond Money: Does REDD + Payment Enhance Household's Participation in Forest Governance and Management in Nepal's Community Forests?" *Forest Policy and Economics* 80 (2017): 63 - 70; Oli, B. N., Treueb, T., "Determinants of Participation in Community Forestry in Nepal," *International Forestry Review* 17 (3) (2015): 311 - 325; Coulibaly-Lingani, P., Savadogo, P., Tigabu, M., et al., "Factors Influencing People's Participation in the Forest Management Program in Burkina Faso, West Africa," *Forest Policy and Economics* 13 (4) (2011): 292 - 302; Dolisca, F., Carter, D. R., McDaniel, J. M., et al., "Factors Influencing Farmers' Participation in Forestry Management Programs: A Case Study from Haiti," *Forest Ecology and Management* 236 (2 - 3) (2006): 324 - 331.

② Wu, Z., Li, B., Hou, Y., "Adaptive Choice of Livelihood Patterns in Rural Households in a Farm-pastoral Zone: A Case Study in Jungar, Inner Mongolia," *Land Use Policy* 62 (2017): 361 - 375; Jiao, X., Pouliot, M., Walelign, S. Z., "Livelihood Strategies and Dynamics in Rural Cambodia," *World Development* 97 (2017): 266 - 278.

③ Shrestha, S., Shrestha, U. B., "Beyond Money: Does REDD + Payment Enhance Household's Participation in Forest Governance and Management in Nepal's Community Forests?" *Forest Policy and Economics* 80 (2017): 63 - 70.

慢性病的家庭成员，那么农户的参与收益会减少3.4%。可能的原因是，若家中有患重大疾病或慢性病的家庭成员，其他家庭成员可能需要长期对其进行照料，这导致家庭生计活动参与机会的减少，因此农户的参与收益也将随之减少。家中劳动力是否拥有非农生产技术在5%的显著性水平下通过了检验，表明家中劳动力拥有非农生产技术对农户的参与收益有显著的负向影响。具体体现为：若家中有1个劳动力拥有非农生产技术，那么农户的参与收益将降低6.6%。可能的原因是，若家中劳动力拥有非农生产技术，那么家庭会更倾向于选择非农生计活动，同时减少对农业生计活动的关注，因此其对森林碳汇项目的参与度也会更低，参与收益自然也就更少。一年中家人参加村（社）组织的劳动力技能培训次数在5%的显著性水平下通过了检验，表明农户参与的劳动力技能培训次数越多，其参与收益越少。可能的原因是，农户越积极参与劳动力技能培训，其对劳动技能的掌握就可能越熟练，可选择参与的务工项目越多，因此对不具有明显比较优势的森林碳汇项目而言，农户的参与度可能越低，参与收益越少。

第四，金融资本变量的影响。在控制了地域因素后，家中借款难易程度在10%的统计水平下通过了显著性检验，表明家中借款越容易对农户的参与收益具有显著的负向影响。具体表现为：家中借款越容易，农户的参与收益越低。可能的原因是，家中借款越容易，农户越可能积极投资或参与见效快、回报率高的农业、非农项目以及产业扶贫项目，从而降低对森林碳汇项目开发的关注度和参与度，因此其参与收益也就越少。

第五，社会资本变量的影响。在控制了地域因素后，农户与亲邻的关系以及农户与村干部的关系均在5%的统计水平下通过了显著性检验，表明农户与亲邻的关系越友好，其森林碳汇项目参与收益越少；农户与村干部的关系越好，其森林碳汇项目参与收益越少。类似的结果也出现在S. Shrestha和U. B. Shrestha的研究中，他们发现与社区林业组织关系更紧密的农户往往能从森林管理中获得更多收益。[①] 可能的原因是，农村属于典型的亲缘与人情社会，农户与亲邻的关系越紧密，其获得各种生计机会的可能性越大，即其生计活动将越可能呈现多元化，在众多的生计项目中，森林碳汇项目不具有比较优势，因此对农户的吸引力也可能相对不大，农户参与积极性不高，导致其参与收益也就越少。类似地，若农户与村干部的关系越好，其获取各类项目资源的机会越多，农户在面临众多选择时，森林碳汇项目缺乏比较优势，对农户缺乏吸引力，使农户参与积极性不高，最终其参与收益也就不高。家与最近集市的距离在5%的统计水平下通过了显著性检验，表明家与最近集市的距离对农户参与收益具有显著的正向影响。具体表现为：家与最近集市的距离每增加1%，农户的参与收益便会增加0.044%。该结果与Kemkes的发现相似，其研究显示，家与最近集市的距离越远的农户参与森林碳汇项目的积极性越高，从而越容易从中获得收益。[②] 可能的原因是，家与最近集市的距离越长，农户所居住的地方越偏远，则其所获得的生计活动机会越少，即其生计活动选择范围越窄，此时，在极其有限的选择范围内，森林碳汇项目对这部分农户具有较大的吸引力，因此家住得越偏远的农户参与森林碳汇项目一般会越积极，参与收益也就可能越高。

第六，地域控制变量的影响。以四川省为对照组，云南省在1%的统计水平下通过了显著性检验，表明在其他条件不变的情况下，云南森林碳汇项目区农户参与项目所获收益要低于四川森林碳汇项目区。可能的解释为：云南腾冲项目社区社会经济总体发展水平明显较四川凉山项目社区高，农户生计活动选择、增收渠道更广。地处中国深度贫困地区

① Shrestha, S., Shrestha, U. B., "Beyond Money: Does REDD + Payment Enhance Household's Participation in Forest Governance and Management in Nepal's Community Forests?" *Forest Policy and Economics* 80 (2017): 63 – 70.

② Kemkes, R. J., "The Role of Natural Capital in Sustaining Livelihoods in Remote Mountainous Regions: The Case of Upper Svaneti, Republic of Georgia," *Ecological Economics* 117 (2015): 22 – 31.

的甘洛县、越西县贫困面广、贫困人口多、贫困发生率高，项目社区农户受教育水平、语言等限制，外出务工难、青壮年劳动力留守比例高，就近务工是社区农户就业增收的重要途径，他们更可能通过深度参加项目以获取劳务机会。云南腾冲项目社区地邻旅游胜地，农户参与森林碳汇项目的机会成本更高，导致其参与森林碳汇项目的积极性及程度更低，参与收益也自然更低。

综上所述，在控制了地域因素后，就总括性生计资本而言，农户的自然资本和物质资本对其参与项目所获收益具有显著的正向影响，人力资本、金融资本和社会资本对其参与收益具有显著的负向影响，即农户家中被纳入森林碳汇项目的林地面积越大、家附近道路交通便捷度越高，其参与收益越多。人力资本、金融资本和社会资本相对弱势的农户从项目中获得的劳务收益反而更多。其主要原因在于，CDM - AR 标准中“土地合格性”要求项目地块自 1989 年 12 月 31 日以来为无林地，以及划定项目边界和降低管理成本必须采取连片开发的形式，一方面，导致社区农户通过土地流转获得生态公益林政策性补偿等短期收益，更多的是由其拥有使用权宜林地的自然属性，即其是否处于项目地块决定的；另一方面，参与森林碳汇项目开发劳务收益对拥有人力资本、金融资本和社会资本更多的农户缺乏吸引力，贫困人口更多地参与了短期性、艰苦性劳务，获得了更多相对低廉的劳务收益。

小 结

本章运用多元线性回归模型分析了五类总括性生计资本与其对应的具体化生计资本对农户参与森林碳汇项目所获收益的影响。研究结果显示，在控制了地域因素后，对总括性生计资本而言，农户的自然资本和物质资本对其参与项目所获收益具有显著的正向影响，而人力资本、金融资本和社会资本对其参与收益具有显著的负向影响。这表明就当前的碳汇造林再造林项目而言，贫困人口更多地参与了短期性、艰苦性劳务，获得了更多相对低廉的劳务收益。

基于此，可得到以下三点启示：第一，仅仅关注弱势群体的劳务收益具有局限性，应进一步强化扶贫与扶志扶智结合，加大对人力资本、金融资本和社会资本相对弱势的贫困农户的技术培训和帮扶力度，促进其更好地参与项目并获得更加公平、合理的参与收益；第二，积极改善社区道路交通、通信设施条件，有利于贫困农户获得更多参与森林碳汇项目开发的机会；第三，积极支持和鼓励森林碳汇项目实施地块遴选向贫困人口聚居社区倾斜，如适当放宽在贫困人口聚居社区实施项目的“土地合格性”条件、给予项目边界划定更多灵活性等。

第十一章　森林碳汇社区参与功能及其影响因素分析

社区作为一个基本的组织单位，在碳汇扶贫项目中起着关键的作用。由于农户生产、生活的分散性，碳汇购买方与农户之间的市场交易成本非常高，往往需要通过社区的发动、组织等方式，将分散的农户集中起来参与碳汇交易，在此过程中发挥项目的益贫作用是社区的基本功能。社区对于项目的实施、组织、后期维护和收益分配等都具有直接或间接的影响，是碳汇扶贫开展过程中不可或缺的单元。社区的作用主要是由自身功能所决定的。本章对社区与社区功能进行了界定，探讨了社区功能的作用机制。根据 AGIL 模型，本章对社区功能进行了分解。选取诺华川西南林业碳汇、社区和生物多样性项目区域为研究区域，根据课题组对川西南项目进行的社区实地问卷调查和个案访谈，本章对社区的目标功能进行了实证分析，据此提出了相关机制的优化方案，以期为相关部门和研究提供参考。

第一节　社区功能理论分析

一　社区功能作用机制

从一般性的社区功能来看，社区服务和社区政治是其传统意义上的两个社区功能。其中社区服务功能包括通过公共产品（如社区照料）

等方式提供无偿的服务，为社区居民提供无偿的、微利性的便民服务，以及为社区成员之间提供服务平台。社区政治功能则体现在政治稳定、政治传导、政治参与和表达等方面。除了这两个基本功能之外，根据社区功能所涉及的领域，可将之分为社区的经济性功能、政治性功能、文化性功能和社会性功能。①

根据森林碳汇项目及其社区的特点，森林碳汇项目中的社区功能是促进项目实施和促进项目益贫，包括为推进实施森林碳汇而产生的宣传、组织、实施的功能，以及在项目实施过程中产生的益贫性功能。在森林碳汇项目的减排和扶贫的双重目标下，社区还特别地具有益贫的功能。社区功能和社区参与、社区作用之间是有内在必然联系的。社区功能是社区因经济、社会、文化等资源禀赋而形成的天然内在、外在影响属性。而社区参与则是社区功能得以显现和发挥的主要方式。社区功能是社区自身所具有的性质，社区作用则是社区功能发挥的结果。

森林碳汇扶贫项目中，社区功能的发挥对项目预设目标的达成至关重要。在当前，农村土地集体所有制和农户承包土地地块细碎的背景下，森林碳汇扶贫项目的瞄准有赖于对社区农户、土地的了解，项目的实施、维护也有赖于社区的组织和协助。社区层面能够实现以村社为基础，在村干部、村能人或带头人组织下开展项目，从而降低森林碳汇购买方和出售方的交易成本，对于项目的推进和顺利实施起着至关重要的作用。

社区特征与功能影响着森林碳汇扶贫项目的开展。社区原有的文化禀赋，特别是生态文化和观念，会通过社区成员的参与行为影响项目的开展。由于贫困地区交通不便、信息相对较少、人际交往相对单一等特征，社区内部往往形成较为封闭的场域。社区内较为接近的生态和发展

① 张菊枝：《社区功能视角下的社区参与》，《郑州航空工业管理学院学报》（社会科学版）2010 年第 5 期，第 125 ~ 130 页。

认知观念，影响着社区成员对碳汇项目的认可度，进而影响项目能否顺利开展。社区原有的自然资源禀赋影响着项目的开展，社区是否具备森林碳汇开展的气候、土壤条件，能否形成最低规模的森林碳汇地块，能否使项目实施具备最低成本门槛，也直接影响着项目的开展。社区原有的社会资源影响着项目的开展，原有社区内部是否有较为完善、有效的正式或非正式组织体系，社区人际关系是否和谐，社区居民能否形成较为一致的行动态度，是项目后期顺利推进和维护的关键所在。

另外，森林碳汇的一项功能性作用在于，通过社区组织影响项目的益贫性。Wise 和 Cacho 发现，碳汇项目实施可能伴随不平等的政治博弈，在此过程中，妇女、少地者、贫困户等往往被边缘化，被排除在项目参与之外，即使被纳入项目建设计划中，其正当利益也往往被攫取，积极性容易被挫伤，[①] 项目益贫性可能受到直接影响。社区作为本地化组织的代表者，涵盖了本地化的社会网络，在利益协调中是基本单位。通过项目所在社区的发动、参与、利益协调，避免“精英俘获”，让更广大的弱势群体和贫困人口获得劳动技能的提升、劳动收入的增加，从而直接受益，并且不仅限于当期收益，通过完善社区的基础设施、提升组织能力，还能进一步强化社区脱贫“造血”功能，包括强化以利益为核心依托的组织能力、凝聚能力等。

社区与项目的结合将会产生社区功能和项目相互促进的作用。项目的开展强化了社区正向功能，使社区生态文化、组织文化、协调凝聚力等得到改善，社区益贫性功能得到强化。社区利益机制的完善，使原来因多主体交易抬升交易费用（项目启动、执行和监测等成本），项目倾向于选择与拥有较大面积的土地所有者进行交易谈判，以及排斥小规模土地拥有者或无土地林农参与的行为得到矫正，同时增强项目生态建设和益贫双重效果。

---

① Wise, R., Cacho, O., “A Bioeconomic Analysis of Carbon Sequestration in Farm Forestry: A Simulation Study of Gliricidia Sepium,” *Agroforestry Systems* 64 (3) (2005): 237－250.

二　社区功能分解

AGIL 功能分析图由美国哈佛大学教授塔尔科特·帕森斯提出。在帕森斯的核心理论分析当中，行动者的行动系统必须满足四个最基本的功能要件。第一，适应（Adaption）功能要件，系统和环境紧密相关，必然发生一定的影响关系，为了能够持续存在下去，各个系统必须拥有从外部环境中获得所需资料的手段。第二，目标达成（Goal Attainment）功能要件，任何行动系统都应具有一定目标导向性，因此系统必须有能力确定其目标层次，并调动系统的内部力量从而集中实现系统的设定目标。第三，整合（Integration）功能要件，任何行动都是由各个子部分组成，要使系统作为一个整体有效地发挥功能，必须将各个子部分联系起来，使各个部分协调起来，从而促进目标的达成。第四，潜在模式维持（Latency Pattern Maintenance）功能要件，在系统运行的过程当中，如果出现暂时的系统内互动终止，原来的运行模式必须能够完整地保存下来，从而确保后期系统重新运行时还能够恢复原有的系统互动关系。这四个功能要件的协调稳定决定了行动系统功能的有效发挥，且每一个子系统均可无限划分为更细化的 AGIL 结构功能。

帕森斯认为从功能的视角，需要重点对行动系统进行分析。其中，行动系统包含四个功能子系统，即行为有机体系统、人格系统、社会系统和文化系统。其中，社会系统作为行动系统的子系统，在行动系统中发挥着整合的功能，其各个组成部分同时还需要满足 AGIL 的功能条件，比如社会经济制度发挥适应功能，政治制度发挥目标达成功能，法律制度发挥整合功能（威慑、调节和组织），家庭、教育与宗教等发挥潜在模式维持功能。行动系统内部存在信息和能量两个控制关系。一个是上一级信息子系统为下一级信息子系统提供信息制导和行动调节的关系，比如文化子系统规定了社会子系统的形成，社会子系统发挥促进人格子系统的调整作用，人格子系统又发挥促进行为有机体子系统调整的作用。另一个是上一级能量控制系统为下一级能量控制系统提供行动力量和表现手段的关系，比如行为有机体子系统为人格子系统提供能量，人格子系统为社会子系统提供能量条件。

从帕森斯系统论来看，社区在森林碳汇扶贫中作为一个主体单元，将满足AGIL的四项功能要求，并从中发挥相应的功能作用（见图11－1）。社区通过人员组织、机构设施、活动能力、受益分配等使自身调整、适应项目的开展，从而发挥社区的A功能（适应）。社区的规章制度、共同认可的行为准则、社区带头人或社区干部确保项目预期目标的实现，从而发挥社区的G功能（目标达成）。社区的人文环境、组织机制、利益链接机制等使其可以作为一个整体系统降低交易成本，促进项目推进，从而发挥社区的I功能（整合）。社区潜在的共同文化习俗、价值观念凝聚共识，可以协调利益，确保项目的推进，从而发挥社区的L功能（潜在模式维持）。

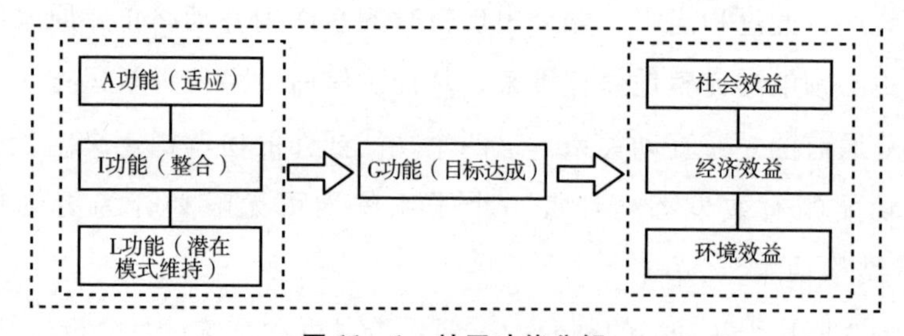

图11－1　社区功能分解

社区在森林碳汇扶贫项目中发挥适应功能，需要有相应的要素构成。一是一定数量的社区成员，并且具备一定的项目参与能力。二是具备特定的自然资源，主要是有适应项目开展的规模化地块。三是具备一定的基础设施，比如项目开展的基本水利灌溉、道路交通设施。四是具备基本的社区认同。社区发挥整合功能和潜在模式维持功能，需要在项目进驻、项目设计、项目实施、项目维护、项目监测中充分利用社区组织资源、社会网络资源、人力资源和社区文化风俗，强化参与的可持续性，并且在前期明确、瞄准项目目标，实现社会效益、经济效益、环境效益的多方共赢。

第二节　社区功能评价

实践证明，森林碳汇项目能否得到发展，与碳汇项目能否缓解贫困休戚相关，① 而碳汇项目的益贫性功能又与项目参与地方的社区参与、社区营造和社区治理密不可分。以社区形式参与碳汇项目，不仅可以提升社区内主体的参与意愿和积极性，而且可以更好地瞄准贫困和弱势群体，在不损害非贫困人口利益的情况下给予他们鼓励和帮助，从而在保护环境的同时增强碳汇项目扶贫的可持续性，提高碳汇项目的投资效率。

一　研究社区概况

本节选取诺华川西南林业碳汇、社区和生物多样性项目区域为研究区域，即四川省西南部凉山彝族自治州五个县和三个自然保护区。该森林碳汇项目于2010年启动实施，项目业主为四川省大渡河造林局，森林碳汇购买方为瑞士诺华集团，并在联合国清洁发展机制执行理事会（CDM－EB）成功注册，是中国第一个国内企业与外资企业直接合作的造林减碳项目，项目现已完成前期造林并进入抚育、管护阶段。本节数据均来自课题组对川西南项目进行的社区实地问卷调查和个案访谈，所访谈社区共计26个，需要指出的是，项目原拟定的造林再造林社区为27个，但考虑到地理、气候、土壤等多方面因素，将碗厂乡大石头村予以剔除。

本节选取了四川省西南部凉山彝族自治州五个县和三个自然保护区，包括昭觉县、越西县、越西申果庄自然保护区、美姑县、雷波县、雷波麻咪泽自然保护区、甘洛县和甘洛马鞍山自然保护区的16个乡镇26个社区。这26个社区位于长江上游四川省西南部，地处青藏高原向

① 张莹、黄颖利：《森林碳汇项目有助于减贫吗?》，《林业经济问题》2019年第1期，第71～76页。

云贵高原过渡的横断山脉地区，地形地貌复杂，年均降水量在 800 ~ 1300 毫米，年均气温在 10.0℃ ~15.0℃，海拔在 305 ~5958 米；社区内邻里关系融洽，凝聚力较强，对当地政府较为依赖和信任；社区内劳动力充足且外出务工人员较少。这 26 个社区 2016 年的具体情况见表 11 -1。

表 11 -1　2016 年 26 个社区基本情况

社区	小组数	所有权	造林规模（公顷）	劳动力人数(人)	年均气温（℃）	年均降水量(毫米)	人均年收入(元)	临时工作机会
合沙木	0	国有	147.1	415	10.9	1020.7	3840.1	27860
库莫	0	国有	75.2	48	10.9	1020.7	3327.1	14351
阿尔巴姑	0	国有	212.8	347	10.9	1020.7	3643.7	40977
木格觉木	3	集体	181.3	200	13.3	1113.2	3846.4	35132
依尔觉木	2	集体	300.8	160	13.3	1113.2	3582.5	58871
红旗	4	集体	104.7	390	13.3	1113.2	3292.2	18982
竹洛	3	集体	151.3	210	13.3	1113.2	3132.9	29372
平桥	2	集体	121.0	205	13.3	1113.2	3181.6	25781
沙苦	3	集体	81.2	340	13.3	1113.2	3969.6	18003
哈布	2	集体	80.0	270	13.3	1113.2	3476.8	17463
来吾	4	集体	162.5	305	13.3	1113.2	3292.2	35475
麻古	3	集体	62.2	210	13.3	1113.2	3122.6	11878
维勒觉	5	集体	219.4	340	11.4	814.6	3013.2	39774
火窝	6	集体	290.0	230	11.4	814.6	3210.1	52575
尼勒觉	6	集体	222.2	400	11.4	814.6	3476.8	44263
大谷堆	5	国有	537.9	800	13.8	850.1	3530.4	97512
民主	2	国有	316.2	98	13.8	850.1	3486.4	62329
哈木	2	集体	96.1	600	14.1	1268.7	2950.4	26673
眉山	4	集体	47.0	980	14.1	1268.7	2861.6	12239
阿沙莫	7	集体	43.9	1000	14.1	1268.7	3076.8	18830
呷洛	4	集体	147.5	600	14.1	1268.7	2092.8	44244
马千门	2	国有	110.3	124	14.1	1268.7	3692.7	23246
三匹岩	2	集体	101.4	300	14.1	1268.7	3230.4	21370
石十儿	3	集体	236.0	90	14.1	1268.7	2849.6	102360
双马槽	4	集体	100.4	121	14.1	1268.7	2956.6	43292
拉尔	4	集体	41.7	700	14.1	1268.7	2708.9	9854

二　社区功能评价

（一）指标选取

尽管森林碳汇项目的主要目的是增加碳汇，提高林业减缓气候变化的能力，以构建绿色生态环境，但其受到各个社区追捧的根本原因还是有助于益贫机制的建立，因此，参考碳汇扶贫、绿色扶贫相关研究，借助于可持续发展理论，并结合社区特点，本节将碳汇项目社区目标功能分为组织宣传功能、收益分配功能和项目维护功能三个维度。

第一，组织宣传功能。组织宣传功能是指碳汇项目实施后，项目实施社区的整体凝聚动员能力和宣传能力，它是碳汇项目中社区最基本的功能体现之一。考虑到实地调研的可行性，同时结合国内外森林碳汇规划和扶贫政策的具体要求，本节组织宣传功能指标层由社区凝聚力、社区对森林碳汇的认知度以及社区参与项目人数三个二级指标构成。

第二，收益分配功能。碳汇项目实施后能否产生经济效益是其关注的核心问题之一，项目维护和益贫首先会体现在贫困人口受益人数上，同时还会涉及贫困人口因何种方式受益以及受益情况等，因此，本节选取贫困人口受益人数、临时工作机会、劳动力净收入以及间伐和主伐木材净收入作为衡量项目收益分配功能情况的二级指标。

第三，项目维护功能。项目维护指碳汇项目实施后社区对项目的维持能力，从森林碳汇项目的目标来看，它是本区生态保护和农牧户利益保护的平衡能力，特别是在社区农牧户放牧与森林碳汇存在冲突的背景下，需要重点考虑该冲突的化解能力，因此，本节选取的项目维护功能二级指标由放牧与项目冲突化解情况（选取项目区内放养数量除以主要牲畜种类及数量得到）、水土流失程度、净温室气体清除量构成。

表 11－2　碳汇项目社区目标功能指标选取

目标层	一级指标	二级指标	指标代码	指标解释
碳汇项目社区目标功能	组织宣传功能	社区凝聚力	S11	社区整体凝聚情况(0～5)
		社区对森林碳汇的认知度	S12	社区对森林碳汇项目的了解情况(0～5)
		社区参与项目人数	S13	社区参与森林碳汇项目的人数(人)
	收益分配功能	贫困人口受益人数	J11	社区受益于碳汇项目的贫困人口数(人)
		临时工作机会	J12	碳汇项目给社区创造的临时工作机会数(个)
		劳动力净收入	J13	社区参与碳汇项目劳动力年净收入总数(元)
		间伐和主伐木材净收入	J14	社区碳汇项目间伐和主伐木材年净收入总数(元)
	项目维护功能	水土流失程度	H11	水土流失面积/社区总土地面积×100%
		放牧与项目冲突化解情况	H12	项目区内放养数量/主要牲畜种类及数量×100%(牛、羊、马)
		净温室气体清除量	H13	社区实际净温室气体清除量(吨 CO_2-e)

注：社区凝聚力、社区对森林碳汇的认知度均使用李克特五点量表评分法测度，从 0 至 5 程度依次递增；水土流失程度为逆指标，其他指标均为正指标。

（二）数据与方法

本节主要采用熵值法对指标进行赋权计算综合效益。考虑到森林碳汇项目综合效益评价指标中涉及了 10 个不同的二级指标，且这些指标原始数据单位不同，如果直接进行指标测度容易影响评价结果的准确性，本书采用“max－min”，即“最大值－最小值”方法对数据进行无量纲化处理，具体处理方法如下：

$$P_{ij} = \frac{x_{ij} - \min x_j}{\max x_j - \min x_j} \text{ 或 } P_{ij} = \frac{\max x_j - x_{ij}}{\max x_j - \min x_j} \tag{11-1}$$

其中，x_{ij}和 P_{ij}分别表示 i 社区第 j 个指标原始值及其标准化后的数值；$\min x_j$和 $\max x_j$分别表示第 j 个指标的最小值和最大值。

在此基础上，进一步用熵值法确定权重，主要计算方法如下：

$$H_j = -k\sum_{j=1}^{n}(f_{ij}\ln f_{ij}) \tag{11-2}$$

$$W_j = \frac{(1-H_j)}{\sum_{j=1}^{m}(1-H_j)} \tag{11-3}$$

其中，H_j 为指标信息熵，W_j 为指标熵值，$k = \ln n^{-1}$，$f_{ij} = \frac{Y_{ij}}{\sum_{j=1}^{n} Y_{ij}}$，$Y_{ij}$ 为标准化后的数值，且当 $f_{ij} = 0$ 时，$f_{ij}\ln f_{ij} = 0$，$0 \leqslant W_j \leqslant 1$ 且 $\sum_{j=1}^{m} W_j = 1$。

（三）效益评价

将各社区指标观测数据运用熵值法进行计算，得出川西南 26 个社区 2013 年和 2016 年的总体目标功能及细分功能评价值，见表 11－3 和表 11－4。

表 11－3　26 个社区 2013 年、2016 年总体目标功能评价值

	2013 年		2016 年	
	评价值	排名	评价值	排名
合计	7.81	—	8.56	—
合沙木	0.25	19	0.29	17
库莫	0.26	17	0.23	22
阿尔巴姑	0.35	9	0.42	6
木格觉木	0.33	11	0.38	8
依尔觉木	0.40	5	0.46	4
红旗	0.23	20	0.34	11
竹洛	0.25	18	0.20	24
平桥	0.16	24	0.25	21
沙苦	0.19	22	0.23	23
哈布	0.12	26	0.25	20
来吾	0.37	7	0.20	25
麻古	0.20	21	0.14	26
维勒觉	0.32	12	0.34	12
火窝	0.27	14	0.32	14

续表

	2013 年		2016 年	
	评价值	排名	评价值	排名
尼勒觉	0.37	6	0.32	13
大谷堆	0.53	2	0.55	1
民主	0.34	10	0.39	7
哈木	0.28	13	0.30	15
眉山	0.35	8	0.43	5
阿沙莫	0.26	16	0.35	10
呷洛	0.42	3	0.47	3
马千门	0.14	25	0.30	16
三匹岩	0.18	23	0.27	18
石十儿	0.57	1	0.35	9
双马槽	0.41	4	0.52	2
拉尔	0.26	15	0.26	19

表 11－3 结果表明：26 个社区的总体目标功能水平处于高效水平，同时可以看到，森林碳汇项目实施后，2016 年的总体目标功能水平（评价值）为 8.56，明显高于 2013 年的 7.81，且 2016 年的总体目标功能水平最高值为 0.55，最低值为 0.14，而 2013 年的总体目标功能水平最高值为 0.57，最低值仅为 0.12。从空间格局来看，大谷堆、双马槽、依尔觉木等社区的总体目标功能水平不仅在数值上有所增长，而且在排名上也呈上升趋势，评价值在 0.3 以上；沙苦、哈木等社区的总体目标功能水平虽在数值上有所增长，但排名稍有下降；火窝、维勒觉等社区相比其他社区的评价值比较平稳，虽略有波动但变化不大。

表 11－4　26 个社区 2013 年、2016 年的细分功能评价值

	组织宣传功能				收益分配功能				项目维护功能			
	2013 年		2016 年		2013 年		2016 年		2013 年		2016 年	
	评价值	排名	评价值	排名	评价值	排名	评价值	排名	评价值	排名	评价值	排名
合计	2.58	—	2.23	—	3.11	—	3.54	—	2.13	—	2.76	—
合沙木	0.08	17	0.06	18	0.09	15	0.12	15	0.08	9	0.11	10
库莫	0.12	8	0.03	26	0.10	13	0.12	15	0.04	24	0.08	19

续表

社区指标	组织宣传功能				收益分配功能				项目维护功能			
	2013年		2016年		2013年		2016年		2013年		2016年	
	评价值	排名	评价值	排名	评价值	排名	评价值	排名	评价值	排名	评价值	排名
阿尔巴姑	0.11	10	0.07	15	0.16	6	0.20	5	0.08	9	0.15	3
木格觉木	0.10	12	0.14	1	0.15	8	0.10	18	0.08	9	0.13	6
依尔觉木	0.11	10	0.09	12	0.18	3	0.21	2	0.11	4	0.16	2
红旗	0.07	19	0.07	15	0.12	11	0.16	8	0.04	24	0.11	10
竹洛	0.09	15	0.08	13	0.08	17	0.08	22	0.08	9	0.04	25
平桥	0.01	26	0.13	4	0.06	23	0.06	23	0.09	6	0.07	21
沙苦	0.06	20	0.05	20	0.07	20	0.09	19	0.06	19	0.09	15
哈布	0.03	24	0.10	11	0.05	24	0.04	26	0.03	26	0.08	19
来吾	0.18	2	0.05	20	0.11	12	0.10	18	0.08	9	0.05	24
麻古	0.10	12	0.05	20	0.04	26	0.06	23	0.06	19	0.03	26
维勒觉	0.14	6	0.11	7	0.10	13	0.12	15	0.08	9	0.11	10
火窝	0.09	15	0.07	15	0.07	20	0.10	18	0.11	4	0.15	3
尼勒觉	0.19	1	0.14	1	0.09	15	0.06	23	0.09	6	0.13	6
大谷堆	0.16	4	0.13	4	0.16	6	0.16	8	0.21	1	0.26	1
民主	0.05	22	0.11	7	0.17	4	0.19	6	0.12	2	0.09	5
哈木	0.06	20	0.05	20	0.15	8	0.18	7	0.07	16	0.07	21
眉山	0.13	7	0.11	7	0.15	8	0.21	2	0.06	19	0.11	10
阿沙莫	0.12	8	0.11	7	0.08	17	0.13	14	0.06	19	0.11	10
呷洛	0.15	5	0.12	6	0.19	2	0.21	2	0.08	9	0.14	5
马千门	0.02	25	0.05	20	0.05	24	0.16	8	0.07	16	0.09	15
三匹岩	0.05	22	0.04	25	0.08	17	0.14	12	0.06	19	0.09	15
石十儿	0.08	17	0.08	13	0.38	1	0.15	11	0.12	2	0.12	9
双马槽	0.17	3	0.14	1	0.17	4	0.25	1	0.07	16	0.13	6
拉尔	0.10	12	0.06	18	0.07	20	0.14	12	0.09	6	0.07	21

由表11－4可知，从2013年到2016年，各个社区的组织宣传功能、收益分配功能、项目维护功能的值均有所波动，且总体呈现上升趋势，尤其是项目维护功能，变化非常明显。这说明社区对森林碳汇项目的维护能力突出。分维度来看，就组织宣传功能而言，与2013年相比，2016年其功能评价总值略有下降，各个社区的组织宣传功能评价值稍有波动但起伏不大，这可能是由于项目实施后，前期的宣传作用将随着

项目的进展而弱化；就收益分配功能而言，其功能评价总值由2013年的3.11增长到2016年的3.54，且各个社区的收益分配功能评价值大多有上升趋势，说明随着森林碳汇项目的实施，社区收益分配功能的影响越来越大；就项目维护功能而言，其功能评价总值由2013年的2.13增长到2016年的2.76，增长明显且增速较快，可见森林碳汇项目在社区项目维护功能方面起着较大的作用。

第三节　社区功能影响因素分析

（一）指标与方法

从前文可以看到，社区在森林碳汇项目中的各项功能有利于项目的顺利推进，那么，如何更有效地推进碳汇项目，使其最大限度地为社区带来福利呢？参考以往研究，结合社区治理理论，发现影响社区功能的因素主要分为两类。一是社区资源禀赋。[①] 这26个社区均地处四川省西南部，气候类型和生态环境复杂，众多社区资源禀赋会对碳汇项目的功能水平造成影响，本节主要选取气温、降水量、劳动力人数等变量来衡量社区资源禀赋对森林碳汇项目目标功能水平的影响。二是社区社会经济。[②] 社区对政府的信任程度、社区对畜牧业的依赖程度等方面都会在一定程度上影响森林碳汇项目目标功能水平，同时，外部环境也会对社区内项目实施产生一定的作用，本节主要选取社区之间的融洽程度、政府对项目的支持度、畜牧业依赖程度等指标来衡量社区社会经济对森林碳汇项目目标功能水平的影响。

本节主要采取多元线性回归模型对森林碳汇项目目标功能水平的影

---

① 刘照、王立国、程时雨：《基于BRT的森林旅游地游客碳补偿意愿及其影响因素分析——以明月山国家森林公园为例》，《西北林学院学报》2019年第2期，第273～278页。

② 方小林、高岚：《广东森林碳汇项目的影响因素及对策研究》，《江苏农业科学》2012年第11期，第6～8页。

响因素进行探讨：考虑到社区功能的影响因素众多，可能会存在某种非线性关系，同时为了消除量纲差异的影响，本节对所有变量均进行了取对数和标准化处理；考虑到某些变量如气温、降水量等与被解释变量之间可能会存在“倒U形”曲线关系，在模型中加入这些变量的二次项。具体模型设定如式（11－4）所示：

$$\ln Y_i = \beta_0 + \beta_{1n}\ln X_{1ni} + \beta_{2n}\ln X_{2ni}^2 + \alpha\ln Z_{it} + \varepsilon_{it} \quad (11-4)$$

其中，$\ln Y_i$ 为被解释变量，代表26个社区的森林碳汇项目目标功能水平，下标 i 表示第 i 个社区；$\ln X_{1ni}$ 代表解释变量，包括第 i 个社区的资源禀赋（如气温、降水量等）和社会经济（如社区之间的融洽程度、政府对项目的支持度等）；$\ln X_{2ni}^2$ 代表解释变量的平方项，包括气温、降水量、日照时数三个变量；Z_i 代表控制变量，包括社区小组数、项目土地所有权、项目土地使用权等；ε_{it} 为随机扰动项。具体变量选取见表11－5（平方项未单独列出）。

表11－5　回归方程指标选取

变量名称		变量定义及赋值	具体指标
被解释变量	森林碳汇项目目标功能水平	综合功能水平(Y)	综合功能值
解释变量	社区资源禀赋	耕地面积(X_{11})	社区耕地面积(公顷)
		气温(X_{12})	年均气温(℃)
		降水量(X_{13})	年均降水(毫米)
		日照时数(X_{14})	年均日照时数(小时)
		无霜期(X_{15})	无霜期(天)
		劳动力人数(X_{16})	社区劳动力总数(人)
		社区适宜放牧地(X_{17})	适宜放牧地面积(公顷)
		分布聚集程度(X_{21})	社区人口分布聚集程度(0～5)
	社区社会经济	对政府的信任程度(X_{22})	社区对政府的信任程度(0～5)
		社区之间的融洽程度(X_{23})	社区之间的融洽程度(0～5)
		政府对项目的支持度(X_{24})	政府对项目的支持力度(0～5)
		畜牧业依赖程度(X_{25})	社区对畜牧业的依赖程度(0～5)

续表

变量名称		变量定义及赋值	具体指标
控制变量	—	社区小组数(Z_{11})	社区村民小组数(个)
		项目土地所有权(Z_{12})	国家=1;集体=2;个人=3
		项目土地使用权(Z_{13})	国家=1;集体=2;个人=3

注：分布聚集程度、对政府的信任程度、社区之间的融洽程度、政府对项目的支持度、畜牧业依赖程度均使用李克特五点量表评分法测度，从0至5程度依次递增。

（二）实证结果

本节主要借助于 Stata 15.0 软件，对 2016 年的数据进行实证分析，回归结果如表 11-6 所示。

表 11-6　实证回归结果

	β	标准误	P 值
C	0.45295 **	1.38960	0.04190
$\ln X_{11}$	-0.07801 *	0.29794	0.09940
$\ln X_{12}$	-0.23683	1.23765	0.16670
$\ln(X_{12})^2$	0.12209 ***	2.94310	0.00232
$\ln X_{13}$	0.63656	1.71605	0.16520
$\ln(X_{13})^2$	0.76453	2.34765	0.23413
$\ln X_{14}$	-0.41488	1.14463	0.28930
$\ln(X_{14})^2$	1.23457 ***	2.14466	0.00023
$\ln X_{15}$	0.76807	1.91608	0.69790
$\ln X_{16}$	0.17773 *	0.30273	0.07160
$\ln X_{17}$	0.11542	0.38788	0.77280
$\ln X_{21}$	-0.17494	0.42564	0.69070
$\ln X_{22}$	0.54611 **	0.54532	0.04280
$\ln X_{23}$	0.73816 **	0.39587	0.03510
$\ln X_{24}$	0.17358 ***	0.32581	0.00710
$\ln X_{25}$	-0.75398 **	0.47394	0.04610
$\ln Z_{11}$	0.01684 *	0.48656	0.07310
$\ln Z_{12}$	1.17554	1.08695	0.30760
$\ln Z_{13}$	1.42537	1.11000	0.23120
R^2	0.85113	F 值	32.21602

注：***、**、* 分别表示 1%、5%、10% 的显著性水平。

从回归结果来看，社区资源禀赋中的耕地面积、气温的平方项、日照时数的平方项、劳动力人数以及社区社会经济中的对政府的信任程度、社区之间的融洽程度、政府对项目的支持度、畜牧业依赖程度对森林碳汇项目目标功能水平有着显著性影响，尤其是气温的平方项、日照时数的平方项和政府对项目的支持度，对项目综合效益的影响非常大，说明适宜的气温、日照时数以及政府对项目的支持度会极大地影响到森林碳汇项目的功能。

具体来看，在社区资源禀赋中，气温、日照时数与森林碳汇项目目标功能水平之间呈明显的“U 形”关系，系数分别为 0.12209 和 1.23457，说明需达到一定气温和日照条件才有利于树木的生长，从而提升碳汇项目的综合功能；劳动力人数与森林碳汇项目目标功能水平之间的回归系数为 0.17773，呈显著的正相关关系，说明劳动力人数越多，具备专业知识、技能等的人才可能就越多，越容易带动项目功能的提高；耕地面积与森林碳汇项目目标功能水平之间的回归参数为 -0.07801，呈显著的负相关关系，这可能是因为过多的耕地挤出了造林面积，林木数量不够，不足以凸显项目的优势；降水量、无霜期与社区适宜放牧地的系数不显著，原因可能是这 26 个社区的降水以及霜期情况都比较稳定，出现了统计学上的无差异，且适宜放牧地面积占社区总面积比例较小，对项目结果影响不大。

在社区社会经济中，对政府的信任程度、社区之间的融洽程度、政府对项目的支持度与森林碳汇项目目标功能水平之间的回归系数分别为 0.54611、0.73816、0.17358，呈显著的正相关关系，说明对政府的信任程度越高、社区之间的融洽程度越高、政府对项目的支持度越高的社区，越相信森林碳汇项目会带来收益，越容易接纳森林碳汇项目在自己的社区开展，越适宜推进森林碳汇项目，这也与目前我国的基层治理结构相关；畜牧业依赖程度与森林碳汇项目目标功能水平之间的回归系数为 -0.75398，呈显著的负相关关系，原因可能是这 26 个社区均处于川西南地区，对畜牧业依赖程度较大，易发生林牧冲突，因此对畜牧业依赖程度越大的社区会出现项目效益不高的情况；分布聚集程度对森林碳汇项目目标功能水平的影响不显著，这可能是这26个社区整体分布情况比较均匀，影响不大，因此出现了不显著的结果。

小　结

森林碳汇项目中的社区是以村级人力、物力资源为依托，在符合相关自然条件要求下，能够参加森林碳汇的地块区域及其所涉及的农户的集合。社区层面能够实现以村社为基础，在村干部、村能人或带头人组织下开展项目，从而降低森林碳汇购买方和出售方的交易成本，对于项目的推进和顺利实施起着至关重要的作用。社区在森林碳汇扶贫项目中发挥适应功能，需要有相应的要素构成。一是一定数量的社区成员，并且具备一定的项目参与能力。二是具备特定的自然资源，主要是有适应项目开展的规模化地块。三是具备一定的基础设施，比如项目开展的基本水利灌溉、道路交通设施。四是具备基本的社区认同。

充分发挥社区功能是森林碳汇扶贫的重要保障。从样本分析来看，社区的总体目标功能水平处于增长状态，且2016年的总体目标功能水平明显高于2013年。这说明在森林碳汇项目的实施过程中，社区功能发挥的同时，也提高了社区社会、经济以及环境的水平，因此社区功能的发挥与森林碳汇项目目标是一致的，社区功能的发挥对于项目的实施具有正向的积极作用。从2013年到2016年，各个社区的组织宣传功能、收益分配功能、项目维护功能评价值有所波动，但总体呈现上升趋势，尤其是收益分配功能和项目维护功能提升非常明显。这说明随着森林碳汇项目的推进，社区的功能将逐渐由组织宣传功能向项目维护功能转变。这也表明，社区对于项目的实施、组织、后期维护和收益分配等均产生直接或间接的影响，是森林碳汇扶贫开展过程中不可或缺的单元，且随着项目的推进，及时转变社区功能具有重要意义。

社区正向功能的积极发挥有赖于政府信任、政府与社区的互动和社区本身的资源禀赋。研究结果显示，具有适宜林地、气温、日照时数特征的社区有利于森林碳汇项目的实施，且社区劳动力人数越多，越容易带动项目实现相应目标。此外，对政府的信任程度越高、社区之间的融洽程度越高、政府对项目的支持度越高的社区存在一种长期的信任关系，它们越相信森林碳汇项目会带来收益，就越容易接纳森林碳汇项目在自己的社区开展，越能够适宜推进碳汇项目。

第十二章　社区精英森林碳汇项目组织意愿分析*

近年来，有关农村精英在扶贫中，尤其是产业扶贫中的积极作用日益受到学者的广泛关注，正如国内一些研究者所言，农村精英拥有比贫困农户更优的资源禀赋，拥有更丰富的人力、经济、社会、政治资本和市场经验，以及在社区中获得了更高的声望和社会地位，他们对产业扶贫成效具有重要的影响。[①] 曾明和曾薇通过个案研究发现，乡村精英对地方内在资源与文化底蕴了解充分，在农村内源式扶贫，特别是关注贫困主体自我发展能力、探求地方特色反贫困路径的过程中发挥了独特作用，在产业合作、社会资本共享、转变贫困人群观念等方面对提升贫困人口自我发展能力产生了一定效果。[②] 司雨桐从精英主义的视角对广西梧州市精准扶贫模式进行审视，发现农村精英通过动员普通村民、增值社会资本、依托组织载体、创新精英管理等方式形成的“精英主导—农民参与”的扶贫路径，有效地整合了扶贫力

---

* 本章主要内容来自杨帆、庄天慧、曾维忠《农村精英森林碳汇项目组织意愿及其影响因素分析》，《科技管理研究》2016 年第 4 期，第 201 ~ 206 页。

① 范婕妤：《农村能人在扶贫中的“为”与“不为”》，《人民论坛》2016 年第 16 期，第 84 ~ 85 页；苏瑾、郭占锋：《乡村经济精英对村庄发展影响的个案研究》，《学理论》2018 年第 2 期，第 101 ~ 102 页。

② 曾明、曾薇：《内源式扶贫中的乡村精英参与——以广西自治区 W 市相关实践为例》，《理论导刊》2017 年第 1 期，第 92 ~ 95 页。

量，形成了扶贫合力。[①] 马盼盼通过对森林碳汇与川西少数民族贫困地区发展研究，认为运用参与式扶贫方式构建社区自我发展能力建设的突破口是，组建社区精英团队，注重发挥农村精英在项目宣传、参与、管理、监督等方面的作用，不但可以有效节省项目开发成本，而且是森林碳汇项目得以顺利实施的最重要保证。[②]

在森林碳汇扶贫开发进程中，从项目地块遴选、本底调查、实施推进、核查核证到矛盾化解、纠纷调解，往往都离不开社区精英的参与，并需要通过他们的努力来最大化社区利益。社区精英既是项目实施重要的参与者、推动者，也是有效的利益协调者、监督者，对外与政府、造林实体对话，对内与社区居民沟通。如何准确定位社区精英角色，充分发挥社区精英在森林碳汇项目扶贫开发中的动员组织、示范带动作用，对降低森林碳汇项目开发成本，实现项目可持续和减贫的双赢具有重要的作用。为此，本章将借鉴精英理论和社会交换理论，从发挥精英积极作用的视角，深入分析农村精英组织社区农户参与森林碳汇项目的意愿及影响因素，以期为推动社区精英由参与主体向扶贫主体转变提供有益启示。

第一节 社区精英组织意愿影响因素的识别

“精英”一词最早出现在 17 世纪的法国，意指“精选出来的少数”或“优秀”人物。[③] 现代精英理论的先驱者帕累托将一个阶级或阶层中最有权力、最有能力或最有声望的一部分人称为精英。[④] 他认为人类历

---

① 司雨桐：《广西壮族自治区梧州市精准扶贫模式研究——基于精英主义的视角》，《四川行政学院学报》2017 年第 5 期，第 93 ~ 99 页。

② 马盼盼：《森林碳汇与川西少数民族贫困地区发展研究——基于凉山越西碳汇扶贫的案例分析》，硕士学位论文，四川省社会科学院，2012。

③ 王婷：《社区整合中的精英治理——中国化社会资本视角下的范式选择》，《学术界》2009 年第 5 期，第 175 ~ 180 页。

④ 〔意〕帕累托：《精英的兴衰》，宫维明译，北京出版社，2010。

史就是一部精英持续更替的历史，衰落的精英逐渐退出历史舞台，而新兴精英开始崭露头角。精英理论的逻辑起点是社会异质性，即首先承认在人类社会中社会资源分配的不平等，进而肯定在政治经济社会领域由少数人统治、组织、带领、协调多数人现象的普遍存在。精英治理存在的社会基础包括心理需求、组织要求与社会分工[①]；其合理性体现在成本、效率与秩序的优势上[②]。自古以来，中国农村精英就是中国乡村经济社会发展的重要力量。[③] 他们的优势体现在三个方面：一是自身发展能力较强；二是占有较多资源；三是对群体内其他个体能够产生较大的影响力。

本章借鉴的基础理论是社会交换理论（Social Exchange Theory），该理论的核心思想是人类交互作用的基本方式为物质资源和社会资源的交换。[④] 根据当代交换理论，农村精英之所以愿意组织村民参与森林碳汇项目，是因为通过组织活动，他们可以获得“最优的价值”，既包括货币化的物质收益，也包括非货币化的人际网络拓展、人际关系优化等社会资本积累。只有农村精英意识到组织行为能够给自身带来“最优的价值”，他们才愿意发生组织行为，否则不愿意。这也恰好符合理性经济人假设。人口学特征、人力资本特征、家庭特征、项目特征、社会资本特征、制度环境特征、精英类别特征将对农村精英的价值判断和决策行为产生影响。基于以上分析，本章提出以下研究假设。

假设 1：人口学特征影响农村精英的森林碳汇项目组织意愿。

大量理论与实证研究均表明，个体行为决策与其人口学特征紧密相

---

① 王焱：《精英治理的社会基础：心理需求、组织要求与社会分工》，《理论界》2014 年第 4 期，第 22 ~ 26 页。

② 王焱：《精英治理的合理性分析：成本、效率与秩序的优势》，《理论界》2013 年第 8 期，第 15 ~ 18 页。

③ 黄博、刘祖云：《村民自治背景下的乡村精英治理现象探析》，《经济体制改革》2013 年第 3 期，第 86 ~ 90 页。

④ Cook, K. S., Cheshire, C., Rice, E. R. W., et al., *Social Exchange Theory* (Berlin: Springer Netherlands, 2013).

关，农村精英在做出是否愿意组织村民参与森林碳汇项目时也受到性别、年龄等人口学特征影响。一般而言，男性视野开阔，事业心强，集体意识强，愿意为父老乡亲做事，因此其组织意愿可能比女性强；随着年龄增长，人的体能逐渐下降，接受新事物意愿和开拓创新的事业心减退，风险规避意识增强，因此年龄越大的农村精英，其组织意愿可能越弱。

假设 2：人力资本特征影响农村精英的森林碳汇项目组织意愿。

人力资本一般是指以知识、经验、信息等为物质内容，以各类技能或能力为表现形式，经过投资所得的产物。农村精英的人力资本是指通过接受教育、参加培训、投资健康与迁移流动等方式而凝结在农村精英自身的各种能力的总和。具体而言，农村精英的人力资本由其自身的受教育水平、职业技能、健康状况、工作经验等内容构成。为此，本章选取受教育水平、是否从事（过）林业相关工作、健康状况 3 个变量来反映农村精英与森林碳汇项目组织相关的人力资本。一般而言，受教育水平越高、从事（过）林业相关工作、身体越健康的农村精英，其组织意愿越强。

假设 3：家庭特征影响农村精英的森林碳汇项目组织意愿。

已有研究表明，家庭特征对农村精英参与新农村建设、带领村民致富的意愿具有显著影响。[①] 本章选取家庭收入主要来源、家人支持 2 个变量来分析农村精英的组织意愿。家庭收入主要来源为农业，表明农村精英所在家庭对包括森林碳汇收益在内的农业收入的依赖性越强，因此其组织参与意愿可能也越强；农村精英组织公共事务离不开家人支持，因此，家人对农村精英组织森林碳汇项目越支持，越能激发其组织意愿。

① 唐学玉、赵岚：《乡村精英参与新农村建设的意愿研究——以苏北在城农民工为例》，《安徽农业科学》2009 年第 21 期，第 10220 ~ 10222 页；郑明怀：《农村经济精英带领村民致富的能力和意愿探析》，《农业考古》2011 年第 6 期，第 39 ~ 41 页。

假设4：项目特征影响农村精英的森林碳汇项目组织意愿。

项目特征主要从收益和成本两方面考量农村精英的组织意愿。本章选取对森林碳汇项目收益的认知和对项目建设难易的认知2个变量进行分析。农村精英之所以愿意带领村民参与森林碳汇项目建设，是因为项目能够给村民和农村精英带来额外收益，村民可获得货币和物质收益；农村精英除获得货币和物质收益外，还可拓展与造林实体（企业）的社会关系，增强与村民的互信，提升自己的社会资本。因此，对森林碳汇项目收益的认知将影响农村精英的组织意愿，本章认为项目收益越多，农村精英的组织意愿可能越强。森林碳汇项目较一般造林项目的建设难度大，农村精英对项目建设难易的认知也将影响他们的组织意愿。村民是否能够按标准完成项目建设是农村精英决定是否组织项目的重要影响因素，若农村精英认为村民能够按标准完成项目建设，他们将倾向于组织项目建设，否则不愿意组织。

假设5：社会资本特征影响农村精英的森林碳汇项目组织意愿。

社会资本是人们在社会结构中所处的位置给他们带来的资源。一个人的社会资本可以从社会网络、互惠性规范和由此产生的信任3个维度进行衡量。本章选取与当地干部的关系、与村民的关系2个变量来考察农村精英的社会资本。农村精英与当地干部、村民彼此越信任，越拥有组织开展森林碳汇项目的社会资本优势，其组织意愿可能越强。

假设6：制度环境特征影响农村精英的森林碳汇项目组织意愿。

制度环境是对农村精英组织意愿决策产生影响的行为背景。农村精英的组织决策往往嵌入当前的制度环境中而非独立存在。本章选取对国家森林碳汇、产业扶贫、精准扶贫政策的认知变量来反映与森林碳汇扶贫相关的制度环境。农村精英对相关政策的认知度越高，越能感知到现有政策对森林碳汇项目的支持力度，其组织意愿可能越强。

假设7：精英类别特征影响农村精英的森林碳汇项目组织意愿。

农村精英又称“乡村精英”“农村能人”等。学界一般将其分为政治精英、经济精英和社会精英三大类，一般包括农村干部、农村社区德高望重的老者、拥有较高学历的农民、宗族头人、致富能手等。本章研究将农村精英划分为体制内精英和体制外精英。体制内精英主要指农村干部，体制外精英主要包括农村社区德高望重的老者、拥有较高学历的农民、宗族头人、致富能手等。不同类别的农村精英拥有不同的人力资本和社会资本，因此其组织意愿也可能存在差异。

第二节　社区精英组织意愿的调查分析

本章数据选取自课题组对“中国四川西北部退化土地的造林再造林项目”和“诺华川西南林业碳汇、社区和生物多样性项目”两个项目区，包括青川、平武、北川、茂县、理县、美姑、越西、甘洛、昭觉、雷波等10个县的实地问卷调查。正式调查采用分层抽样与随机抽样相结合的方法。共发放问卷300份，回收有效问卷273份，回收有效率为91.00%。特别需要强调的是，实地调研中对农村精英的识别与选取采用了他人推荐与自我确认相结合的方式，首先调查员从权力、能力、威望3个维度向当地村民描述农村精英的属性特征，然后请村民根据描述推荐农村精英人选，接着随机抽取被推荐者进行自我确认，最后展开调研。有效样本分布与样本描述性统计分别如表12－1、表12－2所示。

表12－1　有效样本分布

单位：人

县名	村组	有效样本量
青川	华尖、菜溪、落衣沟、方石、遥林	28
平武	五一、新华、通江、铁龙、小河	27
北川	永兴、通宝、黄帝庙、安绵、正河	28
茂县	别立、和平、大坪、浑水沟、沙坝	29
理县	日尔足、甘堡、熊尔、联合、沙金	26

续表

县名	村组	有效样本量
美姑	维勒觉、火窝、尼勒觉、吉木、瓦果	27
越西	哈布、麻古、红旗、沙苦、木格觉木	27
甘洛	合沙木、阿尔巴姑、库莫、大石头、基泥	28
昭觉	阿沙莫、马千门、石十儿、呷洛、哈木	25
雷波	民主、大谷堆、依儿窝、大石盘、牛龙	28

表 12－2　样本描述性统计

变量名称		愿意组织人数（人）	占比（%）
性别	男	122	54.71
	女	29	58.00
受教育水平	小学及以下	28	41.79
	初中	86	59.72
	高中（中专）	30	61.22
	大专及以上	7	53.85
是否从事（过）林业相关工作	从事（过）	132	75.43
	未从事（过）	19	19.39
健康状况	较差	31	41.33
	一般	72	60.00
	良好	48	61.54
家庭收入主要来源	农业	112	63.28
	其他	39	40.63
家人支持	家人支持参与公共事务	96	78.05
	否	55	36.67
对森林碳汇项目收益的认知	森林碳汇项目能带来额外收益	115	82.14
	否	36	27.07
对项目建设难易的认知	项目建设困难	42	29.37
	否	109	83.85
与当地干部的关系	彼此信任	90	51.14
	否	61	62.89
与村民的关系	彼此信任	128	78.53
	否	23	20.91
对国家森林碳汇等政策的认知	知道国家支持森林碳汇发展	103	83.74
	否	48	32.00
精英类别	体制内精英	104	83.87
	体制外精英	47	31.54

注：年龄变量没有分组，所以未在表中列示。表中占比为变量对应分类中愿意组织的人数占该分类的人数的比例。

第三节　社区精英森林碳汇项目组织意愿的计量分析

一　实证模型构建

根据研究假设，选取人口学特征、人力资本特征、家庭特征、项目特征、社会资本特征、制度环境特征、精英类别特征等因素构建农村精英森林碳汇项目组织意愿实证模型，模型的函数形式可设定为：

$$Will = \beta_0 + \sum_{i=1}^{2}\beta_i dem_i + \sum_{j=3}^{5}\beta_j huc_j + \sum_{k=6}^{7}\beta_k fam_k + \sum_{t=8}^{9}\beta_l pro_l + \sum_{m=10}^{11}\beta_m soc_m + \beta_{12} sys_{12} + \beta_{13} cae_{13} + \varepsilon \qquad (12-1)$$

其中，*Will* 为农村精英组织村民参与森林碳汇项目的意愿，当其愿意组织时 $Will=1$，否则 $Will=0$；dem_i、huc_j、fam_k、pro_l、soc_m、sys_{12}、cae_{13}分别代表人口学特征、人力资本特征、家庭特征、项目特征、社会资本特征、制度环境特征、精英类别特征等因素的变量。

二　研究方法

农村精英是否愿意组织村民参与森林碳汇项目属于二元选择变量，适宜选择 Logistic 回归模型进行分析，模型如下：

$$\ln\left(\frac{p_i}{1-p_i}\right) = \alpha + \sum_{j=1}^{m}\beta_j X_j \qquad (12-2)$$

其中，p_i 为被解释变量农村精英愿意组织村民参与森林碳汇项目的发生概率；i 代表第 i 个农村精英；X_j 为解释变量，包括 dem_i、huc_j、fam_k、pro_l、soc_m、sys_{12}、cae_{13}等 13 个变量；β_j 为待估系数。

三　变量设置

对被解释变量和解释变量的定义与赋值如表 12－3 所示。

表 12-3 变量定义与赋值

变量名称	变量定义及赋值	均值	标准差	预期作用方向
被解释变量				
农村精英是否愿意组织村民参与森林碳汇项目(Y)	愿意=1;否=0	0.553	0.498	
解释变量				
人口学特征				
性别(X_1)	男=1;女=0	0.817	0.387	+
年龄(X_2)	实际观测值(周岁)	45.795	6.058	-
人力资本特征				
受教育水平(X_3)	小学及以下=1;初中=2;高中(中专)=3;大专及以上=4	2.029	0.785	+
是否从事(过)林业相关工作(X_4)	从事(过)=1;未从事(过)=0	0.641	0.481	+
健康状况(X_5)	较差=1;一般=2;良好=3	2.011	0.750	+
家庭特征				
家庭收入主要来源(X_6)	农业=1;其他=0	0.648	0.478	+
家人支持(X_7)	家人支持参与公共事务=1;否=0	0.451	0.498	+
项目特征				
对森林碳汇项目收益的认知(X_8)	森林碳汇项目能带来额外收益=1;否=0	0.513	0.501	+
对项目建设难易的认知(X_9)	项目建设困难=1;否=0	0.524	0.500	-
社会资本特征				
与当地干部的关系(X_{10})	彼此信任=1;否=0	0.645	0.479	+
与村民的关系(X_{11})	彼此信任=1;否=0	0.597	0.491	+
制度环境特征				
对国家森林碳汇等政策的认知(X_{12})	知道国家支持森林碳汇发展=1;否=0	0.451	0.498	+
精英类别特征				
精英类别(X_{13})	体制内精英=1;体制外精英=0	0.454	0.499	?

注：+、-、? 分别表示解释变量对被解释变量的影响方向为正、负和不确定。

四　社区精英森林碳汇项目组织意愿的 Logistic 回归模型分析

利用 Logistic 回归模型的向前逐步回归法对数据进行分析，以 10% 的显著性水平为阈值，不显著的变量被逐步剔除，得到的回归结果如表 12－4 所示。

表 12－4　Logistic 回归模型的分析结果

变量	β	标准误	Wald	P 值
X_2	0.086**	0.034	6.357	0.012
X_4	1.408***	0.469	9.025	0.003
X_6	1.112**	0.451	6.069	0.014
X_8	0.745*	0.448	2.768	0.096
X_9	－0.777*	0.447	3.020	0.082
X_{11}	2.504***	0.471	28.237	0.000
X_{12}	1.776***	0.492	13.019	0.000
X_{13}	0.931**	0.469	3.928	0.047
常数项	－7.855***	1.858	17.883	0.000
－2 Log likelihood	101.427			
Cox & Snell R^2	0.543			
Nagelkerke R^2	0.727			
预测准确率	87.2%			

注：*、**、*** 分别表示在 10%、5% 和 1% 的水平下显著。

从回归结果看，在少数民族贫困地区，影响农村精英组织带动包括贫困人口在内的社区农户参与森林碳汇项目意愿的显著性变量包括年龄、是否从事（过）林业相关工作、家庭收入主要来源、对森林碳汇项目收益的认知、对项目建设难易的认知、与村民的关系、对国家森林碳汇等政策的认知、精英类别。具体分析如下。

人口学特征部分验证了假设 1，表明年龄对农村精英的森林碳汇项目组织意愿具有显著影响，但与假设不同的是，实证检验表明，并非越年轻的农村精英表现出越强的组织意愿，相反，农村精英的组织意愿随着年龄增长而增强。原因可能是，农民对土地一直具有非常复杂的情感，表现出“离农”、“厌农”与“恋农”的多重纠结，① 越年轻的农村精英越倾向于“离农”“厌农”，年纪越大的农村精英越倾向于“恋农”，这既是经济问题，也是农村精英的“乡土情结”和社会心理差异问题；另外，年龄越小的农村精英具备知识、技能等人力资本优势，越容易开辟非农事业，因此对森林碳汇项目的组织意愿不强。

人力资本特征部分验证了假设 2，表明从事（过）林业相关工作的农村精英，更愿意组织村民参与森林碳汇项目；而受教育水平和健康状况的影响不显著。原因可能是，就农村精英群体特点而言，受教育水平只是他们的相对优势，农村精英的受教育水平依然偏低，均值仅在初中水平，他们更加倾向于在“干中学”，从实践中积累经验，促进人力资本提升，这也是从事（过）林业相关工作变量显著的原因；健康状况的影响不显著的原因可能是被调查农户的身体大多较为健康，出现了统计学意义上的无差异。

家庭特征部分验证了假设 3，表明家庭收入主要来源为农业的农村精英更愿意组织村民参与森林碳汇项目；而家人支持的影响并不显著，表明农村精英具有较强的自我决策能力，决策行为能排除来自家庭的干扰，这也较符合农村精英的群体特点。

项目特征完全验证了假设 4，表明农村精英越认知到森林碳汇项目存在额外收益，越愿意组织村民参与森林碳汇项目；越认为项目建设复杂困难，其组织意愿越弱。

社会资本特征部分验证了假设 5，表明与村民的关系越好，彼此越信任，农村精英越愿意组织村民参与森林碳汇项目；与当地干部的关系变量的影响不显著。原因可能是，一方面，被调查样本很大比例本身就是当地村组干部；另一方面，在森林碳汇项目中农村精英的作用是连接企业与农户的纽带，他们更多地考虑自己与这二者的关系。

制度环境特征完全验证了假设 6，表明农村精英越认知到国家对森

---

① 罗必良、何应龙、汪沙：《土地承包经营权：农户退出意愿及其影响因素分析——基于广东省的农户问卷》，《中国农村经济》2012 年第 6 期，第 4 ~ 19 页。

林碳汇事业的扶持鼓励政策，越愿意组织村民参与森林碳汇项目。

精英类别特征完全验证了假设 7，表明不同类别的农村精英，其组织意愿不同。其中，体制内精英的组织意愿要显著强于体制外精英。原因可能是，一方面，体制内精英对国家森林碳汇等政策的认知度更高，推动森林碳汇扶贫开发的责任感更强；另一方面，体制内精英更容易利用基层民主选取赋予的权力进行公共动员，这在一定程度上排挤了体制外精英组织公共事务的机会。

小　结

本章基于精英理论和社会交换理论，利用四川省典型森林碳汇项目实施区 273 位农村精英的调查数据，采用 Logistic 回归模型分析发现：现阶段农村精英组织森林碳汇项目的意愿不强，年龄、是否从事（过）林业相关工作、家庭收入主要来源、对森林碳汇项目收益的认知、对项目建设难易的认知、与村民的关系、对国家森林碳汇等政策的认知以及精英类别是对项目社区农村精英森林碳汇项目组织意愿具有显著影响的因素。年龄越大、从事（过）林业相关工作、家庭收入主要来源为农业、认为森林碳汇项目能够提供额外收益、认为项目建设容易、与村民彼此信任、对国家森林碳汇等政策认知度越高的体制内农村精英，越愿意组织社区农民参与森林碳汇项目。

上述研究结论具有较为明显的政策含义。首先，积极培育体制外精英群体，促进多元农村精英协同发展。森林碳汇项目扶贫开发实践成功与否，不仅取决于体制内精英是否有所作为，而且与社区德高望重的老者、拥有较高学历的农民、宗族头人、致富能手等体制外精英作用发挥程度密切相关。应增强乡村治理中的精英容纳力，建立健全村庄治理中的体制外精英吸纳和参与机制，避免体制内精英的群体垄断，再造体制外农村精英森林碳汇动员组织、示范带动作用实现空间，以形成体制内外精英合作式治理模式，增强森林碳汇扶贫效应。其次，积极为农村精英提供森林碳汇项目建设技术指导，减少技术知识欠缺对农村精英组织意愿造成的心理、行为障碍，提升其组织能力。最后，加快推进乡村经济精英由参与主体向扶贫主体转变。一方面，森林碳汇扶贫开发不能把乡村经济精英的个人合理、合情、合规利益排除在外；另一方面，通过广泛宣传、表彰激励等办法，乡村经济精英能在森林碳汇扶贫开发实践中承担社会责任，积极发挥他们对弱势群体、贫困人口的动员组织、示范带动作用。

第十三章　森林碳汇项目社区精英俘获分析*

如何将扶贫资源瞄准贫困农户是反贫困研究的焦点问题。众多研究表明，我国扶贫开发领域存在较为严重的精英俘获现象。邢成举和李小云研究发现，财政扶贫资金领域存在精英俘获现象，导致财政扶贫目标发生偏离。① 胡联等研究发现，户主或家庭成员是乡村干部的农户以及人均收入高的农户更易获得农村资金互助社的贷款。② 邢成举发现，富裕的村民以及村干部能够从扶贫资源中获得更多的利益或额外利益。③ 程璆等认为，参与式扶贫治理中存在明显的精英俘获问题，包括政治精英、经济精英和社会精英在内的乡村精英对扶贫项目开发有较大的干预优势和作用空间。④

积极规避精英俘获而导致的扶贫目标偏离或置换现象，是发掘森林碳汇扶贫潜力亟待解决的问题之一。国外相关研究表明，森林碳汇项目

---

* 本章主要内容来自龚荣发、曾维忠《精英俘获与大众俘获存在吗——来自森林碳汇扶贫的经验证据》，《广东财经大学学报》2019 年第 1 期，第 60～68 页。

① 邢成举、李小云：《精英俘获与财政扶贫项目目标偏离的研究》，《中国行政管理》2013 年第 9 期，第 109～113 页。

② 胡联、汪三贵、王娜：《贫困村互助资金存在精英俘获吗——基于 5 省 30 个贫困村互助资金试点村的经验证据》，《经济学家》2015 年第 9 期，第 78～85 页。

③ 邢成举：《乡村扶贫资源分配中的精英俘获——制度、权力与社会结构的视角》，博士学位论文，中国农业大学，2014。

④ 程璆、郑逸芳、许佳贤：《参与式扶贫治理中的精英俘获困境及对策研究》，《农村经济》2017 年第 9 期，第 56～62 页。

开发存在精英俘获问题[①]，但多以定性方法描述弱势的贫困者被边缘化现象，尚缺少对森林碳汇项目益贫性偏差程度进行科学量化，并且未对导致益贫性偏差的原因进行系统分析。为此，本章基于课题组对四川、云南两省森林碳汇项目实施村及对农户的调研数据，量化分析森林碳汇项目扶贫的精英俘获程度，揭示导致森林碳汇项目益贫性偏差的关键因素，以期在调动和发挥社区精英在森林碳汇项目扶贫开发中的积极作用的同时，为有效避免精英俘获，更好地达成森林碳汇扶贫所强调的贫困人口受益和发展机会创造的目标提供科学依据与决策参考。

第一节 理论分析

一 森林碳汇扶贫路径

围绕贫困人口受益和发展机会创造这一宗旨，森林碳汇扶贫可行路径主要有两条：一是通过农户参与实现的直接收益，二是通过社区参与实现的间接收益。就前者而言，农户通过投入劳动力、投入土地以及参与技能培训等获得经济收入、发展能力和发展机会，进而获得直接收益，而直接收益的大小受制于森林碳汇项目的运行机制，如劳动力是否优先来源于社区居民、土地权属是否属于集体林地等。就后者而言，社区参与森林碳汇项目，即通过获得政府的政策支持、资金投入以及技术推广等资源，推动社区基础设施建设、生态环境改善、产业升级发展，而当地居民则通过社区发展获取间接收益（见图13－1）。

① Cacho, O. J., Marshall, G. R., Milne, M., "Transaction and Abatement Costs of Carbon-sink Projects in Developing Countries," *Environment and Development Economics* 10 (5) (2005): 597 - 614; Benessaiah, K., "Carbon and Livelihoods in Post-Kyoto: Assessing Voluntary Carbon Markets," *Ecological Economics* (77) (2012): 1 - 6.

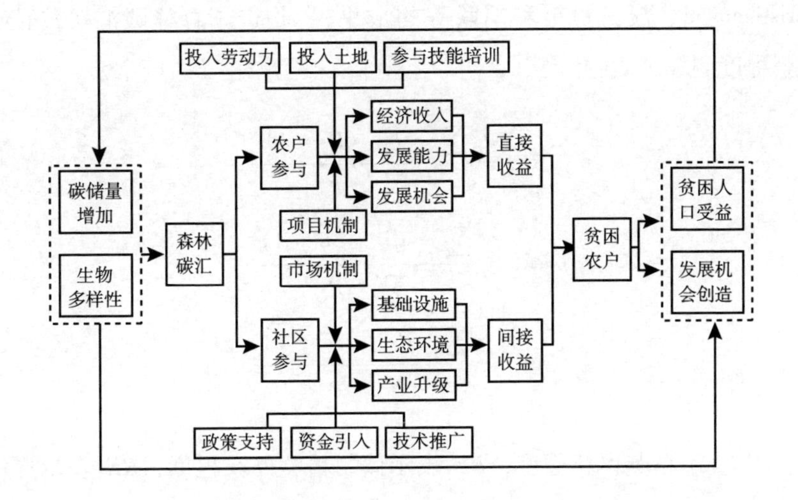

图 13－1　森林碳汇扶贫路径

二　精英俘获的测算方法

精英俘获即本来是为多数人而转移的资源却被少数人占有，这些少数人通常是政治或经济方面的强势群体。[①] 本研究结合森林碳汇扶贫实践，认为精英俘获是指村庄或社区中的体制精英、经济精英和传统精英凭借其丰富的社会资本、自然资本等资源禀赋控制了森林碳汇项目参与渠道和碳汇扶贫资源，使贫困农户在项目参与中被边缘化甚至被排斥在项目参与之外，出现森林碳汇项目益贫性偏差，导致贫困人口受益和发展机会创造的扶贫目标难以实现。从森林碳汇扶贫路径来看，森林碳汇扶贫的精英俘获主要是精英群体对森林碳汇项目“参与机会”和“参与渠道”的“俘获”，因而精英俘获程度可以用精英参与比重来衡量。基于此，本研究参考 Pan 和

① Dutta, D.,“Elite Capture and Corruption: Concepts and Definition”, National Council of Applied Economic Research, 2009.

Christiaensen、汪三贵等和胡联等的成果，[①] 构造了森林碳汇扶贫精英俘获程度测算公式：

$$RE_1 = \frac{\sum_{i=1}^{N} I_{i(IE)}(IE = 1)}{\sum_{i=1}^{N} P_i}$$

$$RE_2 = \frac{\sum_{i=1}^{N} I_{i(EE)}(EE = 1)}{\sum_{i=1}^{N} P_i}$$

$$RE_3 = \frac{\sum_{i=1}^{N} I_{i(SE)}(SE = 1)}{\sum_{i=1}^{N} P_i}$$

RE 表示精英俘获程度，RE_1表示体制精英俘获程度，RE_2表示经济精英俘获程度，RE_3表示传统精英俘获程度。

IE 表示体制精英，即农户本人或家庭成员之一是乡镇、村组等干部或政府机关公务人员。

EE 表示经济精英，拥有社区内相对突出的经济实力，即村庄或社区种养大户、私营业主等，本章将人均收入处于前 1/3 的农户视为经济精英。

SE 表示传统精英，拥有地方威望或家族势力，通常能够代表多数社区成员的态度和意见，即族长、毕摩以及在村庄或社区拥有一定威望的人。

三 精英俘获的影响因素

扶贫偏误出现的原因较多，大体上可划分为四类。第一类是农户异质化程度。不仅包括农户在经济水平、社会资本、文化水平等方面的分

① Pan, L., Christiaensen, L., "Who Is Vouching for the Input Voucher? Decentralized Targeting and Elite Capture in Tanzania," *World Development* 40 (8) (2012): 1619 - 1633；汪三贵、Albert Park、Shubham Chaudhuri、Gaurav Datt：《中国新时期农村扶贫与村级贫困瞄准》，《管理世界》2007 年第 1 期，第 56 ~ 64 页；胡联、汪三贵、王娜：《贫困村互助资金存在精英俘获吗——基于 5 省 30 个贫困村互助资金试点村的经验证据》，《经济学家》2015 年第 9 期，第 78 ~ 85 页。

化，也包括由这些分化所导致的农户在社区治理和发展中发言权的差异。那些异质化程度较大的村庄或社区较容易发生精英俘获现象。胡联等认为文化程度差异，尤其是高中文化程度的差异是影响精英俘获程度的重要因素。[①] 第二类是村庄或社区的民主化程度。一些学者认为，民主化程度越高，治理越透明，农户在资源获取等方面的权利越公平，因而民主化程度越高，精英俘获现象越不明显。[②] 也有一些学者认为，当前泛民主化问题突出，“多数人认可的一定是正确的”的逻辑导向使很多项目难以实施，同时，精英群体本身就具备一定的影响力，能够影响甚至操控民主意向，导致民主化成为精英群体的保障，因而民主化程度越高，反而导致精英俘获现象越明显。[③] 第三类是地方政府领导特征，尤其是村组干部特征。胡联和汪三贵发现，村组干部任期过长是影响建档立卡精英俘获的重要因素。[④] Bardhan 和 Mookherjee 研究发现，地方政府领导的政治责任心与精英俘获高度相关，责任心越弱，越容易发生精英俘获现象。[⑤] 第四类是村庄或社区的资源禀赋。部分学者关注到扶贫偏误与村庄或社区自身的资源分布和气候等自然因素相关，这主要与劳动力转移有关。

借鉴已有的研究成果，结合森林碳汇项目扶贫开发的实际情况，以村庄或社区的资源禀赋为控制变量，以农户异质化程度、民主化程度和村组干部特征为自变量，分析森林碳汇扶贫偏误存在的原因。异质化程度主要从农户收入异质化程度、职业异质化程度以及居住分布聚

---

① 胡联、汪三贵、王娜：《贫困村互助资金存在精英俘获吗——基于5省30个贫困村互助资金试点村的经验证据》，《经济学家》2015年第9期，第78~85页。

② Bardhan, P., Mookherjee, D., “Decentralizing Antipoverty Program Delivery in Developing Countries,” *Journal of Public Economic* 89 (4) (2005): 675-704.

③ 汪三贵、Albert Park、Shubham Chaudhuri、Gaurav Datt：《中国新时期农村扶贫与村级贫困瞄准》，《管理世界》2007年第1期，第56~64页。

④ 胡联、汪三贵：《我国建档立卡面临精英俘获的挑战吗?》，《管理世界》2017年第1期，第89~98页。

⑤ Bardhan, P., Mookherjee, D., “Decentralizing Antipoverty Program Delivery in Developing Countries,” *Journal of Public Economic* 89 (4) (2005): 675-704.

集程度三个方面来反映；民主化程度以村民大会召开频率和是否存在村规民约两个指标从正式和非正式民主制度两方面来反映；村组干部特征主要从干部户籍、受教育程度、民主评价等方面来反映；资源禀赋主要包括土地资源、人口分布、自然状况等。因此，本章理论分析框架如图 13－2 所示。

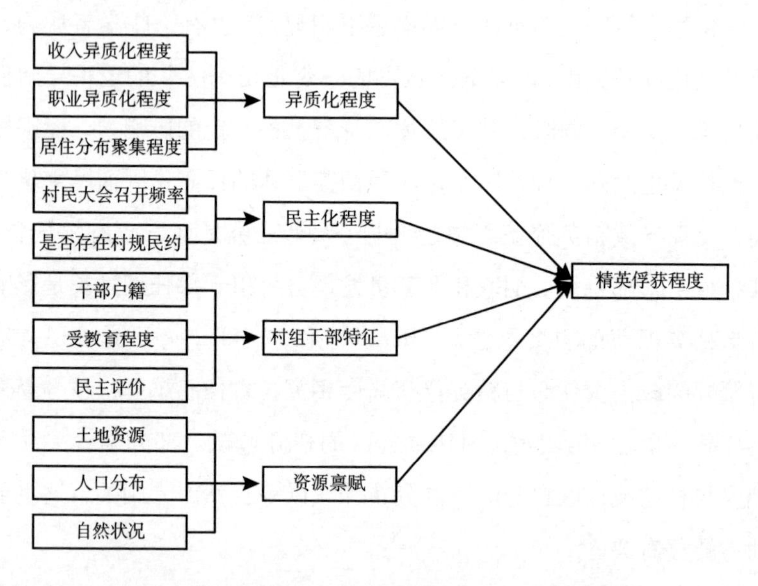

图 13－2　精英俘获程度及其影响因素的分析框架

基于上述分析框架，本章研究涉及变量包括五大类。第一类是森林碳汇扶贫偏误，本章研究采用精英俘获程度来反映。第二类是异质化程度。收入异质化程度采用家庭人均收入的方差来衡量；职业异质化程度通过对不同职业赋值，求取全村方差来反映；居住分布聚集程度用家到村委距离的方差来反映。方差越大，表明异质化程度越高。第三类是民主化程度。以村民大会召开频率来反映正式民主制度情况，以是否存在村规民约来反映非正式民主制度情况。第四类是村组干部特征。以干部是否为本村户口为户籍特征，以实际受教育年限来反映村组干部的受教育程度，以村组样本农户主观评价均值来反映干部的民主评价情况。第五类是资源禀赋。以村庄耕地面积来反映土地资源情况，以村庄涵盖的民族数量来反映人口分布情况，以村庄自然灾害发生频率来反映村庄的自然状况（见表13－1）。

表13－1　变量选择及释义

一级指标	二级指标	释义	类型
RE：精英俘获程度	体制精英俘获程度	RE_1	数值型
	经济精英俘获程度	RE_2	数值型
	传统精英俘获程度	RE_3	数值型
V：异质化程度	收入异质化程度	V_1：家庭人均收入的方差	数值型
	职业异质化程度	V_2：农业＝0，务工或其他＝1，求取全村方差	数值型
	居住分布聚集程度	V_3：家到村委距离的方差	数值型
De：民主化程度	正式民主制度	De_1：村民大会召开频率	数值型
	非正式民主制度	De_2：是否存在村规民约，是＝1，否＝0	分类型
L：村组干部特征	干部户籍	L_1：属于本村户籍＝1，非本村户籍＝0	分类型
	受教育程度	L_2：干部实际受教育年限	数值型
	民主评价	L_3：样本农户主观评价均值	数值型
E：资源禀赋	土地资源	E_1：村庄耕地面积	数值型
	人口分布	E_2：村庄涵盖的民族数量	数值型
	自然状况	E_3：村庄自然灾害发生频率	数值型

第二节　实证结果与讨论

一　数据说明

本章数据选取课题组在“中国四川西北部退化土地的造林再造林项目”（以下简称川西北项目）和“诺华川西南林业碳汇、社区和生物多样性项目”（以下简称川西南项目）等两个项目区进行的实地问卷调查，涉及川西南地区的甘洛、越西、美姑、昭觉、雷波等5个县的27个行政村和川西北地区的北川、理县、茂县、平武、青川等5个县的28个行政村。共完成928个样本农户的数据收集，内容主要包括森林碳汇项目参与农户的基本信息、村组干部的基本信息以及村组基本情况，同时完成了55个村庄数据的收集。

二 描述性分析

川西南项目区以彝族为主，属于典型的少数民族聚居区；川西北项目区虽然部分村庄是民族聚居区，但大部分村庄的少数民族比例较低。川西南项目区农户以农业收入为主，大部分农户属于纯农户；川西北项目区农户以务工收入为主，大部分农户属于兼业农户。因而在绝对收入水平上，川西北项目区相对高于川西南项目区，但两项目区村庄在收入异质化程度和职业异质化程度上差异较小，表明区域内部职业和收入异质化程度较低。川西南项目区区位屏蔽现象较为严重，因而村干部以本地户籍人口为主，且受教育程度相对较低。川西南项目区内的彝族基于毕摩、族长等传统治理体制，往往建立对应的村规民约，因而在非正式民主制度上优于川西北项目区。川西北项目区人口居住相对集中，家到村委距离的方差较小；川西南项目区的农户居住则相对分散，家到村委距离的方差较大。自变量的均值与方差如表13－2所示。

表13－2 自变量的均值与方差

指标	川西北项目区		川西南项目区		综合	
	均值	方差	均值	方差	均值	方差
V_1	0.0989	0.0027	0.1138	0.0017	0.1062	0.0022
V_2	0.0386	0.0008	0.0888	0.0029	0.0632	0.0024
V_3	0.5665	0.2059	30.7231	58.9661	15.3707	259.9826
De_1	3.2143	0.7672	3.1111	0.7949	3.1636	0.7690
De_2	0.1786	0.1521	0.8148	0.1567	0.4909	0.2545
L_1	0.1786	0.1521	0.7407	0.1994	0.4545	0.2525
L_2	1.6429	0.5344	1.5926	0.5584	1.6182	0.5367
L_3	3.2143	0.7672	3.1111	0.7949	3.1636	0.7690
E_1	7.6429	52.1211	9.9222	14.7995	8.7618	34.5087
E_2	0.4406	0.2024	0.9551	0.0189	0.6932	0.1777
E_3	3.0357	0.9246	2.2963	1.8319	2.6727	1.0020

三　精英俘获的测度

根据理论分析中精英俘获程度的计算公式，对川西北和川西南55个样本村进行了益贫性偏差测度（见表13－3）。结果显示，精英俘获程度总体上均值为0.2544，其中体制精英俘获程度均值为0.0954，经济精英俘获程度均值为0.2010，传统精英俘获程度均值为0.0919，经济精英俘获程度最高。55个样本村精英俘获程度的方差仅为0.0019，表明样本村之间的精英俘获程度差异不大，森林碳汇扶贫精英俘获普遍存在且程度一致性较高。从川西南和川西北两个项目区来看，差异最为明显的是传统精英俘获程度，川西南均值为0.1254，川西北均值仅为0.0595，川西南高于川西北，主要原因是川西南地区属于少数民族聚集区，毕摩、族长等传统非正式治理体制保存较好，而川西北地区虽然部分村庄的少数民族人口占比较高，但伴随着现代化治理体制的不断引进，非正式治理体制逐渐消亡，即便少量存在，其基层治理功能也不再凸显。

表13－3　森林碳汇项目益贫性偏差

指标	川西北项目区		川西南项目区		综合	
	均值	方差	均值	方差	均值	方差
RE_1	0.0941	0.0001	0.0967	0.0004	0.0954	0.0003
RE_2	0.2036	0.0006	0.1983	0.0016	0.2010	0.0011
RE_3	0.0595	0.0016	0.1254	0.0007	0.0919	0.0023
RE	0.2579	0.0011	0.2508	0.0028	0.2544	0.0019

四　精英俘获的影响因素

从异质化程度、民主化程度、村组干部特征以及资源禀赋等四个方面分析精英俘获程度的影响因素，结果见表13－4。

表 13-4　森林碳汇项目益贫性的影响因素分析结果

变量	RE_1	RE_2	RE_3	RE
V_1	0.121*	0.132**	0.043*	0.132*
V_2	0.603**	0.107*	0.133*	0.302
V_3	-0.305	-0.384*	-0.036	-0.361*
De_1	—	—	—	—
De_2	0.228*	0.248***	0.280**	0.239**
L_1	0.016***	0.017*	0.025*	0.020*
L_2	0.062	0.067	0.148	0.073
L_3	—	—	—	—
E_1	0.131	0.144	0.116	0.143
E_2	0.286*	0.312*	0.445***	0.295**
E_3	-0.013	-0.014**	-0.132	-0.031*

注：***、**、*分别表示在1%、5%和10%的水平下显著。

55个样本村精英俘获程度差异不大，即使在川西北项目区和川西南项目区之间，也不存在显著差异，均在25%比例线上分布，表明森林碳汇扶贫中精英俘获现象较为普遍。这与市场机制主导下的森林碳汇项目依赖精英群体的示范带动作用紧密相关，尤其是在森林碳汇项目开发客观上面临实施范围广、工程周期长、幼林抚育管护艰巨，林林、林农、林牧矛盾加剧等新挑战的背景下，项目顺利开展离不开精英群体的示范带动。

农户异质化程度和非正式民主制度是影响精英俘获的重要方面。收入异质化程度和职业异质化程度较高的村庄，农户话语权、决策参与权往往存在明显的差异，导致扶贫资源、渠道掌握在少数精英群体手上，因而他们在参与渠道、参与程度上具有相对优势，参与率较高。少数民族聚居区的传统治理体系保存相对较好，非正式民主制度依然是村庄基层治理的重要辅助，因而少数民族地区非正式民主制度发展较好的村庄其精英俘获程度相对较高。

当前，森林碳汇项目都离不开基层干部的示范带领作用，村组干部几乎都参与到项目建设中。户籍属于本村的村组干部往往对村情民意有较为深刻和全面的认识，多通过林地投入、组织管理等来带动其他农户参与，其精英俘获程度相对较高，这一点在体制精英俘获程度上体现得更为明显。户籍属于外村的村组干部在森林碳汇项目上的参与程度有限，往往局限在积极引导，难以形成带头示范作用，参与度较低，因而体制精英俘获程度较低。

经济精英俘获程度是精英俘获程度的最主要的组成部分，因而两者在影响因素上高度一致。从显著性来看，非正式民主制度的存在正向影响经济精英俘获程度，主要原因在于村庄内的体制精英、传统精英往往与经济精英相一致，换言之，经济精英往往是村庄的村组干部或具有一定地位的群体。而自然灾害发生频率较高的村庄，农户外出务工比例往往较高，并且外出务工的农户往往是村庄内经济精英，因而村庄自然灾害发生频率也与经济精英俘获程度高度相关。传统精英俘获程度与少数民族人口分布高度相关，伴随着基层组织建设的完善，除少数民族地区外，其他地区族长等传统治理体系基本不复存在，因而传统精英占比较少。

小　结

本章基于55个森林碳汇项目实施村庄的调查数据，在凝练森林碳汇扶贫路径的基础上，量化分析了森林碳汇项目益贫性偏差，并从异质化程度、民主化程度、村组干部特征以及资源禀赋等4个方面探讨了森林碳汇项目益贫性偏差的影响因素。研究结果表明，现阶段的森林碳汇项目开发过程中存在精英俘获现象，精英俘获程度总体均值为0.2544，其中，体制精英俘获程度均值为0.0954，经济精英俘获程度均值为0.2010，传统精英俘获程度均值为0.0919，经济精英俘获程度最高。这表明推进森林碳汇扶贫实践，不仅取决于体制内精英的担当作为，而且与社区德高望重的老者、文化程度较高的农户、宗族头人等体制外传统精英作用发挥程度密切相关。森林碳汇扶贫开发注重发挥社区精英群体的动员组织、示范带动作用，既不能把社区经济精英的个人合理、合情、合规、合法利益排除在外，也应注意避免和防范其精英俘获。

第十四章　森林碳汇扶贫的区域涓滴效应评价

森林碳汇既是应对当下全球气候变化的重要举措，也是中国生态文明建设的有效途径。《生态扶贫工作方案》提出，要协调推进贫困地区扶贫开发与生态保护，实现精准扶贫与生态文明建设的“双赢”目标。[①] 森林碳汇在应对全球气候变化、改善社区生态和经济社会条件等方面有着举足轻重的作用[②]，碳汇造林作为森林碳汇的主要实施类型，其经济、社会、生态等综合成效也得到学术界的广泛关注[③]。相关研究表明，碳汇造林项目在改善地区基础设施条件、增加贫困地区居民的经济收入、扩大对外开放程度等方面发挥着重要的作用。[④] 但囿于试点时

---

① 参见中华人民共和国国家发展和改革委员会网站，关于印发《生态扶贫工作方案》的通知，http://www.ndrc.gov.cn/gzdt/201801/t20180124_875024.html，2018 年 1 月 18 日。

② Ehrenstein, V., "Carbon Sink Geopolitics," *Economy and Society* 47 (3) (2018): 1 – 25.

③ Røttereng, J. K. S., "The Comparative Politics of Climate Change Mitigation Measures: Who Promotes Carbon Sinks and Why?" *Global Environmental Politics* 18 (1) (2018): 52 – 75; Grassi, G., House, J., Dentener, F., et al., "The Key Role of Forests in Meeting Climate Targets Requires Science for Credible Mitigation," *Nature Climate Change* 7 (3) (2017): 220 – 226.

④ 伍格致、王怀品、周妮笛等：《湖南省森林碳汇产业发展社会效益分析》，《林业经济》2015 年第 11 期，第 90 ~ 93 页；丁一、马盼盼：《森林碳汇与川西少数民族地区经济发展研究——以四川省凉山彝族自治州越西县为例》，《农村经济》2013 年第 5 期，第 38 ~ 41 页。

期政策设计的先探性，项目在取得一定成效的同时，也存在一些负面影响。例如，为避免碳泄露，一定时期内减少了农户通过采蘑菇、中草药等渠道增加收入的机会[①]，农户林下种植、放牧等生计活动往往受限[②]，导致农业产业发展受阻。那么，森林碳汇项目（碳汇造林项目）究竟是否促进了当地经济发展，是否具备扶贫的区域涓滴效应？其影响机制是什么？准确评估碳汇造林对当地经济发展的净影响具有重要的现实意义。

基于此，本章拟在理论分析的基础上，采用倾向得分匹配－双重差分（PSM－DID）方法探讨实施碳汇造林项目对县域经济发展的净影响，检验实施碳汇造林项目促进县域经济发展的平均效应和动态效应，并验证其内在的影响机制。具体而言，本章首先采用倾向得分匹配法为实施碳汇造林项目的县域（处理组）匹配未实施碳汇造林项目的县域（对照组），以解决处理组与对照组在项目实施前不满足平行趋势假设所带来的内生性问题；然后采用多期双重差分法估计实施碳汇造林项目对县域经济发展的净影响，以减少估计误差；最后检验实施碳汇造林项目对县域经济发展的影响机制。

第一节　森林碳汇扶贫涓滴效应的作用机制与研究假设

涓滴效应（Trickle-down Effect）作为经济学概念最早由赫希曼（A. O. Hirschman）提出，指在经济发展过程中并不给予贫困阶层、弱势群体或贫困地区特别的优待，而是由优先发展起来的群体或地区通过

① 李金航、明辉、于伟咏：《四川省林业碳汇项目实施的比较分析》，《四川农业大学学报》2015 年第 3 期，第 332～337 页。

② Jindal, R., Kerr, J. M., Carter, S., "Reducing Poverty Through Carbon Forestry? Impacts of the N'hambita Community Carbon Project in Mozambique," *World Development* 40 (10) (2012): 2123－2135；陈冲影：《林业碳汇与农户生计——以全球第一个林业碳汇项目为例》，《世界林业研究》2010 年第 5 期，第 15～19 页。

消费、就业等惠及贫困阶层或地区，带动其脱贫富裕，从而更好地促进经济发展。

在过去40多年间，涓滴效应、包容性增长和政府主导的专项扶贫是我国实现减贫的重要途径。经济发展初期，发达地区经济的快速发展可以通过涓滴效应惠及贫困地区，带动其经济发展。但伴随着经济的进一步增长，囿于市场机制的特征和缺陷，单纯地依靠市场机制无法实现涓滴效应，缩小贫富差距，反而会引致马太效应，形成愈加严重的收入和财富分配失衡问题。再加上贫困地区地理位置偏远、人力资本匮乏，涓滴效应难以惠及所有贫困地区和贫困群体，包容性增长同样难以实现，因此，需要依靠政府主导的专项扶贫帮助贫困群体增加经济收入、摆脱绝对贫困，但这并不意味着涓滴效应不存在了。

本研究旨在探讨碳汇造林项目的涓滴效应，即通过区域性的碳汇项目促进县域经济的绿色增长，从而带动就业、增加贫困人口的生计策略、降低贫困脆弱性，最终帮助贫困群体增加经济收入，跨越贫困陷阱，实现区域可持续发展。

全球气候变化问题得到各国政府和学术界的广泛关注。囿于当前的经济发展状况，推动低碳经济发展的减排措施与路径既要满足潜力大、易执行、见效快，又要符合成本低、居民福利高等条件，森林碳汇成为发展中国家的首要选择。[①] 近年来，伴随后京都时代的来临及《巴黎协定》（2016年）等国际协定的陆续签订，森林碳汇应对全球气候变化的作用也愈加凸显。[②] 因此，积极开展森林碳汇项目试点既是我国应对气候变化的外在国际要求，也是促进国内节能减排、突破资源环境制约的内在要求。据不完全统计，截至2017年

① 黄东：《森林碳汇：后京都时代减排的重要途径》，《林业经济》2008年第10期，第12～15页。

② 曾维忠、刘胜、杨帆等：《扶贫视域下的森林碳汇研究综述》，《农业经济问题》2017年第2期，第102～109页。

底，我国正在开展且在国家发展和改革委员会备案实施的森林碳汇项目有 110 个[①]。其中，碳汇造林再造林项目有 75 个，占项目总体的 68.18%。

四川省宜林地资源非常丰富，生态区位极其重要，气候和土壤等立地条件都极其适宜树木生长，是世界重要的天然碳库、国家首批森林碳汇项目试点省份与森林碳汇产业发展优先布局区，具备开展碳汇造林项目得天独厚的优势。其试点工作走在全国前列，如我国在联合国清洁发展机制执行理事会（EB）注册的 5 个 CDM 森林碳汇项目中，四川就占据 2 个。因此，本章选取四川省作为研究对象，探究碳汇造林项目对地区经济发展的影响。

截至目前，在四川省正式实施且在国家发展和改革委员会备案的碳汇造林项目有 4 个，其中包括 2 个 CDM 项目、1 个 CCER 项目和 1 个 VCS 项目。项目共涉及 13 个县，其中包含国家级贫困县 6 个、少数民族县 9 个。具体来看，“中国四川西北部退化土地的造林再造林项目”于 2004 年正式启动，项目区位于全球生物多样性热点地区之一的西南山地，规划在四川省的理县、茂县、北川、青川、平武 5 个县的 21 个乡镇 28 个行政村实施人工造林 2251.8 公顷。“诺华川西南林业碳汇、社区和生物多样性项目”于 2010 年正式启动，项目区位于长江上游以大熊猫等珍稀濒危物种为主的生物多样性热点地区，规划在凉山彝族自治州甘洛、越西、美姑、昭觉、雷波 5 个县的 17 个乡镇 27 个行政村实施，总面积为 4196.8 公顷。此外，2011 年和 2012 年在四川省荥经县和冕宁、金阳两县还分别启动了“四川省荥经县再造林项目”和“奥迪熊猫栖息地多重效益森林恢复造林碳汇项目”。四川省碳汇造林项目实施县基本情况如表 14-1 所示。

① 主要包括 99 个中国核证自愿减排标准的 CCER 项目，5 个清洁发展机制标准的 CDM 项目和 6 个国际核证碳减排标准的 VCS 项目。中国绿色碳汇基金会开发的绿色碳汇 CGCF 项目于 2014 年在浙江省杭州临安区试点，未纳入此次统计。

表 14－1　四川省碳汇造林项目实施县基本情况

县名	项目类型	项目名称	实施年份	是否为国家级贫困县	是否为民族县	计入期（年）	面积（公顷）
冕宁	CCER	奥迪熊猫栖息地多重效益森林恢复造林碳汇项目	2012	否	是	30	153.4
金阳	CCER		2012	是	是	30	181.7
理县	CDM	中国四川西北部退化土地的造林再造林项目	2004	否	是	20	747.8
茂县	CDM		2004	否	是	20	234.9
北川	CDM		2004	否	否	20	200.2
青川	CDM		2004	否	否	20	878.3
平武	CDM		2004	否	否	20	190.6
甘洛	CDM	诺华川西南林业碳汇、社区和生物多样性项目	2010	是	是	30	924.3
越西	CDM		2010	是	是	30	1245.0
美姑	CDM		2010	是	是	30	731.6
昭觉	CDM		2010	是	是	30	441.8
雷波	CDM		2010	是	是	30	854.1
荥经	VCS	四川省荥经县再造林项目	2011	否	否	30	159.2

资料来源：经作者收集整理得到。

碳汇造林项目的实施目的之一是增加居民经济收入，缓解农村贫困压力。因此，不难看出，实施碳汇造林项目对县域经济的发展也具有较强的推动作用，结合已有文献，本节将从产业结构、融资水平、居民收入与储蓄、财政收支四个方面讨论碳汇造林对县域经济发展的影响机制。

第一，碳汇造林项目的实施有利于打破当地以农业为主的产业布局，推动产业结构的优化升级。一方面，碳汇造林项目的持续开展将减少部分农用耕地的使用①，提升农村劳动力的非农就业水平②；另一方

① Wu, X., Wang, S., Fu, B., et al., "Land Use Optimization Based on Ecosystem Service Assessment: A Case Study in the Yanhe Watershed," *Land Use Policy* 72 (2018): 303－312; Fu, B., Meng, W., Yue, C., et al., "Effects of Land-use Changes on City-level Net Carbon Emissions Based on a Coupled Model," *Carbon Management* 8 (3) (2017): 245－262; Chong, J., Zhang, H., Tang, Z., et al., "Evaluating the Coupling Effects of Climate Variability and Vegetation Restoration on Ecosystems of the Loess Plateau, China," *Land Use Policy* 69 (2017): 134－148.

② Carton, W., Andersson, E., "Where Forest Carbon Meets Its Maker: Forestry-Based Offsetting as the Subsumption of Nature," *Society & Natural Resources* 30 (7) (2017): 829－843.

面，林业碳汇可在一定程度上抵消工业、能源企业的排放，成为工业、能源企业的一种低成本选择，从而间接地促进第二产业的发展。因此，碳汇造林项目的实施可以通过对第一产业的挤出效应与第二产业的促进效应推动地区产业结构的优化升级。

第二，市场化与公益性兼顾的碳汇造林项目可以拓展多元的融资渠道，提升地区融资水平。[①] 有社会责任和环境责任的企业、非政府组织、个人以及一些投资者等构成了多元化的碳汇造林项目参与主体，这为当地提供了多元的融资渠道。[②] 清洁发展机制项目融资、企业低碳转型融资、排污权融资等碳金融创新形式能够有效地提升当地融资水平[③]，推动地区经济发展。

第三，项目实施为居民提供了本地就业机会，增加了居民的经济收入与储蓄。一方面，碳汇造林项目区农户将从项目中获得劳务、碳汇、木材及林副产品的经济收益，以及短期或长期的工作机会，从而提高居民的总体收入和储蓄[④]；另一方面，碳汇造林项目可以为项目区带来先进的造林技术，培养当地居民的造林技能[⑤]，改善本地的人力资本，从而间接地推动地区的经济发展。

第四，碳汇交易可以提高政府财政收入，进而促使当地政府加大经济建设的资金投入。一方面，通过市场机制将森林碳汇纳入碳交易市场，可以将项目实施区优质的生态资源有效地转化为经济收益，提高当

---

① 季曦、王小林：《碳金融创新与“低碳扶贫”》，《农业经济问题》2012 年第 1 期，第 79～87 页。

② Gaast, W. V. D., Sikkema, R., Vohrer, M., “The Contribution of Forest Carbon Credit Projects to Addressing the Climate Change Challenge,” *Climate Policy* 18 (1) (2018): 1-7.

③ 孙铭君、彭红军、丛静：《碳金融和林业碳汇项目融资综述》，《林业经济问题》2018 年第 5 期，第 90～98 页；Wood, B. T., Sallu, S. M., Paavola, J., “Can CDM Finance Energy Access in Least Developed Countries? Evidence from Tanzania,” *Climate Policy* 16 (4) (2016): 456-473。

④ 曾维忠、刘胜、杨帆等：《扶贫视域下的森林碳汇研究综述》，《农业经济问题》2017 年第 2 期，第 102～109 页。

⑤ 柯水发、李周、郑艳等：《中国造林行动的就业效应分析》，《农业经济问题》2010 年第 3 期，第 98～103 页。

地政府的财政收入[1]；另一方面，伴随地方政府财政收入的增加，其用于地区经济建设的财政支出也会相应提高，从而带动地区经济社会的可持续发展。

综上所述，碳汇造林项目的实施可以通过优化产业结构、提升融资水平、增加居民收入与储蓄、改善财政收支等途径对当地经济发展产生重要影响。但值得注意的是，碳汇造林属于长期的、持续的低碳经济项目，对当地经济发展的推动作用并不会在短期内立刻显现出来。据此，本章构建了实施碳汇造林项目影响当地经济发展的理论分析框架（见图14－1），并提出如下研究假说。

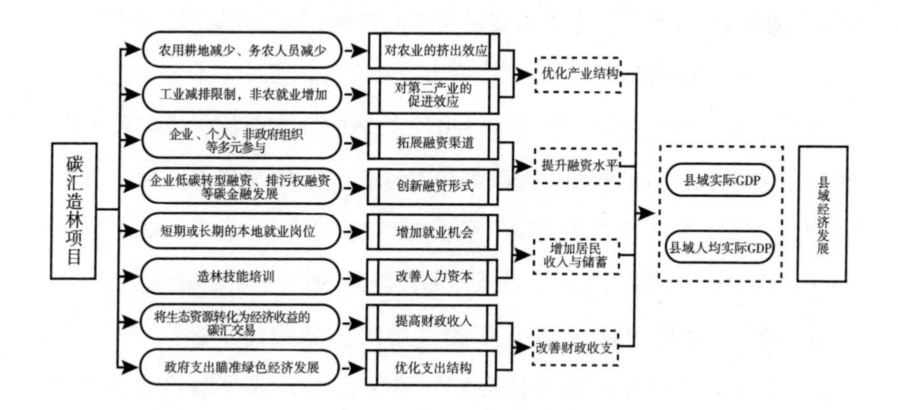

图14－1　碳汇造林项目影响当地经济发展的理论分析框架

假设1：碳汇造林项目的开展能够推动当地经济发展。

假设2：碳汇造林项目在短期内的经济效益并不明显，但长期来看对当地经济发展的推动作用将逐渐增大。

假设3：碳汇造林项目促进当地经济发展的可能路径有：优化当地产业结构、增加当地的经济资本积累、改善当地的财政收支状况等。

① Pandit, R., Neupane, P. R., Wagle, B. H., "Economics of Carbon Sequestration in Community Forests: Evidence from REDD + Piloting in Nepal," *Journal of Forest Economics* 26 (2017): 9－29.

第二节　数据来源、模型构建与变量选择

一　数据来源

考虑到研究数据的可获得性，本章选取2000～2016年作为样本的时间范围。截至2018年底，四川省共有13个县先后实施碳汇造林项目。根据《碳汇造林项目方法学》对项目申请实施的规定，项目地的选择主要依据自然条件等客观因素，如规定项目活动土地不包含湿地和有机土等。因此，这为我们提供了一个较为良好的“准自然实验”。鉴于四川省存在个别县（区）在2000年后设立，如广安市前锋区等，因此，本章在总样本中将其剔除，最终收集整理到四川省140个县域的样本数据。我们以各县实施碳汇造林项目的时间作为外部政策冲击时点，将13个碳汇造林项目实施县作为处理组，再采用PSM方法，匹配相应的对照组。最终，13个实施碳汇造林项目的县共匹配到34个对照样本，得到799个样本观测值。

数据主要来自2000～2016年的《中国县域统计年鉴》，缺失数据通过各县历年《国民经济和社会发展统计公报》或《政府工作报告》进行补充。

二　模型构建

为检验项目开展对县域经济发展的影响，我们可以采用双重差分方法来估计实施碳汇造林项目的政策效应。然而，囿于四川省各县（区）的经济发展水平不一，处理组和对照组具有显著的差异性，可能导致估计结果也出现一定的偏差。因此，我们先采用PSM方法为处理组匹配相近的对照组，再在匹配后的样本范围内采用DID来检验项目实施对县域经济发展的净影响。模型设定如下：

$$Y_{it} = \beta_0 + \beta_1 \cdot fcs \cdot t + \sum \beta_X \cdot control + r_i + \gamma_t + \varepsilon_{it} \quad (14-1)$$

模型（14－1）中，Y_{it} 为衡量县域经济发展水平的代理变量，β_0 为常数项。fcs 用以区分处理组和对照组，t 为区分项目实施前后的虚拟变量，交乘项 $fcs \cdot t$ 是度量是否实施碳汇造林项目的核心解释变量，β_1 表示碳汇造林对县域经济发展的净影响。$control$ 为控制变量，β_X 为各个控制变量的系数。r_i 表示控制不随时间变化的个体固定效应，y_t 为时间固定效应。ε_{it} 为随机干扰项。

为估计碳汇造林项目影响县域经济发展的动态效应，模型设定如下：

$$Y_{it} = \beta_0 + \sum \beta_k \cdot after_k + \sum \beta_X \cdot control + r_i + \varepsilon_{it} \quad (14-2)$$

其中，$after_k$ 为交乘项 $fcs \cdot t$，是某县自开展碳汇造林项目后第 k 年的虚拟变量。例如，A 县开始实施碳汇造林项目，在其后第 k 年，变量 $after_k$ 赋值为1，其余年份为0。β_k 用以度量项目实施后第 k 年影响县域经济发展的政策效应。

为检验碳汇造林项目影响当地经济发展的机制，模型设定如下：

$$control = \beta_0 + \beta_j \cdot fcs \cdot t + \varepsilon_{it} \quad (14-3)$$

模型（14－3）将上述各个控制变量作为被解释变量，依次对核心解释变量 $fcs \cdot t$ 进行普通最小二乘回归，以此考察项目实施对各类经济发展驱动因素的作用。

三　变量选择

我们研究的重点是碳汇造林项目对县域经济发展的作用，考虑到其他经济因素也可能会影响县域经济的发展，因此，我们在被解释变量和核心解释变量的基础上，还引入了其他控制变量，具体变量见表14－2。

被解释变量。Y_{it} 作为被解释变量，用以度量县域的经济发展水平。参照刘瑞明和赵仁杰的做法[①]，我们使用县域实际生产总值的对

① 刘瑞明、赵仁杰：《国家高新区推动了地区经济发展吗？——基于双重差分方法的验证》，《管理世界》2015年第8期，第30～38页。

数值（$\ln gdp_{it}$）和县域人均实际生产总值的对数值（$\ln pgdp_{it}$）作为被解释变量。其中，各县实际生产总值是以2000年为基期，由名义生产总值除以生产总值平减指数得出，人均实际生产总值计算方式相同。

核心解释变量。交乘项 $fcs \cdot t$ 为核心解释变量，代表是否实施碳汇造林项目。其中，fcs 为政策虚拟变量，如果是实施碳汇造林项目的样本县，赋值为1，否则为0；t 为反映项目实施与否的虚拟变量，项目实施后赋值为1，否则为0。β_1 即双重差分估计量，用以反映碳汇造林项目实施对县域经济发展的净影响。

控制变量。第一类反映县域的产业结构。中国经济发展往往伴随地区产业结构的变动[①]，产业结构对县域经济的可持续发展有着至关重要的作用。我们使用第一、第二产业增加值分别占县城GDP的比重（*pfir* 和 *psec*）两个指标来度量县域经济的产业结构。

第二类反映地区的资本积累能力。县域资本存量能够对地方经济尤其是农村地区经济发展产生重要影响。[②] 一方面，作为我国转轨经济的典型特征[③]，高储蓄率能够直接或间接地提升社会投资和消费水平，进而促进经济增长[④]。因此，我们选取居民储蓄存款余额占县城GDP的比重（*psav*）来度量居民储蓄水平。另一方面，地区固定资产投

---

① 石磊、高帆：《地区经济差距：一个基于经济结构转变的实证研究》，《管理世界》2006年第5期，第35~44页；王小鲁、樊纲：《中国地区差距的变动趋势和影响因素》，《经济研究》2004年第1期，第33~44页。

② 王劲屹：《农村金融发展、资本存量提升与农村经济增长》，《数量经济技术经济研究》2018年第2期，第64~81页；李谷成、范丽霞、冯中朝：《资本积累、制度变迁与农业增长——对1978~2011年中国农业增长与资本存量的实证估计》，《管理世界》2014年第5期，第67~79页。

③ 李扬、殷剑峰：《劳动力转移过程中的高储蓄、高投资和中国经济增长》，《经济研究》2005年第2期，第4~15页。

④ 汪伟：《储蓄、投资与经济增长之间的动态相关性研究——基于中国1952~2006年的数据分析》，《南开经济研究》2008年第2期，第105~125页；Attanasio, O. P., Picci, L., Scorcu, A. E., "Saving, Growth, and Investment: A Macroeconomic Analysis Using a Panel of Countries," *Review of Economics & Statistics* 82 (2) (2000): 182-211。

资与经济增长存在相互促进作用[①]，是地区经济发展的长期驱动力，因此，我们纳入固定资产投资额占县域 GDP 比重（*pfix*）这一指标。

第三类反映县域的财政收支水平。合理的财政收支有利于保证地方公共服务的正常运行，为当地经济发展提供良好的环境。[②] 我们采用地方财政一般预算收入与支出分别占县域 GDP 的比重（*pexp*、*pinc*）两个变量来衡量政府财政收支水平。

另外，我们选取年末金融机构各项贷款余额占县域 GDP 的比重（*pfin*）作为控制变量；在倾向得分匹配时，我们还选取了人口密度的对数值（ln*dens*）、是否为少数民族县（*mino*）、是否为国家级贫困县（*pove*）三个控制变量，以期得到更为相似的对照组。

表 14-2　主要变量定义与描述性统计

类别	名称	定义	样本量	平均值	标准差	最小值	最大值
被解释变量	ln*gdp*	县域实际生产总值的对数值	799	11.947	1.233	8.878	15.327
	ln*pgdp*	县域人均实际生产总值的对数值	799	9.017	0.837	7.295	11.022
核心解释变量	*fcs*·*t*	碳汇造林项目虚拟变量，实施该项目取 1，未实施取 0	799	0.277	0.448	0	1
控制变量	*pfir*	第一产业增加值/县域 GDP	799	0.328	0.134	0.032	0.631
	psec	第二产业增加值/县域 GDP	799	0.368	0.190	0.054	1.096
	pfix	固定资产投资额/县域 GDP	799	0.829	0.700	0.079	5.897
	psav	居民储蓄存款余额/县域 GDP	799	0.611	0.289	0.103	1.836
	pfin	年末金融机构各项贷款余额/县域 GDP	799	0.551	0.455	0.028	3.013
	pinc	财政一般预算支出/县域 GDP	799	0.048	0.07	0.011	1.867
	pexp	财政一般预算收入/县域 GDP	799	0.47	0.464	0.058	3.018
	ln*dens*	人口密度的对数值	799	4.019	1.347	0.878	6.175
	mino	是否为少数民族县	799	0.617	0.486	0	1
	pove	是否为国家级贫困县	799	0.553	0.497	0	1

注：样本为 47 个县 17 年的面板数据。

① 宋丽智：《我国固定资产投资与经济增长关系再检验：1980～2010 年》，《宏观经济研究》2011 年第 11 期，第 17～21 页。

② 严成樑、龚六堂：《财政支出、税收与长期经济增长》，《经济研究》2009 年第 6 期，第 4～15 页；靳春平：《财政政策效应的空间差异性与地区经济增长》，《管理世界》2007 年第 7 期，第 47～56 页。

第三节　实证分析

一　碳汇造林项目对县域经济发展的平均效应

依据模型（14－1），我们分别采用 ln*gdp* 和 ln*pgdp* 作为被解释变量来估计碳汇造林项目的实施对县域经济发展的净影响，即相较于未实施碳汇造林项目的县域（对照组），实施碳汇造林项目的县域的平均效应。同时，表 14－3 也报告了不控制其他经济因素时的回归结果。其中，（1）列、（2）列是未加入控制变量的估计结果，（3）列、（4）列是加入控制变量后的估计结果。可以看出，无论是否加入控制变量，交乘项 $fcs \cdot t$ 的系数均在 1% 的水平下显著且为正。这表明，实施碳汇造林项目的确对县域经济发展具有显著的促进作用。

表 14－3　碳汇造林项目对县域经济发展的平均效应回归结果

	(1) ln*gdp*	(2) ln*pgdp*	(3) ln*gdp*	(4) ln*pgdp*
$fcs \cdot t$	1.236*** (12.39)	1.178*** (12.15)	0.204*** (3.27)	0.166*** (2.81)
pfir			−5.536*** (−20.93)	−4.872*** (−19.47)
psec			0.856*** (4.28)	1.439*** (7.61)
pfix			−0.039 (−1.13)	−0.023 (−0.72)
psav			0.515*** (4.90)	0.601*** (6.04)
pfin			−0.249*** (−4.09)	−0.208*** (−3.61)
pinc			0.948*** (4.45)	0.785*** (3.89)

续表

	(1) ln*gdp*	(2) ln*pgdp*	(3) ln*gdp*	(4) ln*pgdp*
pexp			0.509 *** (7.27)	0.363 *** (5.48)
时间效应	控制	控制	控制	控制
地区效应	控制	控制	控制	控制
_cons	11.768 *** (417.78)	8.846 *** (323.21)	12.989 *** (89.33)	9.621 *** (69.91)
N	799	799	799	799
R^2	0.170	0.164	0.738	0.750

注：括号内数字为县级聚类稳健标准误计算的 t 值，*** 表示在 1% 的水平下显著。

在考虑其他影响地区经济发展的因素时，不难发现，*pfir* 的系数显著为负，*psec* 的系数则显著为正，表明三次产业结构的优化将会促进地区经济发展，这与已有研究结论保持一致。[①] *pfix* 的系数为负，但不显著，可能的解释是当年的固定资产投资可能对地区其他短期投资项目具有挤出效应，并且固定资产投资的经济效益具有滞后性。*psav* 的系数显著为正，表明居民储蓄水平越高，其转为有效投资的能力越强，对地区经济发展越具有促进作用。*pfin* 的系数显著为负，表明金融贷款对本地经济发展具有抑制作用，可能的原因是县域金融贷款并未有效地转化为投资，王小华等的结论[②]也有助于解释这一结果。与我们的预期相符，地区政府的财政收支对当地经济发展具有显著的促进作用。

二　碳汇造林项目对县域经济发展的动态效应

上述结果反映了项目实施对县域经济发展的平均效应，但并未从动

① 杨子荣、张鹏杨：《金融结构、产业结构与经济增长——基于新结构金融学视角的实证检验》，《经济学》（季刊）2018 年第 2 期，第 847～872 页；Zhao, J., Tang, J., "Industrial Structure Change and Economic Growth: A China-Russia Comparison," *China Economic Review* 47 (2018): 219－233。

② 王小华、温涛、王定祥：《县域农村金融抑制与农民收入内部不平等》，《经济科学》2014 年第 2 期，第 44～54 页。

态的视角检验其促进作用的持续性；碳汇造林项目所产生的是当期效应还是存在一定的滞后效应，上述结果并未给出相应的结论。因此，我们估计了项目实施对县域经济发展的动态效应（见表 14－4），即随着时间的变化，以年为单位进一步分析实施碳汇造林对县域经济发展的促进作用是否具有持续性，其短期影响和长期影响是否存在差异。根据回归结果可以发现，从 $after_1$ 到 $after_3$ 的系数逐渐增大，并且由不显著变为显著，表明碳汇造林项目的实施对县域经济发展的促进作用逐渐增强。但值得注意的是，第一，在控制了其他影响因素后，随着时间的推移，虽然交乘项的系数逐渐增大，但 $after_1$ 与 $after_2$ 的系数均不显著，$after_3$ 的系数在 10% 的水平下显著，表明在项目实施后的前两年，碳汇造林项目的经济效应并不明显；第二，（4）列 $after_1$ 的系数为负，虽然在统计上不显著，但可以推断在碳汇造林项目实施后的第一年，其对县域人均实际生产总值可能具有负向的影响。对此的一个可能解释是：碳汇造林项目在短期内并不能产生明显的经济效应，在农业耕地上开展碳汇造林项目对农业生产具有挤出效应，同时，耕地减少的兼业农户在短期内还不能立即从事非农就业，继而对当地的经济发展产生抑制作用。

综上所述，实施碳汇造林项目在短期内并不能促进地区经济发展，具有明显的滞后效应。平均来看，在项目实施后的第三年，碳汇造林项目的经济效应才开始逐渐显现。

表 14－4　碳汇造林项目对县域经济发展的动态效应回归结果

	(1)	(2)	(3)	(4)
	ln*gdp*	ln*pgdp*	ln*gdp*	ln*pgdp*
$after_1$	0.343 (1.61)	0.306 (1.48)	0.016 (0.14)	−0.052 (−0.48)
$after_2$	0.481** (2.25)	0.456** (2.20)	0.093 (0.82)	0.071 (0.67)
$after_3$	0.573*** (2.68)	0.550*** (2.66)	0.200* (1.77)	0.179* (1.68)
控制变量	否	否	是	是
时间效应	控制	控制	控制	控制

续表

	(1) ln*gdp*	(2) ln*pgdp*	(3) ln*gdp*	(4) ln*pgdp*
地区效应	控制	控制	控制	控制
_cons	11.925*** (440.31)	8.996*** (342.82)	13.033*** (89.60)	9.654*** (70.25)
N	799	799	799	799
R^2	0.017	0.017	0.736	0.748

注：括号内数字为县级聚类稳健标准误计算的 t 值，***、**、* 分别表示在 1%、5%、10% 的水平下显著。

三　稳健性检验

(一) 单差法

为检验 DID 方法是否更为有效地估计实施碳汇造林项目对县域经济发展的影响作用，我们同时采取传统的单差法进行估计。在剔除了没有实施碳汇造林项目的地区后，我们将实施碳汇造林项目的县域作为样本进行单差法估计，来比较样本县在实施碳汇造林项目前后县域经济发展的变化情况（见表 14－5）。

对比表 14－3 可以发现，*fcs* 的估计结果依然显著为正，在未控制其他影响因素的情况下，单差法与 DID 方法的估计结果没有显著差异，但将其他因素控制后，观察其系数可以发现，无论是县域实际生产总值还是人均实际生产总值，单差法估计的系数均大于 DID 方法。可见，单差法的估计结果的确存在高估碳汇造林项目效果的情况，选取 DID 方法估计更为准确。

表 14－5　基于单差法的估计结果

	(1) ln*gdp*	(2) ln*pgdp*	(3) ln*gdp*	(4) ln*pgdp*
fcs	1.236*** (17.27)	1.178*** (17.23)	0.556*** (7.65)	0.514*** (7.51)
控制变量	否	否	是	是
时间效应	控制	控制	控制	控制

续表

	(1) ln*gdp*	(2) ln*pgdp*	(3) ln*gdp*	(4) ln*pgdp*
地区效应	控制	控制	控制	控制
_cons	11.175 *** (223.58)	8.348 *** (174.96)	12.891 *** (47.29)	9.623 *** (37.48)
N	221	221	221	221
R^2	0.590	0.589	0.808	0.812

注：括号内数字为县级聚类稳健标准误计算的 t 值，*** 表示在 1% 的水平下显著。

（二）更换匹配方法

在运用 DID 方法实证分析前，我们基于产业结构、资本积累和财政收支的反映变量，采用核密度 PSM 方法为处理组匹配对照组。为了检验实证结果的稳健性，我们决定采用一对一近邻 PSM 方法进行匹配，最终得到 24 个县的匹配样本，包括处理组和控制组各 12 个，估计结果依然是稳健的（见表 14－6）。

表 14－6　更换匹配方法的稳健性检验结果

	(1) ln*gdp*	(2) ln*pgdp*	(3) ln*gdp*	(4) ln*pgdp*
$fcs \cdot t$	1.213 *** (12.21)	1.163 *** (12.06)	0.259 *** (3.97)	0.205 *** (3.25)
控制变量	否	否	是	是
时间效应	控制	控制	控制	控制
地区效应	控制	控制	控制	控制
_cons	11.386 *** (269.91)	8.637 *** (210.97)	13.088 *** (60.84)	10.086 *** (48.39)
N	408	408	408	408
R^2	0.280	0.275	0.794	0.793

注：括号内数字为县级聚类稳健标准误计算的 t 值，*** 表示在 1% 的水平下显著。

（三）剔除较晚实施项目的县

如前文所述，我们的研究样本中，处理组 13 个县分别于 2004 年、2010～2012 年陆续实施，并未统一时点。为剔除不同时点背景下可能存在的潜在政策因素对县域经济发展的影响，我们将 2010～2012 年的处理组予以剔除，仅保留 2004 年较早实施项目的 5 个县，再采用一对一近邻 PSM 方法匹配对照组，最终得到 10 个县的 170 个样本。

根据估计结果可知（见表 14－7），在我们控制了其他影响经济发展的因素后，实施碳汇造林项目对县域经济发展的促进作用依然显著。与全样本估计的结果相同，碳汇造林项目实施的时间越久，$after_k$ 的系数总体上越大，即实施碳汇造林项目的动态效应越大。但值得注意的是，就动态效应而言，$after_1$ ～ $after_6$ 的系数大多不显著，$after_7$ 及以后的系数显著为正且逐年递增，这进一步印证了上文的结论，即碳汇造林项目对县域经济发展的促进作用并非短期见效，而是具有滞后效应。因此，在剔除较晚实施项目的县的样本后，我们的结论依然是稳健的。

表 14－7　剔除较晚实施项目的县的稳健性检验结果

	(1) ln*gdp*	(2) ln*pgdp*	(3) ln*gdp*	(4) ln*pgdp*
$fcs \cdot t$	0.327*** (2.85)	0.233** (2.13)		
$after_1$			0.102 (0.62)	-0.012 (-0.08)
$after_2$			0.029 (0.18)	-0.018 (-0.12)
$after_3$			0.224 (1.33)	0.188 (1.17)
$after_4$			-0.130 (-0.42)	-0.133 (-0.45)
$after_5$			0.481 (1.56)	0.555* (1.89)
$after_6$			0.102 (0.32)	0.075 (0.25)

续表

	(1) lngdp	(2) lnpgdp	(3) lngdp	(4) lnpgdp
$after_7$			0.466 ** (2.38)	0.415 ** (2.24)
$after_8$			0.517 *** (2.80)	0.445 ** (2.54)
$after_9$			0.611 *** (3.36)	0.513 *** (2.97)
$after_{10}$			0.768 *** (4.20)	0.660 *** (3.81)
$after_{11}$			0.843 *** (4.68)	0.736 *** (4.31)
$after_{12}$			1.031 *** (5.67)	0.930 *** (5.40)
_cons	13.604 *** (63.39)	10.598 *** (51.81)	13.486 *** (63.62)	10.501 *** (52.29)
N	170	170	170	170
R^2	0.788	0.814	0.835	0.858

注：括号内数字为县级聚类稳健标准误计算的 t 值，***、**、*分别表示在 1%、5%、10% 的水平下显著。

四　碳汇造林项目促进经济发展的机制分析

根据上述实证研究得出，碳汇造林项目的实施能够且有效地促进县域的经济发展。那么，碳汇造林项目的实施促进县域经济发展的机制究竟是怎样的呢？为进一步验证研究假设 3，我们采用模型（14－3）估计实施碳汇造林项目对影响县域经济发展的各项因素的作用，回归结果如表 14－8 所示。$fcs \cdot t$ 的系数代表各县在实施碳汇造林项目后，项目实施对各类经济增长驱动因素的影响。（1）列的系数显著为负，（2）列的系数显著为正，表明碳汇造林项目的实施有利于促进第二产业的发展，进而改善地区产业结构。通过与表 14－3 对比可以发现，优化的产业结构能够促进县域经济的发展，因此，不难看出，碳汇造林项目可以通过改善当地产业结构促进地区经济的增长。(3)～(5) 列的系数均显著为正，表明碳汇造林项目的实施可以有效提升地区的资本存量，但结合表 14－3可以发现，年末金融机构各项贷款余额/县域 GDP 并未促进地区经济发展，反而有负向影响，因此，低效率的县域金融贷款水平会抑制碳汇造林项目的积极作用。(6) 列、(7) 列的系数均显著为正，结合表 14－3 可知，碳汇造林项目的实施可以通过提升当地政府财政收支水平促进地区经济增长。综上，实施碳汇造林项目主要通过优化当地产业结构、提高居民储蓄水平、提升地区政府财政收支水平促进当地经济发展。

表 14－8 碳汇造林项目促进县域经济发展机制的检验结果

	(1) *pfir*	(2) *psec*	(3) *pfix*	(4) *psav*	(5) *pfin*	(6) *pinc*	(7) *pexp*
fcs·*t*	−0.126*** (−11.53)	0.132*** (8.75)	0.594*** (6.88)	0.210*** (7.54)	0.137*** (3.62)	0.018* (1.83)	0.300*** (6.83)
_cons	0.346*** (112.29)	0.348*** (81.50)	0.742*** (30.46)	0.580*** (73.75)	0.531*** (49.67)	0.045*** (16.17)	0.426*** (34.32)
N	799	799	799	799	799	799	799
R^2	0.150	0.092	0.059	0.070	0.017	0.004	0.058

注：括号内数字为县级聚类稳健标准误计算的 t 值，*** 、* 分别表示在 1%、10% 的水平下显著。

小 结

本章基于 2000～2016 年四川省 140 个县的面板数据，采用 PSM－DID 方法探讨了碳汇造林项目的实施对当地县域经济发展的影响，分析森林碳汇扶贫的区域涓滴效应。研究结果表明：第一，碳汇造林项目的实施对县域经济发展具有显著的推动作用，这一结论在进行稳健性检验后仍然成立；第二，囿于项目周期较长，此推动作用在短期内不能立竿见影，具有明显的滞后效应，且实施的时间越长，对当地经济发展的促进作用越大；第三，碳汇造林项目主要通过优化当地产业结构、提高居民储蓄水平、提升地区政府财政收支水平促进了当地经济发展。

结合上述结论，我们得到以下进一步推进碳汇造林项目促进区域经济发展、发挥森林碳汇扶贫涓滴效应的政策性启示。第一，继续拓展碳汇造林项目的覆盖区域，加大专项投资力度，引导碳汇造林项目向生态脆弱的深度贫困地区倾斜，提升当地的经济发展能力，实现区域发展、生态保护与精准扶贫的有机统一。第二，建立完善项目运行的长效稳定机制，防范潜在的自然与市场风险，保障项目对地区经济发展的长期驱动力。一方面，对碳汇造林项目的成效评估不能仅局限在项目开展后的短期阶段，而应更加注重项目的长期效应；另一方面，适度引导项目参与农户对碳汇造林长期效益的关注，进一步增强其参与意愿。第三，加快改善地区的融资环境，鼓励居民和企业将储蓄和融资能力有效转化为投资能力，充分依托碳汇造林项目促进当地经济可持续发展。

第十五章　森林碳汇扶贫绩效综合评价*

构建可衡量、可考核、可把握、可督查的益贫性指标体系，不仅是提高森林碳汇扶贫透明度、提高扶贫主体履约率、矫正扶贫行动偏差的重要基础，而且是确保贫困人口能够真正从项目开发中受益，避免出现贫困地区自然资源外部化，防止项目开发收益被精英俘获，甚至去贫困人口化等问题的重要保障。立足于区域扶贫与精准扶贫统筹，针对森林碳汇项目益贫效果典型的多样性、空间异质性和时间动态性特征，构建森林碳汇扶贫绩效评价指标体系，不仅有利于更好地发掘森林碳汇不可忽视的减贫潜力，对深化森林碳汇综合扶贫绩效定量研究和实践评估也具有重要的现实意义。

众多研究结果表明，森林碳汇项目的益贫绩效不仅体现在对贫困地区可持续发展能力培育等宏观尺度的影响上，而且体现在对壮大贫困社区集体经济、增强组织管理与发展能力、增进森林碳汇产业与当地优势特色产业之间有效互动等中观尺度的影响上，还体现在对贫困人口经济收入、发展能力、发展机会创造等微观尺度的影响上；其益贫绩效既包括经济和非经济收益绩效，也包括短期与长

* 本章主要内容来自曾维忠、成蓥、杨帆《基于CDM碳汇造林再造林项目的森林碳汇扶贫绩效评价指标体系研究》，《南京林业大学学报》（自然科学版）2018年第4期，第9～17页。

期绩效。[①] 但有关森林碳汇扶贫绩效的探讨多以定性分析为主，鲜见针对森林碳汇扶贫绩效的定量评价。为此，本章将从区域扶贫与精准扶贫统筹的视角，结合阿马蒂亚·森（Sen）的可行能力理论[②]，针对森林碳汇项目益贫效果典型的多样性、空间异质性和时间动态性特征，构建森林碳汇扶贫绩效评价指标体系，并采用层次分析－熵值定权法，以在四川省实施的两个森林碳汇项目为例，对其扶贫绩效进行实证检验，为更好地发掘森林碳汇的减贫潜力、深化森林碳汇综合扶贫绩效定量研究和实践评估提供一定的参考。

第一节　指标体系构建

一　构建原则

绩效评价体系构建原则包括以下 6 个方面。

（1）客观性原则。森林碳汇扶贫绩效评价指标选择应以公认的科学理论为依据，尽量避免主观臆断，数据取得需遵循客观事实，数据测

① 许吟隆、居辉：《气候变化与贫困：中国案例研究》（摘选），《世界环境》2009 年第 4 期，第 50～53 页；Milder，J. C.，Scherr，S. J.，Bracer，C.，"Trends and Future Potential of Payment for Ecosystem Services to Alleviate Rural Poverty in Developing Countries，" *Ecology and Society* 15（2）（2010）：4；陈冲影：《林业碳汇与农户生计——以全球第一个林业碳汇项目为例》，《世界林业研究》2010 年第 5 期，第 15～19 页；Chen，C. C.，McCarl，B.，Chang，C. C.，et al.，"Evaluation the Potential Economic Impacts of Taiwanese Biomass Energy Production，" *Biomass and Bioenergy* 35（5）（2011）：1693－1701；马盼盼：《森林碳汇与川西少数民族贫困地区发展研究——基于凉山越西碳汇扶贫的案例分析》，硕士学位论文，四川省社会科学院，2012；储蓉、周芳：《森林碳汇与经济增长的库兹涅茨倒"U"形研究》，《中南林业科技大学学报》2012 年第 10 期，第 94～99 页；Chia，E. L.，Somorin，O. A.，Sonwa，D. J.，et al.，"Local Vulnerability，Forest Communities and Forest-carbon Conservation：Case of Southern Cameroon，" *International Journal of Biodiversity and Conservation*（5）（2013）：498－507；丁一、马盼盼：《森林碳汇与川西少数民族地区经济发展研究——以四川省凉山彝族自治州越西县为例》，《农村经济》2013 年第 5 期，第 38～41 页；吕植：《中国森林碳汇实践与低碳发展》，北京大学出版社，2014。

② Sen，A.，*Development as Freedom*（London：Oxford University Press，1999）.

定、处理要科学、规范，最大限度地保证评价结果的准确性和可靠性。

（2）全面性与代表性相结合的原则。森林碳汇扶贫绩效评价指标体系中的各指标应全面反映设计该指标体系的目的、作用与功能，各个指标之间要具有一定的逻辑性，同时要用尽量少的指标，综合、准确反映森林碳汇项目实施过程中所产生的扶贫绩效。

（3）层次性原则。为了综合全面地揭示森林碳汇扶贫绩效各层次之间的内在联系及外在规律，构建扶贫绩效指标体系时就应设立清晰的层级和指标，各个层级之间关系明确、衔接合理，各级指标之间相对独立、权重合理。

（4）操作性原则。森林碳汇扶贫绩效评价的每个指标都具备实用性和可操作性，所规定的内容可以运用现有的工具衡量以获得明确结论，各项指标均能在现实中获取充足的信息，易于统计以实现可量化目标。

（5）可比性原则。指标数据的测算结果可以基于一定的价值标准进行比较，从而判断孰优孰劣，包括不同时间和不同空间范围的可比性。

（6）共赢性原则。森林碳汇项目扶贫功能的发挥离不开项目的可持续发展，而政府和民众的支持又是森林碳汇项目稳定持续发展的前提。因此，森林碳汇扶贫绩效评价要坚持项目可持续发展和贫困人口受益双赢的基本原则。

二　指标选取

根据Sen的可行能力理论，贫困不仅表现在收入低下，还表现在基本功能性活动的缺失以及实现基本功能性活动的可行能力被剥夺。[①] 因此，反贫困的手段和措施就不仅表现在促进增收上，还表现在提升发展能力、

① Sen, A., *Development as Freedom* (London: Oxford University Press, 1999).

创造发展机会等方面。发展能力是脱贫的内生动力，发展机会是脱贫的外部推力，而经济效益则是脱贫与否最直接的外显表征（见图 15-1）。

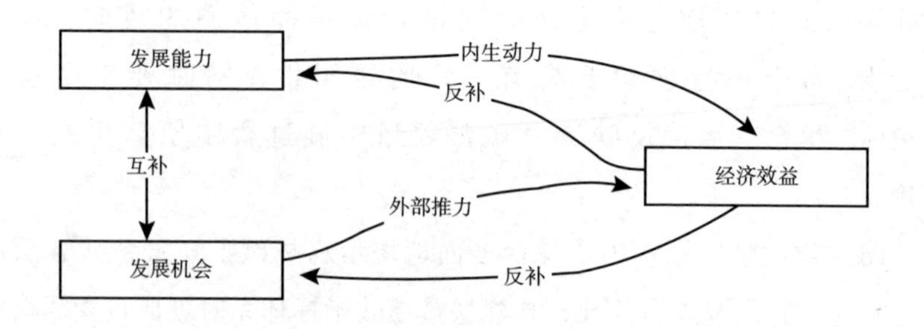

图 15-1　森林碳汇扶贫绩效评价指标体系准则层关系

就扶贫逻辑而言，森林碳汇项目的进驻，不仅可以通过直接提供就业岗位、租用土地等方式为贫困农户创造工资性和资产性收益，而且能够通过技术培训等方式提升贫困对象的发展能力，通过改善区域软硬件环境，提升外部市场、外部资本抵达贫困地区的可及性与便利性，为区域和个体发展创造机会。据此，借鉴扶贫绩效评价指标体系构建相关研究成果，[①] 本章从经济效益、发展能力、发展机会等 3 个维度构建了森林碳汇扶贫绩效评价指标体系。

本章根据已有的相关研究的理论分析和描述性统计分析的结果[②]，再结合森林碳汇项目的典型特点、指标选取的原则等因素，制定合理的目标层、准则层后，为了让模型更加完善，构建了一个包括 3 个维度、14 个指标的评价体系（见表 15-1）。

---

① 游新彩、田晋：《民族地区综合扶贫绩效评价方法及实证研究》，《科学经济社会》2009 年第 3 期，第 7~13 页；向德平、高飞：《政策执行模式对于扶贫绩效的影响——以 1980 年代以来中国扶贫模式的变化为例》，《华中师范大学学报》（人文社会科学版）2013 年第 6 期，第 12~17 页；徐莉萍、凌彬、谭天瑜：《我国农村扶贫利益共同体综合绩效评价模式研究》，《农业经济问题》2013 年第 12 期，第 58~64 页；陈升、潘虹、陆静：《精准扶贫绩效及其影响因素：基于东中西部的案例研究》，《中国行政管理》2016 年第 9 期，第 88~93 页。

② 明辉、漆雁斌、李阳明等：《林农有参与林业碳汇项目的意愿吗？——以 CDM 林业碳汇试点项目为例》，《农业技术经济》2015 年第 7 期，第 102~113 页。

表 15－1　森林碳汇扶贫绩效评价指标体系

目标层	准则层	指标要素层	计算公式、指标或赋值	单位
森林碳汇扶贫绩效评价指标体系	经济效益	本地劳工占比	本地劳工占比＝项目雇用的本地劳工数量/项目雇用的全体劳工数量×100%	%
		贫困户劳工占比	贫困户劳工占比＝项目雇用的本地贫困户劳工数量/项目雇用的全体劳工数量×100%	%
		项目实施面积	实施面积	平方千米
		人均收入	人均收入＝集体经济组织和农户取得林地资源、劳务、碳汇交易、公益林和放牧损失补偿等收入总额/项目社区人口数量	元
		贫困人口收入占比	贫困人口收入占比＝贫困人口参与项目的收入/集体经济组织和社区农户参与项目的总收入×100%	%
	发展能力	技能培训次数	因项目建设而组织的相关技能培训次数	次
		贫困人口技能培训参培率	参培率 $F_r=\frac{\sum_{i=1}^{n}F_i}{\sum_{i=1}^{n}x_i}\times 100\%$，其中 $i=1,2,\cdots,n$，表示第 i 次技能培训，F_i 表示第 i 次培训贫困人口参培人数；X_i 表示第 i 次全体参培人数(%)	%
		项目社区是否参与项目设计、管理和监测	是＝1；否＝0	
	发展机会	项目实施期间修建使用的林间道路	实际长度	千米
		项目实施期间修建的小型水利设施数	实际数量	个
		先进适用农林技术集成与示范的面积	实际面积	公顷
		提供就业机会	实际次数	次
		树种选择	碳汇林种植当地乡土树种占比	%
		森林覆盖率	由项目实施带来的森林覆盖增长率	%

（1）经济效益准则层。实现多层次、多元化就业，促进贫困对象增产增收，是几乎所有扶贫项目最直接的首要目标。[①] 经济效益准则层旨在通过考察森林碳汇项目在促进贫困地区和贫困人口就业与增收方面的表现，反映其扶贫绩效。因此，经济效益指标主要从就业和收入方面来考虑。其中，本地劳工占比反映了项目雇用当地农户参与项目建设的比例，是区域农户普惠性扶贫绩效的表征；贫困户劳工占比反映了项目雇用当地贫困农户参与项目建设的比例，是到户到人的精准扶贫绩效表征；项目实施面积是指森林碳汇项目在每个地区的实施面积，这在一定程度上可以体现出贫困地区和贫困人口能够从项目建设过程中获得的潜在收益，是一种对于收益的预期；人均收入则是一种均质化的普惠扶贫收益实际值；贫困人口收入占比反映了贫困人口从项目建设中获得的收益份额，也是一种到户到人的精准扶贫绩效表征。

（2）发展能力准则层。经济效益的改善能够让贫困对象一时脱贫，但不能保证其稳定、持续脱贫。贫困对象自我发展能力的提升，才是确保其有效脱贫不返贫的内生动力。[②] 因此，设置技能培训次数，贫困人口技能培训参培率，项目社区是否参与项目设计、管理和监测这 3 个指标，可以测算出贫困对象在森林碳汇项目的开展过程中的参与情况，反映出农户自身能力提升程度。其中，技能培训次数是指项目组织方及其委托方在森林碳汇项目实施前期、中期和后期组织开展的与项目实施有关或者能够提升被培训者其他可行能力的生产、生活技能的总次数。一般而言，其他条件既定，培训次数越多，贫困对象掌握技能的种类越多，对技能知识的掌握越熟练、越牢靠，其人力资本提升也会越多，就越有利于其脱贫。贫困人口技能培训参培率是指贫困人口参与技能培训的比率，正常情况

---

① Edwards, A. C., Wage Employment and Rural Poverty Alleviation. *In Rural Poverty in Latin America*, edited by R. López, A. Valdés, London: Palgrave Macmillan, 2000.

② 李小云：《精准扶贫须建立村级分权制度》，《光明日报》2014 年 7 月 8 日，第 11 版。

下贫困人口技能培训参培率越高，越有利于其掌握技术，脱贫致富，培训的益贫性效果可能越好。项目社区参与项目设计、管理和监测，既能彰显社区在项目实施中的主体性地位，又能成为项目组织方与农户之间的"中间方"，发挥纽带作用，协调利益，化解冲突，还能提升社区的民主化管理能力，而社区存在的合理性表现之一即体现在其扶贫济弱的公平性、公正性上，因此，项目社区参与项目设计、管理和监测，必然能更好地发挥森林碳汇项目的益贫性功能。

（3）发展机会准则层。根据社会嵌套理论，个体行为总是嵌套在一定的外部环境之中并受其影响。就扶贫而言，仅仅提升贫困对象自我发展能力还不足以促使其脱贫，必须扫除阻碍脱贫的外部障碍，贫困者自身的能力才能够更好地得到施展。因此，外部发展机会创造也是扶贫绩效的重要标志。[①] 基础设施是脱贫发展的根基，其他条件既定，道路和灌溉设施的修缮有利于提高农林业生产效率和产量、降低交易成本，从而促进贫困农户增收脱贫。[②] 而先进适用农林技术集成与示范的面积这一指标要素是指在森林碳汇项目实施区开展生态化种植、集约化养殖等农林产业技术集成与示范，其是拓展森林碳汇产业、延伸产业链的突出表现，有利于在产业延伸与融合中实现农民增收脱贫；[③] 森林碳汇项目的开展会使农户损失林下收益，因而提供就业机会是项目开展过程中的重要一环，可以给这些农户带来经济收益，进而提高自我能力。众多的实证研究结果表明，中国农村的贫困地区与生态脆弱区高度耦合，生态改善是治贫的根本和发展

① 任超、袁明宝：《分类治理：精准扶贫政策的实践困境与重点方向——以湖北秭归县为例》，《北京社会科学》2017 年第 1 期，第 100～108 页。

② 马建堂：《认真学习贯彻习近平总书记重要讲话精神 齐心协力打赢脱贫决胜攻坚战》，《国家行政学院学报》2016 年第 2 期，第 4～10 页。

③ 张义博：《农业现代化视野的产业融合互动及其路径找寻》，《改革》2015 年第 2 期，第 98～107 页。

的根基。[①] 一些学者开始把区域土地森林覆盖率、生物丰度指数、植被覆盖指数、土地退化指数等生态环境要素指标纳入扶贫绩效评估和生态贫困度量中。[②] 就森林碳汇生态环境扶贫绩效而言，一方面大规模碳汇造林再造林有利于涵养水源、保持水土，降低贫困人口因旱涝、泥石流、山体滑坡等自然灾害致贫返贫风险[③]，有利于区域积累生态资源，转化生态资产，实现生态收益[④]；但另一方面也可能给区域带来植物病虫害、乡土树种丧失、生物多样性减少等生态环境风险[⑤]。鉴于森林覆盖率是区域生态环境优劣的重要表征，选用当地乡土树种营造混交林是实践中避免环境负面影响的重要策略，为此选择了项目碳汇林种植当地乡土树种占比和由项目实施带来的森林覆盖增长率这 2 个指标。

第二节　森林碳汇扶贫绩效评价实证研究

一　数据来源和样本分析

（一）数据来源

本章所使用的数据主要来自以下几个方面。一是来源于实地调查数

① 李双成、许月卿、傅小锋：《基于 GIS 和 ANN 的中国区域贫困化空间模拟分析》，《资源科学》2005 年第 4 期，第 76 ~ 81 页；曾永明、张果：《基于 GIS 和 BP 神经网络的区域农村贫困空间模拟分析——一种区域贫困程度测度新方法》，《地理与地理信息科学》2011 年第 2 期，第 70 ~ 75 页；朱立志、谷振宾：《生态减贫：包容性发展视角下的路径选择》，2014 年中国可持续发展论坛。

② 庄天慧、张海霞、余崇媛：《西南少数民族贫困县反贫困综合绩效模糊评价——以 10 个国家扶贫重点县为例》，《西北人口》2012 年第 3 期，第 89 ~ 93 页；王艳慧、钱乐毅、陈烨烽：《生态贫困视角下的贫困县多维贫困综合度量》，《应用生态学报》2017 年第 8 期，第 2677 ~ 2686 页。

③ 王会、姜雪梅、陈建成：《“绿水青山”与“金山银山”关系的经济理论解析》，《中国农村经济》2017 年第 4 期，第 2 ~ 12 页。

④ 许吟隆、居辉：《气候变化与贫困：中国案例研究》（摘选），《世界环境》2009 年第 4 期，第 50 ~ 53 页；乐施会：《气候变化与精准扶贫》，http：//www. oxfam. org. cn/download. php? cid = 141&id = 202&p = cbkw，2017 年 7 月 13 日。

⑤ 林德荣、李智勇：《中国 CDM 造林再造林碳汇项目的政策选择》，《世界林业研究》2006 年第 4 期，第 52 ~ 56 页。

据，依托国家社会科学基金项目“推进西南民族地区森林碳汇扶贫的政策研究”，课题组先后多次前往“川西南”和“川西北”的多个造林或再造林地块（社区）进行实地考察，同时对相关政府部门、企事业单位负责人和工作人员进行了座谈交流或深度访谈，取得了第一手调查数据资料。二是四川省大渡河造林局以及诺华制药公司提供的内部资料，包括测量数据、项目合同以及项目实施成效评估资料等。三是公开的数据，包括《四川统计年鉴（2017）》，四省（市）及阿坝藏族羌族自治州、绵阳市等相关市州部分统计数据，相关《政府工作报告》，公开出版的《中国森林碳汇实践与低碳发展》等书籍，以及来自“中国绿色碳汇基金会”等网站的互联网数据。

本研究的样本县包括绵阳市平武县，北川羌族自治县，阿坝藏族羌族自治州茂县以及凉山彝族自治州雷波县、昭觉县和甘洛县。在抽样过程中，调查样本主要集中在森林碳汇项目实施面积较大的一些村中，将每村所有参与农户列为调查对象，共计发放调查问卷630份，收回调查问卷630份，有效问卷607份，问卷有效率为96.35%，样本具体情况见表15－2。

表15－2　样本分布

县名	乡镇名	村名	调查户数
平武县	高村乡	五一村	51
	水晶镇	新华村	33
	平通镇	新元村	27
北川羌族自治县	都坝乡	黄帝庙村	49
	青片乡	正河村	34
	小坝镇	永兴村	29
茂县	南新镇	别立村	89
雷波县	长河乡	民主村	33
	谷堆乡	大谷堆村	71
昭觉县	则普乡	合沙木村	35
		阿尔巴姑村	38
		库莫村	30

续表

县名	乡镇名	村名	调查户数
甘洛县	吉米镇	呷洛村	37
	坪坝乡	双马槽村	35
		石十儿村	39

（二）样本特征

由表15－3可以看出，调查样本中农户的年龄较大，70.18%的农户在45岁及以上，并且受访者以男性为主，占样本总量的66.06%。被调查样本中仅有7.08%的农户受教育程度在高中及以上，而超过50.00%的农户受教育程度是小学，可以看出调研区域农户文化程度普遍不高，需要进一步提升。由于本次调查主要集中在凉山彝族自治州，主要民族为彝族、藏族、汉族。被调查的样本中68.04%的农户的家庭林地拥有量高于10亩，说明该地区的户均林地面积拥有量相对较大，林地资源比较丰富，具有开展森林碳汇项目的基础。但是这些农户家庭收入主要来源仍然是外出务工，超过70.00%的家庭有在外务工人员。

表15－3　样本基本情况

类别	内容	数量(户)	占比(%)
年龄	18岁以下	22	3.62
	18～30岁	47	7.74
	30～45岁	112	18.45
	45岁及以上	426	70.18
性别	男	401	66.06
	女	206	33.94
受教育程度	文盲	41	6.75
	小学	360	59.31
	初中	163	26.85
	高中及以上	43	7.08
民族	彝族	210	34.60
	藏族	138	22.73
	汉族	198	32.62
	其他	61	10.05

续表

类别	内容	数量(户)	占比(%)
林地面积	10 亩以下	194	31.96
	10～30 亩	202	33.28
	30～50 亩	89	14.66
	50 亩及以上	122	20.10
外出务工人数	2 人以下	442	72.82
	2～4 人	95	15.65
	5 人及以上	70	11.53

(三) 变量描述

从本地劳工占比来看，均值为60.25%、标准差为9.63%，最大值与最小值之间相差不大；虽然从贫困户劳工占比、贫困人口收入占比、贫困人口技能培训参培率来看数值略有波动，但其原因是随着脱贫攻坚进程的不断推进，每个地区的贫困状况不同，贫困人口减少数量具有差异；人均收入标准差为436.344元，这是由于项目实施主体以及在开展产业等方面有差别；树种选择均值为65.22%、标准差为18.56%，波动不大，证明项目在实施过程中充分考虑了区域适应性，并非盲目地进行造林再造林。各变量的描述性统计结果见表15－4。

表 15－4　指标定义及描述性统计

指标	定义及赋值	均值	标准差	最大值	最小值
本地劳工占比	本地劳工占比＝项目雇用的本地劳工数量/项目雇用的全体劳工数量×100%(%)	60.25	9.63	76.92	47.19
贫困户劳工占比	贫困户劳工占比＝项目雇用的本地贫困户劳工数量/项目雇用的全体劳工数量×100%(%)	23.73	24.06	68.68	0.71
项目实施面积	实施面积(平方千米)	826.6667	809.067	2349	190.6

续表

指标	定义及赋值	均值	标准差	最大值	最小值
人均收入	人均收入 = 集体经济组织和农户取得林地资源、劳务、碳汇交易、公益林和放牧损失补偿等收入总额/项目社区人口数量(元)	569.435	436.344	1188.9	216.6
贫困人口收入占比	贫困人口收入占比 = 贫困人口参与项目的收入/集体经济组织和社区农户参与项目的总收入 ×100%(%)	25.09	20.952	54.16	0.71
技能培训次数	因项目建设而组织的相关技能培训次数(次)	2.1667	1.169	4	1
贫困人口技能培训参培率	参培率 $F_r = \frac{\sum_{i=1}^{n} F_i}{\sum_{i=1}^{n} x_i} \times 100\%$，其中 $i = 1, 2, \cdots, n$，表示第 i 次技能培训，F_i 表示第 i 次培训贫困人口参培人数；X_i 表示第 i 次全体参培人数(%)	20.42	19.82	58.30	1.70
项目社区是否参与项目设计、管理和监测	是 =1；否 =0	0.5	0.5477	1	0
项目实施期间修建使用的林间道路	实际长度(千米)	6.8667	1.9086	9.3	4.2
项目实施期间修建的小型水利设施数	实际数量(个)	2.8334	0.7528	4	2
先进适用农林技术集成与示范的面积	实际面积(公顷)	226.2167	35.0763	290	190.6

续表

指标	定义及赋值	均值	标准差	最大值	最小值
提供就业机会	实际次数(万次)	16.6717	8.3005	27.545	6.9018
树种选择	碳汇林种植当地乡土树种占比(%)	65.22	18.56	91.60	33.30
森林覆盖率	由项目实施带来的森林覆盖增长率(%)	17.44	15.70	42.97	3.19

二　指标权重的确定

主观赋权法和客观赋权法是扶贫绩效量化研究指标赋权方法的两大类。主观赋权法依靠专家对各个指标重要程度的主观经验判断确定指标权重大小，易于操作但主观性较强，主要包括层次分析法（AHP）、最小平方法、TACTIC 法、专家调查法（Delphi 法）、二项式系数法、环比评分法等。[①] 层次分析法能够对复杂问题进行层次化、简单化，因此该方法被广泛应用并不断完善。客观赋权法主要有主成分分析法、熵值法、离差法及均方差法、多目标规划法等[②]，其中熵值法应用较多。客观赋权法有较强的理论依据，不依赖人脑的主观判断，但计算方法较烦琐且不能体现决策者对指标的重视程度，因此，该方法可能会出现计算出的权重与指标的实际影响程度相悖的情形。根据主客观赋权法各自的优缺点，扬长避短，应用层次分析法确定森林碳汇扶贫绩效指标的初步权重，保留决策者对指标的偏好；同时采用熵值法对初步权重进行修正，尽量减少主观性，使赋权更可靠，使森林碳汇扶贫绩效评价结果更准确。

1. 层次分析法确定初步权重

层次分析法是一种定性和定量相结合、系统化、层次化的分析方法[③]，

① 孟雪、李宾：《多目标决策分析模型及应用研究》，《现代管理科学》2013 年第 7 期，第 42 ~ 44 页。

② 李磊、贾磊、赵晓雪：《层次分析 - 熵值定权法在城市水环境承载力评价中的应用》，《长江流域资源与环境》2014 年第 4 期，第 456 ~ 460 页。

③ Saaty, T. L., "How to Make a Decision: The Analytic Hierarchy Process," *European Journal of Operational Research* 48 (1) (1994): 9 - 26.

在处理复杂决策问题上具有较强的实用性和有效性。本研究应用该方法确定各指标的初步权重。

（1）组建专家系统。邀请该领域专家组建专家系统，采用9分位标度法对各指标的重要性逐一进行对比分析（见表15－5）。共邀请了10位专家组建专家系统，除了来自林业应对气候变化响应、人工林生态、森林碳核算、林业经济、农村反贫困等研究领域的学者，还有不同县域的林业负责人，各位专家的研究领域各有侧重，能够有效弥补某一领域专家给予其研究领域指标更高分值的缺陷。

表15－5　9分位标度法

a_{ij}	数值含义
1	a_i与a_j影响相同
3	a_i比a_j影响稍强
5	a_i比a_j影响强
7	a_i比a_j影响明显强
9	a_i比a_j影响绝对强
2,4,6,8	上述两相邻判断的中间值
倒数	a_i与a_j比较的判断值,$a_{ij}=1/a_{ij}$

（2）准则层指标权重计算。按照9分位标度法将准则层设置为经济效益（A）、发展能力（B）、发展机会（C）三个指标，构建的判断矩阵如表15－6所示。

表15－6　判断矩阵

准则层因子	经济效益(A)	发展能力(B)	发展机会(C)	权重
经济效益(A)	1	3	5	0.6555
发展能力(B)	1/3	1	1	0.1867
发展机会(C)	1/5	1	1	0.1577

按照层次分析法，计算求出判断矩阵的特征向量，为$\bar{\omega}=[0.6555, 0.1867, 0.1577]$；

经过计算，其中最大特征根 $\lambda_{max}=3.0291$；

对其进行一致性检验，$CI=\frac{\lambda_{max}-n}{n-1}=0.0146$，该值较小，符合要求；

经查表，当 $n=3$ 时，$RI=0.58$，根据公式 $CR=\frac{CI}{RI}$，求得结果 $CR=0.025<0.1$，因此矩阵有较好的一致性。所求权重值 $\bar{\omega}=[0.6555,\ 0.1867,\ 0.1577]$ 可以使用。

2. 熵值法确定指标层权重

（1）无量纲化原始数据。由于各个指标之间的初始数据统计口径不同无法进行直接评价，为了克服统计偏差，本节对指标数据通过数学的方法消除原有量纲的影响。① 本研究根据数据特征，采用极差标准化法（min－max normalization）进行处理，具体方法如下。

设共有 m 项评价指标，n（$n>1$）个被评价单元（区域），形成原始指标数据矩阵 $X=(x_{ij})_{m\times n}$（$i=1,2,\cdots,m$；$j=1,2,\cdots,n$），x_{ij}表示第 j 个被评价单元的第 i 项指标原始数值。

正向指标的无量纲化处理公式为：$y_{ij}=\frac{x_{ij}-\min(x_j)}{\max(x_j)-\min(x_j)}$。

负向指标的无量纲化处理公式为：$y_{ij}=\frac{\max(x_j)-x_{ij}}{\max(x_j)-\min(x_j)}$。

其中，y_{ij}表示无量纲化处理后的数据，$\min(x_j)$ 和 $\max(x_j)$ 分别表示第 i 项指标在 n 个被评价单元中的原始数据最小值和最大值。正向指标表示其值越大，森林碳汇区域扶贫绩效越高；负向指标含义相反。

（2）计算第 i 项指标的熵值 s_i：$s_i=-k\sum_{j=1}^{n}F_j\ln F_j$，其中 $k=\frac{1}{\ln n}>0$，ln 为自然对数，$s_i\geqslant 0$。如果第 j 项指标下 n 个被评价单元的该指标值全部相等，则有 $F_j=\frac{y_j}{\sum_{j=1}^{n}y_j}=\frac{1}{n}$，此时 s_i 取最大值，即 $s_i=-k\sum_{j=1}^{n}F_j\ln F_j=$

① 詹敏、廖志高、徐玖平：《线性无量纲化方法比较研究》，《统计与信息论坛》2016 年第 12 期，第 17～22 页。

$-k\sum_{j=1}^{n}\frac{1}{n}\ln\frac{1}{n}=k\ln n=1$，于是得到 s_i 的取值范围为：$0\leqslant s_i\leqslant 1$。

利用熵值法来确定权重，$F_{ij}=\frac{y_{ij}}{\sum_{j=1}^{n}y_{ij}}$表示第 i 个方案的贡献度 A_i，用 E_j 来表示所有方案对属性 y_j 的贡献总量，即 $E_j=-k\sum_{i=1}^{n}F_{ij}\ln F_{ij}$，其中常数 $k=\frac{1}{\ln m}$，这样就能保证 $0\leqslant E_j\leqslant 1$。这样可看出属性值由所有方案差异大小来决定权系数大小，因此定义 L_j 为第 j 个属性下各方案贡献度的一致性程度，即 $L_j=1-E_j$。各属性权重 w_j 如下：$w_j=\frac{L_j}{\sum_{j=1}^{n}L_j}$，当 $L_j=0$ 时，权重也为0。最后，将 w_j 归一化得到最终权重：$W_j=\frac{w_j}{\sum_{j=1}^{n}w_j}$。结果见表15－7。

表15－7　森林碳汇扶贫绩效评价指标权重

目标层	准则层	权重	指标要素层	权重
森林碳汇扶贫绩效评价指标体系	经济效益(A)	0.6555	本地劳工占比(A1)	0.1362
			贫困户劳工占比(A2)	0.1949
			项目实施面积(A3)	0.2439
			人均收入(A4)	0.2532
			贫困人口收入占比(A5)	0.1718
	发展能力(B)	0.1867	技能培训次数(B1)	0.3268
			贫困人口技能培训参培率(B2)	0.2946
			项目社区是否参与项目设计、管理和监测(B3)	0.3786
	发展机会(C)	0.1577	项目实施期间修建使用的林间道路(C1)	0.1184
			项目实施期间修建的小型水利设施数(C2)	0.1107
			先进适用农林技术集成与示范的面积(C3)	0.0801
			提供就业机会(C4)	0.3632
			树种选择(C5)	0.1452
			森林覆盖率(C6)	0.1824

三　扶贫绩效评价结果分析

以项目实施的行政区划县为评价单元展开森林碳汇扶贫绩效测评，

文中分析部分用代码 $X_1 \sim X_6$ 表示 6 个县，且打乱顺序。首先，用层次分析－熵值定权法确定的权重乘以无量纲化后的各项指标值，可以得出森林碳汇扶贫绩效的各自得分，即 $M_j = \sum_{i=1}^{m} W_j \times y_{ij}$，$M_j$ 表示第 j 个被评价区域的分值，再根据分值与 W_j 加权平均得到最终结果（见表 15－8）。

表 15－8　森林碳汇项目扶贫绩效得分

对象	M_A	M_B	M_C	M
X_1	0.6750	0.5377	0.6688	0.6483
X_2	0.7487	0.6821	0.6031	0.7132
X_3	0.6687	0.7089	0.5612	0.6592
X_4	0.7311	0.5515	0.6402	0.6832
X_5	0.7186	0.6390	0.5674	0.6798
X_6	0.6978	0.6937	0.6800	0.6942
川西北	0.6804	0.6468	0.6367	0.6672
川西南	0.7328	0.6241	0.6036	0.6920
总体均值	0.7066	0.6355	0.6201	0.6796
总体方差	0.0290	0.0678	0.0464	0.0214

（一）总体分析

从 6 个县扶贫绩效来看，森林碳汇扶贫具有一定的成效。这是多方面原因导致的，首先，政府重视是前提条件，鉴于国家生态文明建设的需要，“绿水青山就是金山银山”等发展理念的引导，各级政府部门对森林碳汇项目的扶持力度也日益加大，使森林碳汇扶贫绩效快速提升。其次，自然环境是基础保障，两个 CDM 森林碳汇项目都处于四川省自然资源较为发达的地区，不管是降雨、气候还是海拔都比较适合林业的发展，同时农户户均林地面积较大，森林碳汇项目开展阻力较小。另外，四川省近年来频发的自然灾害增强了各方对生态环境的保护意识，促进了森林碳汇项目这类生态项目的开展。最后，农户认可是关键环节，森林碳汇项目开展离不开农户的劳动投入。大多农户文化水平较低，接受的教育层次不高，因此除了让农户参与造林、管护等建设工作以给农户带来直接的经济收益外，项目开展过程中也逐渐对农户开展造林技能等培训会议，增加农户的知识和技能，带动农户自身发展的积极性。

从经济效益来看，基本上是以人力的投入为主，两个项目均完成了项目建设并进入了运行阶段，项目的实施面积相对稳定。同时森林碳汇项目是一个典型的以市场为导向的项目，具有追求利益的天然属性，因此在大部分情况下经济效益占比最高。从发展能力来看，随着我国精准扶贫战略的推进，项目实施方也有意识地使建档立卡的贫困户参与到项目建设和运行中来，希望通过培训等方式增强农户自身“造血”能力。不过森林碳汇的开发受益者不应该也不可能局限于贫困人口，实施区域的农户都应具有培训和务工的机会，有些农户将自己在造林实践过程中熟练的技能投入自身农业生产中，发展能力的提升又能反哺于经济效益。从发展机会来看，森林碳汇项目实施地区与我国偏远、贫困山区高度重合，碳汇项目在实施过程中能够带动地区发展并给农户提供较多的务工机会。同时我国贫困地区的生态环境大多比较脆弱，造林项目能提高森林覆盖率进而改善社区生态环境；完善基础设施条件，打破地区发展外部障碍使森林碳汇项目扶贫功能进一步凸显。

最后，通过综合比较经济效益、发展能力、发展机会，发现这三个方面的差异不大，经济效益总体均值为0.7066、发展能力总体均值为0.6355、发展机会总体均值为0.6201，经济效益与发展机会之间最大差值仅为0.0533，这与项目运行初期相比差距已经逐渐缩小；3个维度的总体方差分别为0.0290、0.0678、0.0464，可见主要差距还是相对集中在后两个方面。

（二）对比分析

着眼于“川西北”和“川西南”两个CDM森林碳汇项目整体，首先，从经济效益来看，“川西南”得分（0.7328）略高于“川西北”（0.6804），主要是因为“川西南”项目在“川西北”项目之后实施，与我国精准脱贫的目标紧密结合起来，项目实施的靶向性更加明确。而“川西北”项目虽然与香港低碳亚洲公司签订了贸易合作，但2012年后碳汇交易量较低，因此农户获得的森林碳汇项目收益较少。其次，从发展能力来看，“川西南”（得分为0.6241）项目区多属彝族聚居区，自身基础较为薄弱，对于发展的迫切性、参与的势头略弱于“川西北”（得分为0.6468）项目区。最后，“川西北”项目区的发展机会得分（0.6367）高于“川西南”项目区（0.6036），这是因为“川西北”项目实施较早，在基础设施的完善、生态环境的保护上有一定优势。从“川西北”和“川西南”两个项目的得分与总体均值来看，“川西南”项目在经济效益方面的得分高于总体均值（0.7066），“川西北”在发展能力和发展机会方面的得分都高于总体均值（0.6355、0.6201），因此综合来看两个项目各有突出的地方，都给项目实施地区的发展、农户的生产和生活带来了积极的影响。

从“川西北”项目内部来看（见图15－2），X_6 得分（0.6942）略高于 X_1 得分（0.6483）与 X_3 得分（0.6592）；再聚焦于县域内部（见图15－3），X_1 经济效益得分（0.6750）略低于总体均值、发展能力得分（0.5377）低于总体均值、发展机会得分（0.6688）高于总体均值，综合来看 X_1 总体扶贫绩效得分低于总体均值；X_3 经济效益得分（0.6687）略低于总体均值、发展能力得分（0.7089）高于总体均值、发展机会得分（0.5612）高于总体均值，综合来看 X_3 总体扶贫绩效得分低于总体均值；X_6 经济效益得分（0.6978）略低于总体均值、发展能力得分（0.6937）高于总体均值、发展机会得分（0.6800）高于总体均值，综合来看 X_6 总体扶贫绩效得分高于总体均值。

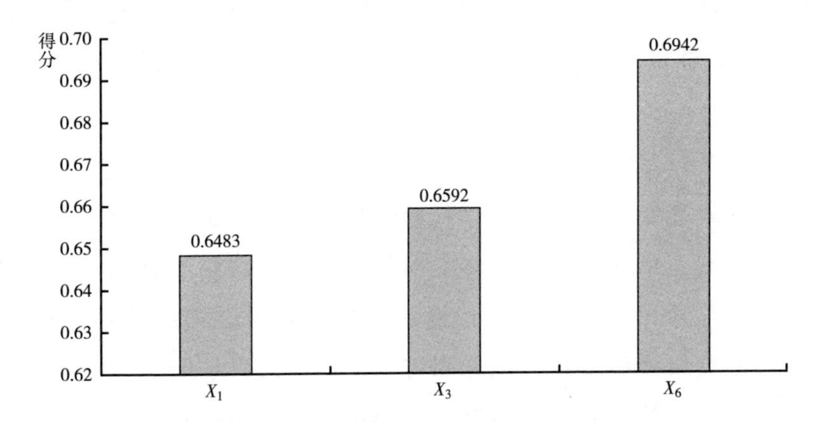

图15－2　“川西北”项目实施县扶贫绩效得分

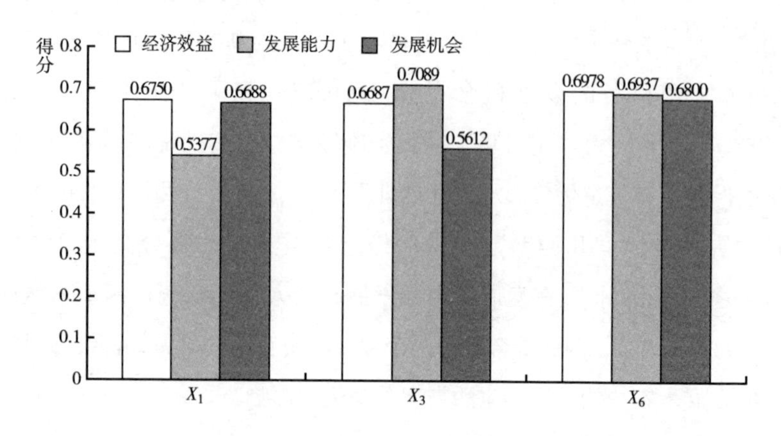

图 15－3 “川西北”项目实施县各维度得分

从“川西南”项目内部来看（见图 15－4），X_2 得分（0.7132）高于 X_4 得分（0.6832）与 X_5 得分（0.6798）；再聚焦于县域内部（见图 15－5），X_2 经济效益得分（0.7487）高于总体均值、发展能力得分（0.6821）高于总体均值、发展机会得分（0.6031）低于总体均值，综合来看 X_2 总体扶贫绩效得分高于总体均值；X_4 经济效益得分（0.7311）高于总体均值、发展能力得分（0.5515）低于总体均值、发展机会得分（0.6402）高于总体均值，综合来看 X_4 总体扶贫绩效得分略高于总体均值；X_5 经济效益得分（0.7186）高于总体均值、发展能力得分（0.6390）略高于总体均值、发展机会得分（0.5674）低于总体均值，综合来看 X_5 总体扶贫绩效得分略高于总体均值。

从整体的三个指标维度来看，在经济效益方面，项目实施面积和人均收入两项指标对于经济效益的贡献较大，说明人均资本对经济效益起到了正向的作用。而本地劳工占比的贡献率较低，也显现出森林碳汇项目参与度与宣传度还不足的问题。从发展能力来看，项目社区参与项目设计、管理和监测，贫困人口技能培训参培率和技能培训次数对发展能力的贡献较为平均，对于扶贫效益的贡献率差距并不明显。最后，发展机会的创造主要表现在提供就业机会的

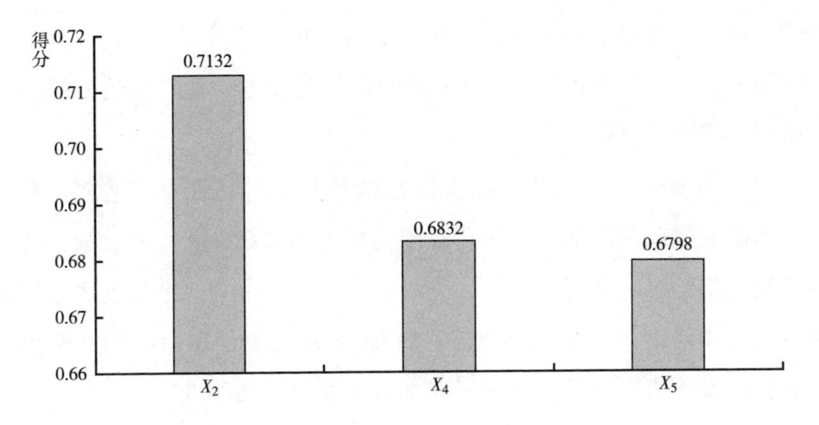

图 15-4　"川西南"项目实施县扶贫绩效得分

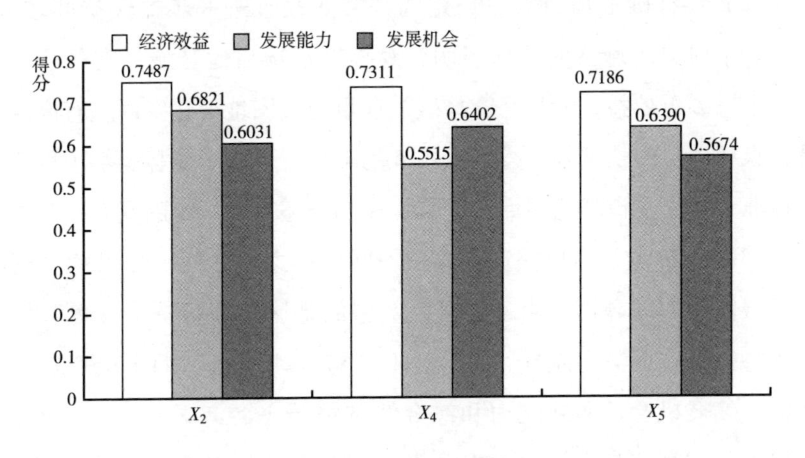

图 15-5　"川西南"项目实施县各维度得分

数量上，就业机会的提供可以使农村剩余劳动力通过学习新的就业技能解决就业问题，对于改善农户贫困现状起到了重要的作用。

小　结

本研究以可行能力理论、参与式发展理论等为基础，基于精准扶贫和区域扶贫的视角，结合对四川省两个 CDM 森林碳汇项目实施地区的实地调查数据，从经济效益、发展能力、发展机会 3 个维度出发构建森林碳汇扶贫绩效评价指标体系，运用层次分析－熵值定权法，深入分析“川西南”和“川西北”项目区6个县的扶贫绩效。通过理论分析和实证研究，得出以下结论。

（1）森林碳汇扶贫绩效评价指标体系具有可行性、普适性、合理性。本研究以阿马蒂亚·森的可行能力理论为基础，将主观赋权法与客观赋权法相结合，从经济效益、发展机会、发展能力3个维度建立指标体系，以川西南、川西北两个典型的CDM森林碳汇项目区的6个项目实施县为案例进行验证，提升了森林碳汇扶贫的透明度，保障了扶贫主体的履约率。

（2）森林碳汇项目具有一定的扶贫效益且进一步提升空间较大。对于6个项目实施县的评估表明，森林碳汇项目对区域具有经济、社会、生态多重效益，尤其是森林碳汇项目与贫困地区在空间上有高度重叠，森林碳汇的扶贫功能得到进一步的彰显，但囿于森林碳汇项目严格的标准及碳交易市场的不完善，其扶贫功能还有进一步的提升空间。

（3）森林碳汇项目扶贫绩效在不同项目之间，同一项目的不同实施区域间具有差异性。由于在项目实施的地区、项目资金投入、社会文化特征等方面具有差异，“川西北”与“川西南”两个项目在经济效益、发展机会、发展能力和综合扶贫绩效上各有差别，“川西南”项目投入较高使其经济效益得分高于“川西北”项目；而“川西北”项目实施年限较长，因此在发展能力和发展机会方面的得分略高于“川西南”项目。

（4）森林碳汇扶贫绩效存在短期性和长期性。立足于扶贫绩效的角度，经济效益仍占主导作用，但从四川省两个CDM森林碳汇项目来看，我国碳汇市场的交易额还较低，发展处于初级阶段，需要继续发展完善，促进农户持续增收。虽然经济效益的增加能在短期内快速提升农户的扶贫绩效，但是经济效益的短时期增长并不能保障农户实现稳定脱贫而不返贫，因此要从创造发展机会、提升发展能力等方面采取应对措施。

虽然从扶贫绩效总体来看，四川省两个 CDM 森林碳汇项目具有一定的扶贫绩效，但还未达到最理想的结果，森林碳汇扶贫是一个长期的工程，需要继续推进。因此，本研究认为，在今后的森林碳汇项目运作中还有以下几点需要完善的地方。

（1）建立时序监测，完善动态机制。基于碳汇林生长的规律性、碳汇计量监测的严格性、碳交易市场的特殊性，森林碳汇项目发展存在显著的长期性、风险性，导致森林碳汇项目的扶贫效益存在滞后性和波动性等特征，因而需要建立时序监测，实现对森林碳汇项目扶贫效益的动态管理，运用森林碳汇扶贫绩效指标体系，对不同时间、不同空间下的森林碳汇项目建立实时跟踪评价，相对客观、便捷地对项目开发、运行、管理的各环节进行量化评估，及时调整项目制度设计、安排，进而挖掘森林碳汇项目的扶贫潜力，不断提升森林碳汇扶贫绩效，促进森林碳汇项目的持续发展。

一是依据碳交易市场实际，及时、准确地量化森林碳汇项目的经济效益，科学度量森林碳汇项目对项目实施区域农户经济收入增长的实际贡献，依托财政补贴、金融手段等维持森林碳汇项目经济效益的稳定性，确保项目实施区域农户从森林碳汇项目获得稳定、持续的收入；二是依据森林碳汇项目不同发展阶段实际，准确统计森林碳汇项目所提供或带来的长期、短期就业机会，要通过就业转移、岗位优化等避免出现项目发展中期大幅度的就业岗位缺失；三是依据项目实施区域发展的动态实际，精确识别项目实施区域农户的实际技能需求，要依据不同时间点农户的客观需要，及时调整项目所提供的技能培训内容、优化技能培训方式。

（2）强化管理，提升扶贫效益。一是注重统筹权衡森林碳汇项目多重效益，避免片面追求生态效益。森林碳汇项目具有显著的多重效益，不仅能够通过实现碳储量增加实现市场交易，彰显其生态功能，而且能通过提供长期或短期就业岗位、非农技能培训，吸引外部资金等直接和间接方式实现其经济社会功能；然而以市场为主导的森林碳汇项目，基于碳交易以碳储量为标的的导向，必然导致项目业主更为关注，甚至片面强调项目生态效益，忽视经济社会效益。因而，要引入政府作为独立第三方，对项目业主行为进行干预，建立以生态效益和经济社会效益均衡为目标导向的项目发展理念。二是强化经验交流，完善项目制度设计。囿于项目实施区域自然、经济等方面的条件，以及项目之间在组织机制、运行机制、管理机制等多个环节的差异，不同项目之间、同一项目在不同实施区域之间绩效差异显著，因而，依托森林碳汇扶贫绩效指标体系，凝练不同项目、不同项目实施区域森林碳汇扶贫的经验，总结森林碳汇扶贫困境，优化森林碳汇项目制度设计。

（3）强化协调，整合多重资源。一方面，森林碳汇项目开发、运行，不可避免地对项目实施区域农业、牧业等产业发展产生显著的影响，与项目实施区域经济发展规划存在一定程度的冲突，因而，需要强化林业部门、农业部门等职能部门之间的协调，尤其是在进行区域经济发展规划中，避免同一项目实施区域产生冲突，给当地农户带来不稳定性担忧。另一方面，森林碳汇扶贫不能完全依赖于林业部门，需要扶贫部门、交通部门等多个职能部门之间的联动，形成合力，通过强化不同主体之间的联动，协调多个职能机构部门运行，提升森林碳汇扶贫效益。具体而言：首先，在项目的有效实施过程中需要主体、客体之间相互协调，方能良好运行；其次，除了政府之外，还需要将龙头企业、金融机构等各类组织利用起来，在各自擅长领域推进碳汇项目的运行，最大限度地完善碳汇交易市场，真正实现碳汇交易和流通，使农户将碳汇资产切实转化为经济收入；最后，结合实际情况，创造森林碳汇扶贫长效机制，将经济、环境、文化、资源等纳入阶段性发展战略与规划，各方力量积极参与，共同努力保证扶贫工作的长期性和持续性。

（4）健全人才储备，形成科技支撑。森林碳汇项目扶贫应该更重视对人才的挖掘、招揽和培训的工作，不能忽略了人才在项目研究、开发、管理中的关键作用。碳汇项目的发展还需要加快科学研究、资源创新，可以通过与高校、政府等合作，形成集吸引人才、培育人才和管理人才于一体的体系，为森林碳汇项目扶贫的发展提供后盾。

一是依托高等院校、科研院所、森林碳汇项目的第三方机构等，实时在乡镇、行政村开展森林碳汇知识普及，项目开发技能培训，为森林碳汇项目实践集聚一大批懂知识、有技能的基层实践人才，保障森林碳汇项目的顺利实施；二是依托森林碳汇领域的专家学者，不断创新研究，突破森林碳汇项目在实践中面临的温度、湿度、海拔等高山种植困境，通过培育新品种、创新新技能、发展新模式，将海拔林线不断向上延伸，挖掘森林碳汇项目发展潜力，增大森林碳汇项目的相对效益；三是不断强化森林碳汇项目方法学创新研究，要建立、丰富不同树种、不同气候条件、不同项目实施区域、不同经济社会条件下的碳储量核算方法，尤其是碳泄漏的计量模型，通过拓展碳汇计量模型库，将更多树种、地块纳入碳交易，挖掘森林碳汇项目发展的潜力。

（5）加大宣传力度，增大社会影响。由于开展时间有限，许多理论和方法仍在研究发展中，社会对森林碳汇项目的扶贫效果认知度不高，因此我们要不断吸取现阶段森林碳汇项目已有的规划、设计、运行等经验，同时提高大众对森林碳汇扶贫绩效的认知，让民众能够认识、认同森林碳汇项目的扶贫绩效，达到能够主动参与到碳汇项目中来的目标。

一是依托广播、电视、宣传手册、报纸、村委公告栏等，不断提高项目实施区域农户对森林碳汇项目的认知程度，减少农户对项目的负面评价，提升农户对项目所实现的多重效益的价值认同，加大农户对项目的支持力度。二是开展项目成效总结、经验推广等活动，依托电视传媒、互联网等加大对项目的宣传力度，让更多的社会机构、人群关注到森林碳汇项目，吸引社会资源向项目实施区域流动，延伸森林碳汇项目的利益链条，推动森林碳汇产业的纵向延伸。三是推动森林碳汇项目示范点建设，发挥示范引领作用，在森林碳汇项目发展的优势区域开展典型的森林碳汇扶贫示范点，彰显森林碳汇项目的扶贫效益，让更多的人从实践中发现、关注森林碳汇项目的多重效益。

第十六章　森林碳汇扶贫效应农户感知评价*

在实践中，农户作为森林碳汇项目的重要参与者和利益相关者，他们对项目开发多重效应的评判，不仅直接决定其持续参与意愿，而且在赢得更多农户广泛理解与支持、巩固前期造林再造林成果及森林碳汇项目长期运营中起关键性作用，对实现应对气候变化与减贫双赢的既定目标至关重要。森林碳汇项目在给农户带来经济、社会、生态等多重效益的同时，不可避免地为农户带来负面影响，而负面影响的大小往往是农户行为决策的核心。正如前文所指出的，这些负面影响包括但不限于利益外部化、弱势群体参与受限，以及农户放牧、林下种植、薪柴采伐等传统生计活动受限等。鉴于此，从正面影响和负面影响两个维度对森林碳汇扶贫效应进行深入分析，对完善森林碳汇项目制度设计、扶贫路径优化等具有重要意义。由此，本章将通过选取已完成前期造林再造林的典型森林碳汇项目实施区域的入户问卷调查数据，借鉴感知价值理论分析框架，运用结构方程模型（SEM）实证检验农户对森林碳汇项目开发扶贫效应感知价值与其支持项目后期运营意愿的关系，以期为完善瞄准和贴近农户利益诉求的森林碳汇扶贫支持政策提供有益借鉴。

---

* 本章主要内容来自龚荣发、程荣竺、曾梦双等《基于农户感知的森林碳汇扶贫效应分析》，《南方经济》2019 年第 9 期，第 84 ~ 96 页。

第一节　农户感知价值的理论分析

一　农户感知价值的界定

感知价值理论在消费者行为研究中最早被 Zeithaml 提出[①]，主要应用于产品营销领域，是指消费者在产品或服务购买和消费过程中比较感知利益与感知付出之后对产品或服务效用大小所做出的综合评价，或者说是消费者所获得的产品质量与损失之间的比较[②]，其理论核心是感知利益与感知付出之间的权衡。随着研究的不断深入和丰富，揭示感知价值的维度也越来越多元化。Woodruff 和 Cardial 提出了价格、感知质量、感知利益、感知风险和顾客购买意愿之间的关系基本模型。[③] 李佳等、李会琴等和秦远好等从积极与消极两个维度及经济、社会、环境效应三个方面，研究了贫困地区居民对旅游扶贫效应感知，认为居民对旅游扶贫效应的感知价值是决定其行为态度的重要因素。[④] 张方圆和赵雪雁基于经济、社会和生态效应三个维度，对农户参与退耕还林工程的生态补偿效应感知及影响因素进行了实证研究，认为提高农户生态补偿效应感

---

① Zeithaml, V. A., "Consumer Perception of Price Quality and Value: A Means-End Model and Synthesis of Evidence," *Journal of Marketing* 52 (7) (1988): 2－22.

② Flint, D. J., Woodruff, R. B., Cardial, S. F., "Exploring the Phenomenon of Customer, Desired Value Change in a Business-to Business Context," *Journal of Marketing* 66 (10) (2002): 102－117.

③ Woodruff, R. B., Cardial, S. F., *Know Your Customer: New Approaches to Customer Value and Satisfaction* (Cambridge: Blackwell, 1996).

④ 李佳、钟林生、成升魁：《民族贫困地区居民对旅游扶贫效应的感知和参与行为研究——以青海省三江源地区为例》，《旅游学刊》2009 年第 8 期，第 71～76 页；李会琴、李晓琴、侯林春：《黄土高原生态环境脆弱区旅游扶贫效应感知研究——以陕西省洛川县谷咀村为例》，《旅游研究》2012 年第 3 期，第 1～6 页；秦远好、马亚菊、刘德秀：《民族贫困地区居民的旅游扶贫影响感知研究——以重庆石柱县黄水镇为例》，《西南大学学报》（自然科学版）2016 年第 8 期，第 74～82 页。

知价值，是保障生态补偿项目可持续建设的重要策略。[①] 韩成英基于感知价值理论，从感知利益与感知风险两个维度及感知经济利益、感知社会利益、感知生态利益、感知经济风险、感知心理风险、感知情景风险六个方面建立模型，对农户农业废弃物资源化行为进行了研究，结果表明农户资源化感知价值通过资源化意愿间接影响其资源化行为。[②] 据此，本章认为，农户森林碳汇扶贫效应感知价值是农户对在贫困地区实施的森林碳汇项目是否“利大于弊”的主观感受，即农户在直接或间接参与项目开发过程中，所能感知获得利益和感知付出风险权衡之后得出的综合评价，并进而影响他们的行为意愿。借鉴相关研究成果，结合碳汇造林再造林项目开发特点及其多重效应，构建本研究理论框架，如图 16－1 所示。

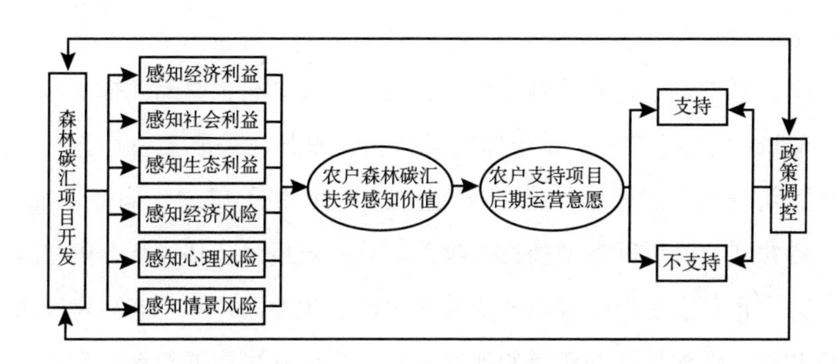

图 16－1　农户森林碳汇扶贫效应感知价值理论框架

二　农户感知价值的识别

按照通常的经济学分析方法，农户感知价值遵循自身效用最大化原则，即感知利益最大化和感知风险最小化。但由于农户参与碳汇造林再造林项目及其受益的方式多样，森林碳汇扶贫效应既体现在区域

① 张方圆、赵雪雁：《基于农户感知的生态补偿效应分析——以黑河中游张掖市为例》，《中国生态农业学报》2014 年第 3 期，第 349～355 页。

② 韩成英：《农户感知价值对其农业废弃物资源化行为的影响研究》，博士学位论文，华中农业大学，2016。

经济发展、贫困社区组织管理能力等宏观尺度上，也体现在包括贫困人口在内的农户经济收入、可行能力、发展机会等微观尺度上，既包括经济和非经济收益影响，也包括短期与长期、积极和消极影响。那么，农户对森林碳汇扶贫效应的感知价值就不局限于自身效用最大化，还包括农户作为社会人对项目开发的综合评判。这有利于避免单一理性经济人假设给森林碳汇扶贫多重效应评价所带来的偏差，也是降低强化扶贫和生态建设社会公益性给森林碳汇多重效应评价带来不确定性影响的客观要求。为此，本章以农户对森林碳汇项目扶贫效应的感知为观测变量，对是否“利大于弊”的感知价值为一阶潜变量，农户是否支持项目后期运营的意愿为二阶潜变量。为了更好地探讨可观测变量与潜变量之间的关系，根据上述农户感知价值理论模型，提出如下假设。

H_1：感知利益对农户森林碳汇扶贫效应感知价值具有正向影响。

Keller 认为感知利益是个体购买产品、服务或采取某一行为，所能感知到获得的全部好处和收益。[1] 就森林碳汇扶贫感知正面效应而言，农户感知利益既可以是增加货币收入、获得新技术、拓展社会网络等直接利益，也可以是传统观点转变及其生产、生活条件和生态环境改善等间接利益，既包括前期获得的现实利益，也包括可预期的潜在利益。感知利益理论表明，个体感知利益越高，价值感受也就随之提高。综合上述分析，本章将感知利益分解为感知经济利益、感知社会利益和感知生态利益 3 个方面，并进一步提出以下假设。

H_{1a}：感知经济利益对农户森林碳汇扶贫效应感知价值具有正向影响。

H_{1b}：感知社会利益对农户森林碳汇扶贫效应感知价值具有正向影响。

H_{1c}：感知生态利益对农户森林碳汇扶贫效应感知价值具有正向影响。

H_2：感知风险对农户森林碳汇扶贫效应感知价值具有负向影响。

---

① Keller, K. L., “Conceptualizing, Measuring, Managing Customer-based Brand Equity,” *Journal of Marketing* 57 (1) (1993): 1 – 22.

Dowling 和 Staelin 以及 Keh 等认为感知风险是行为主体在决策过程中对各类客观和潜在风险因素的主观认识，是对不良后果和不确定性的心理感受，通常归结为经济风险、时间风险、心理风险、机会风险、功能风险、社会风险等多个感知维度。① 孟博等指出，风险感知因人而异，外部观察、经验判断、恐惧情绪、周边环境等因素会对感知风险产生影响。② 就森林碳汇扶贫开发而论，农户感知风险不仅包括货币、非货币机会成本及其担心权益保障等无形的精神成本付出，还包括基于类似经验的可能性风险评估，即情景风险。在公众行为研究领域，众多文献结果表明，感知风险对个体感知价值有消极的影响。也就是说，如果感知风险水平越低，感知价值就越大，反之亦然。综合上述分析，本章将效应感知风险分解为感知经济风险、感知心理风险和感知情景风险 3 个方面，并进一步提出以下假设。

H_{2a}：感知经济风险对农户森林碳汇扶贫效应感知价值具有负向影响。

H_{2b}：感知心理风险对农户森林碳汇扶贫效应感知价值具有负向影响。

H_{2c}：感知情景风险对农户森林碳汇扶贫效应感知价值具有负向影响。

H_3：感知价值对农户支持项目后期运营意愿有显著影响。

森林碳汇项目实施周期长，是一个前期造林、中后期管护及减排量核查核证等多阶段的持续过程。农户对森林碳汇项目后期运营支持意愿既包括农户基于经济人理性，严格遵守合同约定，尤其是不会因为土地

① Dowling, G. R., Staelin, R., "A Model of Perceived Risk and Intended Risk-handling Activity," *Journal of Consumer Research* 21 (1) (1994): 119 - 134; Keh, H. T., Foo, M. D., Lim, B. C., "Opportunity Evaluation under Risky Conditions: The Cognitiveprocesses of Entrepreneurs," *Entrepreneurship Theory and Practice* 27 (2) (2002): 125 - 148.

② 孟博、刘茂、李清水等：《风险感知理论模型及影响因子分析》，《中国安全科学学报》2010 年第 10 期，第 59 ~ 66 页。

用途长时间改变可能导致的机会成本上升而退出，也包括农户基于社会人特征，对森林碳汇项目开发非经济效应的权衡而践行避免碳泄漏、安全用火等后期管护要求的支持意愿。[①] 国内相关实证研究结果表明，“利大于弊”的感知价值对农户参与退耕还林、旅游扶贫、农地整理、耕地非农转化、农业废弃物资源化利用等行为意愿具有正向作用，而“弊大于利”的感知价值具有负向作用。据此，假设农户对森林碳汇扶贫效应的感知价值对其支持项目后期运营意愿有显著影响，即“利大于弊”的感知价值具有正向影响，而“弊大于利”的感知价值具有负向影响。

第二节　农户感知价值的调查分析

一　数据说明

本章所使用的数据选取自课题组对“诺华川西南林业碳汇、社区和生物多样性项目”和“云南腾冲小规模再造林景观恢复项目”实施区的抽样入户调查。为保证问卷设计的合理性和调研数据质量，课题组采用德尔菲、小组讨论和李克特量表法相结合的方法设计调查问卷，并在预调查基础上进行了多次修订。正式调查采取典型抽样与分层抽样相结合的方法。首先采取典型抽样方法，在诺华项目所在凉山彝族自治州昭觉、越西、美姑、雷波、甘洛 5 个国家级贫困县的 27 个村中，抽取 2 个县的 8 个贫困村，在腾冲项目所在 3 个乡（镇）5 个村中抽取 3 个贫困村；然后结合选定的村的常住人口总数、造林面积等因素，随机选取 20 ~ 50 个农户进行入户问卷调查与半结构式访谈，重点询问农户直观感受和社区变化。共调查了农户 419 个，但由于调查区为彝、哈尼、傣

① 杨帆、曾维忠、张维康等：《林农森林碳汇项目持续参与意愿及其影响因素》，《林业科学》2016 年第 7 期，第 138 ~ 147 页。

等少数民族聚居的贫困地区，为克服农户居住分散、交通不便、语言沟通困难，参与实地调查的人员较多，导致问卷数据缺失或异常问题明显，集中检验后共获得有效问卷为328份，问卷有效率为78.28%。

在调查中，还对项目属地林业主管部门、四川省大渡河造林局和苏江林场等造林主体的负责人、管理人员进行了会议座谈与个别访谈，收集了相关资料。结果表明，腾冲和诺华项目先后于2007年、2010年正式启动建设，建设期限都为30年，已完成前期主体造林再造林工程并进入管护和运营期。两个项目均按照CDM－AR标准，采取“企业＋政府＋农户”的营建模式及划拨部分碳汇收益、项目周期结束后全部林木归土地所有者的基本利益联结机制，并与涉及造林地块的农户签订了三方合同。

二　调查样本描述

由表16－1可知，在被调查的农户中，男性（65.12%）、青壮年居多，年龄在31～40岁和41～50岁的样本比例分别为25.20%、31.17%。共同生活家庭人口数在4～6人的较多（56.10%），有1个以上外出务工成员和（曾）担当乡（村）干部的家庭较少，分别占8.00%、9.00%。样本农户受教育（均值为6.38年）和家庭人均纯收入（均值为3507.18元/年）明显低于所在地区平均水平，其中19.00%的样本农户为建档立卡贫困户，贫困发生率显著高于同期所属地区的平均水平，多数家庭参与了技术培训（72.13%）或获得了直接经济收入（92.12%）。在调查中发现，一是尽管各项目实施村经济社会发展水平存在差异，但普遍基础设施滞后、公共服务薄弱，个别村未通水泥或沥青公路，安全用水、用电和住房尚未彻底解决。受教育、语言等因素限制，当地农户外出务工难、青壮年劳动力留守比例高，传统种养业和林副产品仍然是绝大多数家庭收入的主要来源。二是项目通过市场获得的碳交易和银行贷款资金有限，造林企业、NGO、社区等利益相关者紧密合作，大多数造林地块属于农户确权土地，当地政府相关生态建设、农民技术培训、产业扶贫项目及其生态公益林建设、放牧损失生态补偿资金等配套政策支持，是项目顺利实施、农户参与和受益面广的重要原因。

表 16－1　样本农户基本情况

指标	最小值	最大值	均值	标准差
性别(男 =1;女 =0)	0	1	0.65	0.48
民族(汉族 =1,其他 =0)	0	1	0.39	0.27
年龄(周岁)	18	75	39.28	13.45
受教育年限(年)	0	16	6.38	2.65
参加技术培训次数(次)	0	9	3.24	1.65
家庭人均纯收入(元/年)	1200	35000	3507.18	2722.85
家庭人口数(人)	1	10	4.58	1.52
家庭外出务工人数(人)	0	4	0.78	1.13
家庭是否有人(曾)担当乡(村)干部(是 =1,否 =0)	0	1	0.09	0.27
参与项目土地面积(公顷)	0	1.07	0.59	0.32
是否获得直接经济收入(是 =1,否 =0)	0	1	0.92	0.28
是不是建档立卡贫困户(是 =1,否 =0)	0	1	0.19	0.21
项目区(“腾冲”项目 =1,“川西南”项目 =0)	0	1	0.57	0.19

三　感知价值认同状况

统计结果显示（见表 16－2），农户认为森林碳汇扶贫开发利大于弊和愿意支持森林碳汇项目后期运营的比例分别为 72.56%、69.82%，并对多数扶贫效应认知观测变量表现出明确的倾向性态度。这反映出当地农户对项目开发积极和消极的多重效应感知均比较强烈，多数农户对项目实施持欢迎、支持的积极态度，项目开发整体上取得了明显的扶贫效应。

表 16-2　样本农户对森林碳汇扶贫效应的感知价值认同状况

因素	调查项目	均值	标准差	赞成率(%)	结果
感知经济利益	增加了外部投资(PB_1)	3.67	1.17	62.20	赞成
	获得了碳交易收入分配和政府补贴(PB_2)	3.59	1.20	61.27	赞成
	增加了当地人务工机会(PB_3)	3.58	1.21	55.79	中立
	增加了低效林地入股或流转收入(PB_4)	3.61	1.15	61.79	赞成
	贫困者能平等地获得参与收益(PB_5)	3.48	1.28	55.49	中立
感知社会利益	提高了当地知名度(PB_6)	3.73	1.14	64.63	赞成
	带来了新理念和新技术(PB_7)	3.85	1.13	60.43	赞成
	增强了社区凝聚力(PB_8)	3.81	1.10	66.16	赞成
	有助于当地精准扶贫(PB_9)	3.30	1.22	49.67	中立
	拓展了社区居民社会网络与谋生技能(PB_{10})	3.81	1.09	66.46	赞成
	改善了林间道路、灌溉等基础设施(PB_{11})	3.80	1.10	66.77	赞成
感知生态利益	减少了水土流失(PB_{12})	3.70	1.20	56.10	中立
	提高了人居环境质量(PB_{13})	3.67	1.24	55.18	中立
	增强了应对气候变暖的生态意识(PB_{14})	3.82	1.19	60.67	赞成
	有助于生物多样性保护(PB_{15})	3.81	1.15	62.20	赞成
	降低了因灾致贫或返贫风险(PB_{16})	3.85	1.20	55.79	中立
感知经济风险	林地用于碳汇造林不合算(PR_1)	2.13	1.09	10.37	反对
	林木采伐和销售困难(PR_2)	2.23	1.30	19.51	反对
	传统放牧方式受到限制(PR_3)	3.77	1.18	62.20	赞成
	传统薪柴、中药材采集等受到限制(PR_4)	2.09	1.08	10.67	反对
感知心理风险	担心碳交易收益不能按时足额到位(PR_5)	2.28	1.07	11.89	反对
	担心项目占用林地时间超过合同期(PR_6)	2.41	1.13	17.38	反对
	担心政府的政策支持减弱(PR_7)	2.36	1.15	15.55	反对
	担心合同纠纷处理程序繁杂(PR_8)	2.33	1.10	12.50	反对
感知情景风险	野生动植物的数量和种类增加(PR_9)	3.61	1.24	63.41	赞成
	乡土树种丧失、病虫危害增加(PR_{10})	2.36	1.29	19.51	反对
	森林火灾次数增加、规模扩大(PR_{11})	2.42	1.25	16.16	反对
	农户间的贫富差距增大(PR_{12})	2.43	1.27	21.04	反对
农户态度	森林碳汇扶贫开发利大于弊(Y_1)	3.95	1.30	72.56	赞成
	愿意支持森林碳汇项目后期运营(Y_2)	3.98	1.28	69.82	赞成

注：采取李克特五点量表法，将感知结果划分为非常同意、比较同意、不确定、比较不同意、非常不同意这五类评价，分别赋值 5、4、3、2、1。其中赋值 5 和 4 的占比在 60% 及以上表示赞成，在 40% ~60% 表示中立，在 40% 以下表示反对。

第三节　农户感知价值的计量分析

一　信度、效度检验及探索性因子分析

采用 SPSS 20.0 软件，首先，对样本数据进行信度与效度检验，得到农户森林碳汇扶贫效应感知维度指标的可靠性量值，具体结果如表16－3所示。检验的结果显示：各潜变量的信度检验指标克伦巴赫 α 系数在 0.82 和 0.93 之间，均大于 0.7，可以看出调查问卷结果符合模型稳定性与一致性的检验要求。接着，采用 KMO 检验和 Bartlett 球形检验两种效度检验方法对有效数据进行效度分析。结果显示，农户森林碳汇扶贫效应感知维度的 KMO 值为 0.94，Bartlett 球形检验的显著性水平为 0.00 <0.01，表明问卷调查数据可用于因子分析。然后，对农户扶贫绩效感知维度的观测指标进行探索性因子分析，采用主成分分析和最大方差正交旋转方法求解因子。通过对农户森林碳汇扶贫效应感知维度进行探索性因子分析，得到各观测变量的因子载荷在 0.72 ~ 0.93，满足多个因子上载荷大于 0.4 的标准要求，并且各有效因子累计方差贡献率大于 60%，表明因子包含了原始数据中较多的信息，说明汇聚的有效因子可以接受。

表 16－3　变量信度和效度检验结果

因素	Bartlett 球形检验	KMO 值	累计方差(%)	克伦巴赫 α 系数
感知经济利益	1295.47(0.00)	0.90	78.57	0.93
感知社会利益	963.83(0.00)	0.89	63.50	0.88
感知生态利益	794.66(0.00)	0.87	67.62	0.88
感知经济风险	442.75(0.00)	0.80	65.34	0.82
感知心理风险	749.39(0.00)	0.84	75.68	0.89
感知情景风险	743.70(0.00)	0.83	75.13	0.88
农户感知价值	519.18(0.00)	0.73	80.51	0.87
后期运营意愿	367.17(0.00)	0.60	91.12	0.90

二　结构方程模型拟合检验

运用 AMOS 22.0 软件，选择 CMIN 检验、CMIN/DF 比值、配适度指标（GFI）、调整后的配适度（AGFI）等指标进一步评价模型拟合度。其中，CMIN/DF 为 1.34，符合小于 3 的标准，GFI、NFI、IFI、CFI 均达到在 0.9 以上的评价标准，AGFI 为 0.88，接近 0.9 的可接受范围；RMSEA 为 0.03，达到了在 0.08 以下的评价标准。拟合指标均符合 SEM 研究的通常标准，可以认为本章所构建的结构方程模型具备良好的配适度。

三　假设检验结果与解释

最后，采用极大似然估计的方法对农户森林碳汇扶贫效应感知价值理论模型结构方程进行估计，结果如图 16－2 所示，运行结果支持所提出的全部理论假设。

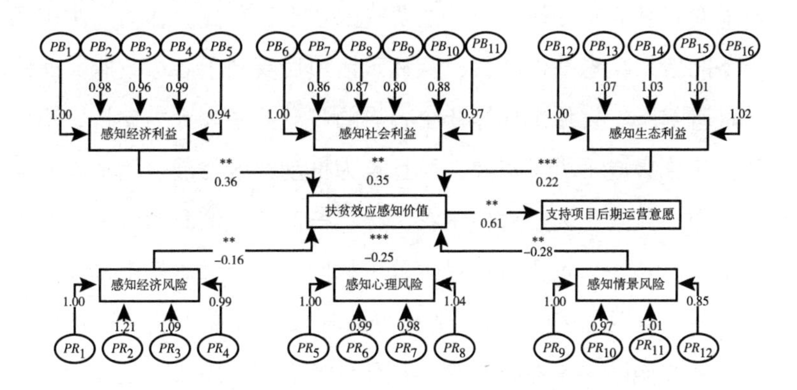

图 16－2　农户森林碳汇扶贫效应感知价值与支持项目后期运营意愿的结构方程模型路径系数

注：*** 、** 分别表示在 1%、5% 的水平下显著。

由图 16－2 可知，农户感知经济利益、感知社会利益和感知生态利益对其森林碳汇扶贫效应感知价值均具有显著的正向影响，影响路径系数分别为 0.36、0.35、0.22，影响程度依次为感知经济利益 > 感知社

会利益 > 感知生态利益。这表明农户对触及切身利益的森林碳汇扶贫开发经济利益感知最强，也就是说农户感知经济利益对其感知价值的正向影响最大。在感知经济利益方面，各观测变量载荷系数依次为 $PB_1 > PB_4 > PB_2 > PB_3 > PB_5$。首先，农户对项目开发增加了外部投资感知最强烈、对增加了低效林地入股或流转收入感知次之。这与贫困山区外部市场主体进驻少、产业化开发项目投资不多的实证背景，以及绝大多数受访者表明，尽管从项目开发中获得的直接经济收入相较退耕还林生态补偿少，但对能通过低效退化荒山荒坡开发利用增加收入高度认同的客观实际吻合。其次，对增加了当地人务工机会的感知不够强烈，这与项目业主基于降低开发成本、提高苗木成活率等考量，优先雇用外地熟练劳务人员造林，部分项目社区农户持明显反对态度的实际情况一致。最后，对贫困者能平等地获得参与收益的感知最弱，可能主要与受访者普遍对此认识和关注不够有关。在感知社会利益方面，各观测变量载荷系数依次为 $PB_6 > PB_{11} > PB_{10} > PB_8 > PB_7 > PB_9$。一方面，农户对项目提高了当地知名度的感知最强烈。主要原因在于，首先，作为一种市场机制主导下的新兴生态补偿项目，森林碳汇项目受到了各级政府、非政府组织、科研院所、宣传媒体等社会各界的广泛关注和大力支持，不仅为推进项目实施集成了更多资源，而且也为推动社区发展、增加农户与外界交流合作，尤其是为带动传统农、林、畜产品生产和销售等创造了新的发展机会。其次，农户对项目改善了林间道路、灌溉等基础设施的感知相对强烈，这既与 CDM 碳汇造林再造林项目标准强调社区功能，也与部分项目实施区将集体收益整合用于改善落后的基础建设做法有关。另一方面，尽管伴随精准扶贫精准脱贫战略的深入推进，部分项目实施区已逐步采取了有针对性地引导更多建档立卡贫困户参与技术培训，优先安排有劳动能力和意愿的建档立卡贫困户参与造林补植、围栏建设、管护务工等多种举措助推脱贫攻坚，但农户对项目有助于当地精准扶贫的感知最弱，这可能主要与该项目未充分把贫困人口受益和发展机会创造的扶贫核心目标纳入项目前期规划设计、组织建设、监测评估和宣传动员等行动中有关。在感知生态利益方面，各观测变量载荷系数依次为 $PB_{13} > PB_{14} > PB_{16} > PB_{15} > PB_{12}$。这表明农户对项目提高了人居环境质量的感知最强烈，对项目减少了水土流失的感知不敏感。主要原因可能是，仅完成前期造林再造林的项目林地，其提高了人居环境质量等宏观尺度生态利益相对于减少了水土流失等微观尺度生态利益更容易得到农户认同。

三个维度的感知风险对农户森林碳汇扶贫效应感知价值均具有负向影响，影响程度依次为感知情景风险 > 感知心理风险 > 感知经济风险，影响路径系数分别为 -0.28、-0.25、-0.16。这表明农户感知情景风险对其感知价值及支持项目后期运营意愿的负面影响最大，感知经济风险的负面影响最小。从理论上讲，农户基于收益、成本与风险权衡，应对经济风险的感知最为敏感，但估计结果显示农户对情景风险、心理风险的感知更强烈。一方面，这与受访者集中反映长期、大面积的林业生态建设衍生负面影响日趋扩大，项目采取"企业主导、政府引导"经营模式，项目降低了农户市场风险的客观现实相吻合。另一方面，这也反映出农户对近期、客观风险感知相对敏感，对潜在非货币机会成本损益等相对忽略。在感知经济风险方面，各观测变量载荷系数依次为 $PR_2 > PR_3 > PR_1 > PR_4$，表明农户对林木采伐和销售困难、传统放牧方式受到限制的感知强烈，重要原因在于，一是项目区为偏远山区、交通不便，林木采伐证办理和销售都比较困难；二是多数项目实施地块为传统放牧地带，不少受访者反映短期内林牧矛盾十分突出，认为项目开发挤压了牛羊等家畜自由放牧空间、增加了放牧成本。农户对传统薪柴、中药材采集等受到限制的感知最不敏感，这与项目实施区人均自然资源禀赋丰富，尤其是项目采取了多树种块状混交造林、不限制在林分郁闭后采集薪柴等实践举措有关。在感知心理风险方面，各观测变量载荷系数依次为 $PR_8 > PR_5 > PR_6 > PR_7$。其中，农户感知最强烈的是担心合同纠纷处理程序繁杂，这与受访者普遍认为所签订的格式合同条款复杂，比较担心项目实施周期长导致个人权益保障困难等原因相符。在感知情景风险方面，各观测变量载荷系数依次为 $PR_{11} > PR_9 > PR_{10} > PR_{12}$。其中，农户对森林火灾次数增加、规模扩大，野生动植物数量和种类增加的感知相对强烈，这是因为相当一部分受访者表示，伴随大规模人工造林、天然林保护、退耕还林等林业生态工程项目广泛实施，不仅森林火灾频次有所增加，而且野猪、鼠类、鸟类等动物数量迅猛增长，客观上已对传统生计尤其是种植业带来了显著危害，认为碳汇造林再造林项目实施会加剧类似风险。

农户对森林碳汇项目开发扶贫效应的感知价值对其支持项目后期运营意愿具有正向影响，影响路径系数为 0.61。这表明利大于弊的感知价值对农户支持项目后期运营的意愿具有显著正向作用，不但会影响项目实施中的农户参与，而且会影响项目运营的长期可持续性。

小　结

本章利用已完成前期造林再造林的 CDM 森林碳汇项目实施区的抽样调查数据，实证检验了农户对森林碳汇项目开发扶贫效应感知价值与其支持项目后期运营意愿的关系。研究结果表明以下方面。第一，森林碳汇是当前实现应对气候变化和减贫共赢的有效路径。大规模碳汇造林再造林项目开发取得了明显的扶贫效应。农户对森林碳汇扶贫开发利大于弊的赞成率为 72.56%，69.82% 的受访农户愿意支持森林碳汇项目后期运营。第二，感知利益和感知风险直接影响农户森林碳汇扶贫效应感知价值。具体而言，感知经济利益、感知社会利益和感知生态利益对感知价值均有显著正向影响，其中感知经济利益的影响最大；感知经济风险、感知心理风险和感知情景风险对感知价值均有显著负向影响，其中感知情景风险的影响最大。第三，农户森林碳汇扶贫效应感知价值直接影响项目实施的长期可持续性。利大于弊的感知价值对农户支持项目后期运营的意愿具有显著正向影响，影响路径系数为 0.61。

本章研究结论蕴含一定的政策启示。一是强化扶贫功能、规制市场运行，应该成为中国森林碳汇制度变迁的一个重要选择。加快制定和推广既能达到与国际规则接轨，又能满足新时期扶贫要求的中国森林碳汇自愿减排规则，在参与、贡献和引领应对气候变化国际合作中，更好地发掘森林碳汇的减贫潜力。二是完善激励机制、弥补市场失灵，应当作为扩大森林碳汇扶贫优势的一个重要方向。积极整合与产业扶贫相关的投资、金融、保险、财税等政策，有针对性地出台森林碳汇抵消、碳汇权抵押或贴息贷款、期货交易等政策，积极开展森林碳汇扶贫试点，激励多元参与主体在项目规划设计、组织建设、管理监测和评估等环节中突出扶贫的内容和行动，在加快推动森林碳汇产业发展进程中实现减贫脱贫。三是切实提高农户参与项目开发获得感是推进应对气候变暖和减贫双赢的重要路径。不断完善产前林地流转和技术培训、产中投工投劳、产后 CER 和木材销售收入分配等管理制度，积极引导造林实体尽可能多地吸收更多、更加依赖于传统农业生计的贫困人口参与项目，保障项目社区农户利益最大化。整合放牧损失、以电代柴、技术援助等生态补偿政策，鼓励发展林下经济，延伸森林碳汇产业链条，推广牛羊圈养等集约化养殖模式，降低农户对传统农业生计的依赖。修订野生动物保护等管理办法，因地制宜地采取整治森林火灾隐患、适时适度捕杀野猪等合法行动，减少林业生态建设对区域农户生产、生活的衍生负面影响。

第十七章　研究结论、政策建议与研究展望

第一节　主要结论

本研究围绕贫困人口受益和发展机会创造、森林碳增汇与扶贫的权衡关系两大基本科学问题，在理论层面上，诠释了森林碳汇扶贫的基本内涵和本质特征，剖析了森林碳汇项目开发对区域和个体减贫的影响机制，厘清了森林碳汇扶贫利益相关者及其基本利益诉求，阐明了森林碳汇项目开发与扶贫相结合的动力机制，搭建了精准视角下的森林碳汇扶贫研究理论分析框架的基础上，深入考察了西南民族地区森林碳汇扶贫现状与挑战，实证研究了在西南民族贫困地区实施森林碳汇项目中的农户参与意愿和参与障碍、精英带动与精英俘获、民族传统习俗与森林碳汇商业文化适应性，分别从项目尺度和社区农户尺度，定量测评了项目开发阶段性扶贫绩效。主要研究结论如下。

第一，森林碳汇扶贫是以贫困人口受益和发展机会创造为宗旨的森林碳汇产业发展方式。森林碳汇扶贫是中国在参与和引领世界应对气候变化行动中催生的一种新兴开发式、参与式、造血式扶贫形式，具有扶贫客体明确性、扶贫主体多元性、扶贫效应多维性以及鲜明的政策性等典型特征，形成的内生动力包括减排义务驱使、经济利益牵动和公众形象提升，外生动力包括减排标准约束、政府政策推动和社会需求拉动。其作为一项系统工程，仅仅依靠应对气候变化以及森林

碳汇产业政策自身的引导是远远不够的，必须通过政府的适度干预，尤其是与各种产业扶贫、生态建设等政策相互融合，诱导和促进森林碳汇扶贫主体协同、扶贫资源整合、扶贫方式集成，才能为达成贫困人口受益和发展机会创造的扶贫目标注入新动力与新活力，提升森林碳汇的减贫效率与实践成效。应坚持“政府引导、企业主导、农户参与、第三方评估”的基本原则，不断建立和完善以贫困农户获益为核心的益贫机制，在推进森林碳汇市场繁荣、产业可持续发展及其项目可持续经营的进程中，以政府政策推动下的市场化路径，达成贫困人口受益和发展机会创造的扶贫目标。

第二，制定和推广凸显“扶真贫、真扶贫”的中国森林碳汇自愿减排规则是森林碳汇扶贫转型发展的基础。调查发现，与森林碳汇项目试点相伴而行的森林碳汇扶贫获得了长足发展，但简单地将在贫困地区实施森林碳汇项目等同于森林碳汇扶贫、片面地将森林碳汇项目等同于一般产业扶贫项目的认识仍普遍存在。从整体上看，把贫困人口受益和发展机会创造扶贫目标纳入森林碳汇项目规划设计、认证注册、组织建设、监测评估等各个环节的格局尚未形成，局部以“扶真贫、真扶贫”为导向的森林碳汇扶贫实践尚处于政府主导下的探索性试验阶段，政策出台更多的是地方政府为契合当前精准扶贫精准脱贫紧迫要求、破解森林碳汇开发实践难题而进行的强制性制度变迁，制度安排具有典型的短期性、突击性、碎片化特征，实践的延续性、可持续性不强。推动森林碳汇扶贫可持续发展的宏观管理制度供给不足，具有决定性作用、凸显扶贫功能的森林碳汇标准和方法学等规范性制度，以及与之关系重大的碳税和碳汇权抵押或贴息贷款、碳汇林保险、碳汇林间伐采伐等特惠性政策亟待建立，与产业扶贫、生态建设相关的财税、金融、投资、森林生态补偿、技术援助等普惠性政策亟待整合，如何因地制宜地制定和推广凸显“扶真贫、真扶贫”的中国森林碳汇自愿减排规则，不断强化森林碳汇扶贫配套政策供给侧改革，是推动森林碳汇扶贫由聚焦贫困地区的“单轮驱动”型向既有区域整体，又更加锚定贫困人口的“双轮驱动”型变革与转型的基础。

第三，强化扶贫功能应成为中国森林碳汇制度变迁的一个重要选择。实证结果表明，在西南民族贫困地区实施的大规模碳汇造林再造林项目开发已经产生了多重客观扶贫效应，随着时间的推移，扶贫绩效呈上升趋势，但即便是同一森林碳汇项目在不同实施区域的扶贫绩效也存在显著差异。72.56%的样本农户认为森林碳汇扶贫开发利大于弊，利大于弊的森林碳汇项目开发扶贫效应感知价值对农户支持项目后期可持续运营的意愿具有显著正向作用，影响路径系数为0.61。这表明强化森林碳汇扶贫功能，不仅是提升森林碳汇市场吸引力、提升森林碳汇项目市场份额、降低森林碳汇产业发展不确定性的客观要求，又是降低项目交易成本和实践风险，赢得项目社区农户广泛合作、长期支持，确保森林碳汇项目可持续经营的重要保障。因此，强化扶贫功能应成为中国森林碳汇制度变迁的一个重要选择，不断提高包括贫困人口在内的农户参与项目开发的获得感，是推进应对气候变化和减贫双赢的重要策略。

第四，切实提高贫困人口参与度和获得感是推进森林碳汇项目可持续运营的重要路径。研究结果显示，包括贫困人口在内的社区农户持续参与森林碳汇项目开发的意愿不强，46.35%的样本农户持中立态度、24.69%的样本农户不愿意继续参与项目运营，其中，年龄、参与项目土地面积、家庭收入水平、兼业化程度、项目组织模式、前期收益满意度、后期收益预期、政府扶持力度、林业信息获取难易、道路交通状况等因素对农户持续参与意愿具有显著影响。这表明在林地相对细碎化的西南民族贫困地区实施大规模碳汇造林再造林项目，密切关注收入水平低，参与项目土地面积小，更加依赖传统农业生计的贫困家庭的参与机会、参与程度和参与风险，扶助其公平合理地获得参与收益，有利于降低农户退出项目开发风险、巩固前期造林成果，对实现项目长期可持续运营及其固碳量的建设目标至关重要。

第五，尽管森林碳汇项目扶贫开发存在精英俘获现象，但社区精英参与森林碳汇项目的组织意愿依然不强。研究结果显示，现阶段的森林碳汇项目开发过程中存在精英俘获现象，精英俘获程度总体为0.2544，其中，体制精英俘获程度为0.0954、经济精英俘获程度为0.2010、传统精英俘获程度为0.0919，经济精英俘获程度占比最大。与此同时，仅有五成以上（55.3%）的社区精英愿意动员组织、示范带动农户参与森林碳汇项目扶贫开发，其中，年龄、是否从事（过）林业相关工作、家庭收入主要来源、对森林碳汇项目的收益认知、对项目建设的难易认知、与村民的关系、对森林碳汇政策的认知、精英类别等因素显著影响农村精英的组织意愿。这表明推进森林碳汇扶贫实践，不仅取决于体制内精英的担当作为，而且与社区德高望重的老者、文化程度较高的农户、宗族头人等体制外精英的作用发挥程度密切相关。森林碳汇扶贫开发既不能把社区经济精英的个人合理、合情、合规利益排除在外，也应注意避免和防范其精英俘获。

第六，发挥非正式制度和村民自治的作用是推动西南民族地区森林碳汇扶贫的重要策略。实证结果表明，四川凉山彝族聚居区农户对传统文化认同显著高于以森林碳汇项目为载体的现代商业文化认同，样本农户平均的传统文化认同得分为4.05，平均的商业文化认同得分为3.48。整合和分离是农户对待传统文化和商业文化采取的两种主要适应策略，其中，女性、中年人、受教育程度越高、参与项目土地面积越大的农户的文化适应程度越高。这说明在边远贫困地区，尤其是少数民族贫困地区实施市场机制主导下的森林碳汇项目，仅仅依靠合同规范、经济激励和行政手段等是不明智的，应充分关注项目社区本土文化、传统习俗，尤其是传统农耕文化中朴素的生态理念、生态意识，发挥非正式制度和村民自治的作用，不断强化正式制度与非正式制度的有效融合。

第七，充分发挥社区功能是森林碳汇扶贫的重要保障。从样本分析结果看，社区的总体功能水平处于增长状态，且2016年的总体目标功能水平明显高于2013年，表明在碳汇项目的实施过程中，社区在发挥项目推进功能的同时，其社会、经济以及环境水平也得到了相应的提升。从2013年到2016年，各个社区的组织宣传功能、收益分配功能、项目维护功能的值有所波动，但总体呈上升趋势，尤其是收益分配功能和项目维护功能的提升非常明显。这说明随着森林碳汇项目的推进，社区功能将由组织宣传功能逐渐向项目维护功能转变，社区对项目的组织、实施、后期维护和收益分配等均产生直接或间接的影响，是森林碳汇扶贫不可或缺的单元。

第八，建立完善项目运行的长效稳定机制，防范潜在的自然与市场风险，是保障项目给地区经济发展和扶贫带来涓滴效应的长期驱动力。研究结果显示，森林碳汇项目的实施对区域经济发展具有显著的推动作用，但囿于项目周期较长，这种推动作用在短期内不能立竿见影，具有明显的滞后效应，项目实施的时间越长，对当地经济发展的促进作用越大；项目主要通过优化产业结构、提高居民储蓄水平、提升地区政府财政收支水平等促进当地经济发展。因此，继续拓展森林碳汇项目的覆盖区域，加大专项投资力度，引导项目向生态脆弱的深度贫困地区倾斜，提升当地的经济发展能力，实现区域发展、生态保护与精准扶贫的有机统一；对项目的成效评估不能仅局限在项目开展后的短期阶段，而应更加注重项目的长期效应；适度引导项目参与农户对项目长期效益的关注，进一步增强其参与意愿；加快改善地区融资环境，充分发挥森林碳汇对地区经济可持续发展的促进作用和扶贫的涓滴效应。

第九，降低情景风险是推进西南民族地区森林碳汇扶贫开发的重要抓手。研究结果显示，农户感知利益和感知风险直接影响其森林碳汇扶贫效应感知价值。其中，农户感知经济利益、感知社会利益和感知生态利益对其森林碳汇扶贫效应感知价值均具有显著正向影响，影响路径系数分别为0.36、0.35、0.22，影响程度依次为感知经济利益 > 感知社会利益 > 感知生态利益；农户感知经济风险、感知心理风险和感知情景风险对其森林碳汇扶贫效应感知价值均具有显著负向影响，影响路径系数分别为 -0.28、-0.25、-0.16，影响程度依次为感知情景风险 > 感知心理风险 > 感知经济风险。由此可见，保障项目社区农户经济利益最大化，积极降低林业生态建设所带来的衍生负面影响，是提高农户参与项目开发获得感，推动应对气候变化和减贫双赢的重要策略。

第二节　政策建议

森林碳汇扶贫作为一项在新兴碳交易市场牵动、政府推动和社会助动下的动态、开放、复合系统工程，其实践是一个不断启动、试点、推广和完善的渐进过程。因此，探讨推进西南民族地区森林碳汇扶贫的政策，就不能拘泥于森林碳汇项目开发本身，还必须锚定贫困人口受益和发展机会创造这个“牛鼻子”，站在应对气候变化与扶贫双赢的战略高度，从宏观与微观相结合的角度加以审视。

一　建立健全推动森林碳汇扶贫发展的政策框架

（一）基本思路

坚持“政府引导、企业主导、农户参与、第三方评估”的基本原则，在中国引导应对气候变化国际合作中，在加快推进生态文明建设、乡村振兴战略实施、中国碳排放交易市场建设以及森林碳汇产业可持续发展、项目可持续经营的进程中，强化以“贫困人口受益和发展机会创造”为导向的森林碳汇扶贫政策供给侧改革，加快推进森林碳汇扶贫由聚焦贫困地区的“单轮驱动”型向既有区域整体，又更加强调到户到人的“双轮驱动”型变革与转型，以政府政策推动下的市场化路径，达成贫困人口受益和发展机会创造的扶贫目标。

（二）政策框架

第一，标准引领，不断扩大森林碳汇市场配额。只有设计良好的博弈规则，才能够保证规制目标的实现。破除制度性约束，制定符合中国实际、凸显扶贫功能的森林碳汇标准，将对森林碳汇扶贫起决定性作用。作为全球第二大碳排放国，我国应充分发挥政府的宏观调控作用，制定和推广既能达到与国际规则接轨，又能满足新时期精准扶贫要求，并富有效率、公开透明的有利于实现应对气候变化和扶贫双赢的中国森林碳汇自愿减排规则及其方法学，不断扩大森林碳汇在中国碳排放交易市场份额，进而在彰显大国责任，增强国际气候谈判话语权的进程中，通过标准引领、市场推动，促使“贫困人口受益和发展机会创造”目标成为森林碳汇市场交易的关注点，激励多元主体在森林碳汇项目规划设计、组织建设、监测评估等环节中突出扶贫的内容和行动，为提升森林碳汇扶贫绩效奠定坚实的经济和制度基础。

第二，合力推进，加强对森林碳汇扶贫的宏观指导。森林碳汇扶贫涉及政府部门和众多市场主体。因此，必须遵循森林碳汇扶贫的特点，兼顾政府和市场的双重作用，打破部门壁垒，强化政府对森林碳汇扶贫的宏观领导和宏观指导，不断将包容性增长、绿色减贫和应对气候变化与扶贫双赢的理念贯穿到森林碳汇市场建设及其产业发展中，不断巩固和创造森林碳汇扶贫的良好政策环境和社会环境，进一步强化政府对森林碳汇扶贫的宏观领导和宏观指导。一是在已成立的“国家应对气候变化及节能减排工作领导小组”和“国务院扶贫开发领导小组”基础上，专门成立“低碳扶贫”办公室，不断强化生态环境、发展改革委、林业和草原局、扶贫和移民工作局等部门协同及其各级政府上下联动与沟通协调，建立完善森林碳汇扶贫宏观管理体系；二是落实政府在扶贫和生态补偿中义不容辞的责任，充分运用行政、经济和法律手段，不断建立和完善与森林碳汇扶贫相关的碳汇产业体系、法规体系、技术体系和社会参与体系及其扶贫资源整合、贫困人口参与、扶贫绩效监测评估机制，重点解决那些市场解决不了或市场解决成本过高的问题，弥补市场失灵，从而在推动面向国际国内的中国碳排放交易市场建设及其产业发展的进程中，带动森林碳汇扶贫健康、持续发展；三是发挥政府导向和新闻媒介舆论引导作用，广泛宣传通过森林碳汇自愿减排标准支持扶贫的渠道、优势，不断搭建和畅通公众参与平台，巩固和营造有利于森林碳汇扶贫发展的外部大环境，培育和优化森林碳汇扶贫的动力机制。

第三，试点探索，建立完善森林碳汇扶贫政策体系。森林碳汇扶贫从传统聚焦贫困地区的"单轮驱动"型向既有区域整体，又更加强调到户到人的"双轮驱动"型变革与转型，必然是一个不断通过试点、推广和完善阶段的长期、复杂和艰巨的过程。因此，应充分发挥政府的调控职能，制定出台《森林碳汇扶贫试点指导意见》，明确试点主要目标、重点任务及其人才、价格、投资、金融、市场准入等指导性政策，并赋予地方政府更大的森林碳汇扶贫制度创新空间，切实鼓励各地方政府积极探索、大胆创新、先行先试，在不断将实践引向深入的同时，将各地取得预期成效的政策试验成果上升为森林碳汇扶贫支持政策，建立完善森林碳汇扶贫政策体系。如积极支持在贫困人口聚居区实施的森林碳汇项目申请审定和注册备案，优先和倾斜支持可衡量、可考核、可把握、可督查益贫性指标明确的森林碳汇扶贫项目的备案实施。在发展壮大中国绿色碳汇基金会等国内各级各类碳基金的基础上，增设财政支持的"森林碳汇扶贫"专项基金。结合森林碳汇项目立项、审批、注册、实施监测、核查核证等管理过程，加快建立森林碳汇扶贫绩效事前、事中、事后评价有机结合的监测评价机制及其第三方评估同步实施的追溯政策。

二　推进西南民族地区森林碳汇扶贫的政策建议

研究结果表明，与森林碳汇项目试点相伴而行的森林碳汇扶贫获得了长足发展，西南民族地区已经具备推进森林碳汇扶贫的政治、民意和实践基础。加快推进西南民族地区森林碳汇扶贫，一方面，必须立足西南民族地区的资源禀赋、社会文化、经济发展特征，契合项目实施区域农户发展需求，实事求是、因地制宜地建立和完善森林碳汇扶贫模式。另一方面，必须发挥政策的支持和干预作用，通过相应的引导性、规范性、激励性、保障性和考核性等政策，规制市场运行，从而在推进森林碳汇项目开发可持续运营、最大限度满足多方主体追求自身利益的同时，以市场化路径达成贫困人口受益和发展机会创造的既定目标。基于本研究的基本结论，侧重从政府、企业、农户三个维度，就推进西南民族地区森林碳汇扶贫的政策建议如下。

（一）强化政府引导，注重政策激励，创造良好的环境

充分发挥政府公共服务职能，结合《中国应对气候变化国家方案》《林业适应气候变化行动方案（2016—2020年）》《生态扶贫工作方案》《建立市场化、多元化生态保护补偿机制行动计划》的实施，通过设立一系列优惠和支持条件，给予市场主体在参与方式、参与深度等方面更大的选择空间，并在实践中不断探索、总结和推广各具区域特色的项目运作模式及利益分享机制，实事求是、因地制宜地通过政策激励、效益驱动发展，而非强制推进。就地方政府而言，一是面向同步全面建成小康社会，积极将森林碳汇扶贫纳入当前脱贫攻坚工作，进一步强化项目实施区扶贫资源、扶贫方式和扶贫政策的整合，在协同推进森林碳汇扶贫实践从“大水漫灌”向“精准滴灌”转变的进程中，达成精准扶贫精准脱贫与森林碳汇项目可持续经营“双赢”目标；二是面向乡村振兴战略实施，在国家政策框架下，主动将森林碳汇扶贫融入国家重点生态功能区建设、乡村振兴战略实施规划，积极推动以区域丰富的森林碳汇项目开发资源为基础，以贫困人口受益和发展机会创造为宗旨，以提升森林碳汇项目开发经济、生态、社会综合效益为核心的森林碳汇扶贫资源（Resource）-人（Humanity）-效益（Benefit）三要素有机结合的RHB行动，不断细化政策方案、增进政策共识、开展政策试点，进而在提高森林碳汇扶贫支持政策的本土适用性、系统性、稳定性的同时，为强化国家森林碳汇扶贫政策供给侧改革，优化森林碳汇扶贫的制度和市场环境提供决策参考和政策依据；三是充分考虑森林碳汇扶贫社会公益性，整合扶贫资金及其与产业扶贫相关的财税、金融、投资等方面的普惠性政策，有针对性地开展碳汇权抵押或贴息贷款、碳汇林保险、碳汇林间伐采伐、财政补贴等特惠性政策试点，加大对瞄准贫困人口受益和发展机会创造的森林碳汇项目实施的支持力度；四是注意跳出项目实施地块，站在社区经济社会发展的高度，积极整合放牧损失、以电代柴、技术援助等生态补偿政策，鼓励发展林下经济，延伸森林碳汇产业链条，推广牛羊圈养等集约化养殖模式及其先进适用技术，降低农户对项目地块的传统生计依赖；五是以提高森林碳汇扶贫透明度、提高扶贫主体履约率、矫正扶贫行动偏差为重点，建立健全森林碳汇扶贫绩效监测评估机制，督促扶贫目标的达成；六是建立交流平台、注重典型带动，认真总结、大力宣传各地成功经验与做法，推广先进经验，形成全社会支持合力与氛围。

（二）坚持企业主导，注重与基层乡土社会的合作共赢

企业是森林碳汇项目扶贫开发的投资者、执行者和主导者，在森林碳汇扶贫中起着重要的纽带和主体作用。本研究的实证结果及实践经验表明，在项目实施阶段做好与基层乡土社会的协作，切实提高更加依赖传统生计的贫困人口参与度和获得感，是推进森林碳汇项目顺利实施及长期可持续运营的重要路径。因此，就企业而言，一是主动融入社会扶贫大格局，进一步在森林碳汇扶贫规划设计、组织建设中，切实把“促进贫困人口参与，增加贫困户收益”放在森林碳汇项目开发实施的核心地位；二是充分关注项目社区本土文化、传统习俗，高度重视乡土知识、乡土智慧和乡土文化，不断提高项目社区弱势群体，尤其是男性、老年人、受教育程度低、家庭收入水平低、参与林地面积小的贫困人口共同参与项目规划设计、实施和监督的参与机会、参与程度和参与能力，增强其知情权、话语权、建议权和选择权，保障其获得公平、合理的参与利益，防范贫困家庭边缘化对项目可持续发展造成阻碍；三是在加强与地方政府及体制内精英合作、积极争取地方政府的支持的同时，更加注重与社区德高望重的老者、拥有较高学历的农民、宗族头人、致富能手等体制外精英的合作，建立健全利益共享、责任共担的参与式扶贫机制；四是积极将森林碳汇项目的制度安排融入村规民约等非正式制度中，增进社区农户对森林碳汇项目开发的认知，不断强化正式制度与非正式制度的有效融合与相互支撑；五是依据不同项目社区经济社会文化的差异，因地制宜地选择森林碳汇项目开发的实践运作模式及其利益联结机制，积极开展森林碳汇项目扶贫示范工程、示范点、示范基地建设等，促进项目建设可持续经营与项目社区扶贫的双赢。

（三）尊重农户意愿，切实提高贫困人口参与度和获得感

社区农户是森林碳汇项目扶贫开发的重要参与者、受益者和评判者。本研究的实证结果显示，利大于弊的感知价值对社区农户支持项目后期运营的意愿具有显著正向作用，切实提高贫困人口参与度和获得感是推进森林碳汇项目可持续运营，实现应对气候变化与扶贫双赢的有效路径。因此，就农户而言，一是加强社区宣传教育和先进适用技术示范、推广、应用，增加前期直接收益、稳定后期预期收益，不断通过推进区域优势和特色产业的专业化、集约化发展，降低农户对传统农业生计的依赖，增强贫困户持续参与森林碳汇项目的行为意愿和获得感；二是强化与科技扶贫、教育扶贫以及其他农业产业扶贫、农民培训项目的结合，加大对人力资本、金融资本和社会资本相对弱势贫困农户的技术技能培训和帮扶力度，增加贫困农户的参与能力；三是深入推动林业股份合作社、林业专业合作社、林业技术协会等林业类农民组织的建设，不断提高贫困农户参与的组织化程度，消减造林企业自利性诉求，维护社区农户合情、合理、合规的权益；四是积极改善社区道路交通、通信设施条件，推行森林碳汇项目规划、决策、实施等环节的社区公告、公示制度，增加贫困农户的参与机会；五是加强对社区农户的宣传沟通，研判项目开发潜在风险，跟踪社区农户对项目推进实施的意见和建议，建立和完善契合社情民意的项目实践运作模式及其利益联结机制。

第三节　研究展望

无论在理论上还是在实践上，森林碳汇与减贫之间都存在密不可分的联系，但森林碳汇扶贫的实践和研究都尚处于起步阶段。本研究认为围绕贫困人口受益和发展机会创造问题、森林碳增汇与扶贫的权衡关系两大基本科学问题，尚有较多的后续专题需要深入研究。

第一，依托不同类型森林碳汇项目的拓展研究。森林碳汇产业发展与制度创新始终是森林碳汇扶贫的两大基石。本研究对以碳汇造林再造林（AR）项目为载体的森林碳汇扶贫机制、减贫路径、扶贫绩效等进行了较为系统的研究，对以兴起的 REDD、REDD + 项目等为载体的森林碳汇扶贫研究未能展开，积极追踪国际气候谈判成果与制度变迁最新进展，尤其是新时期中国森林碳汇市场交易制度安排与实践推进，深化依托不同类型森林碳汇项目的森林碳汇扶贫研究是一个重要的研究方向。

第二，基于社区参与的森林碳汇扶贫研究。森林碳汇扶贫是一项系统工程，需要政府、企业、社区及农户多主体协同共进，社区有效参与是实现森林碳汇扶贫目标的重要路径。本研究侧重对社区农户参与下的森林碳汇扶贫进行了较为深入的研究，但基于社区参与研究涉及较少。森林碳汇扶贫社区参与模式、实现路径、评价体系以及扶贫机制构建研究，亦是未来需要拓展研究的重要内容。

第三，瞄准相对贫困人口的森林碳汇扶贫动态研究。贫困人口的识别、扶贫绩效评价等是森林碳汇扶贫中需持续关注的重要问题。囿于自身知识结构、研究能力以及数据资料、时间等因素，研究中存在以某一时间点或局部区域状况来反映整体状况、以当前建档立卡贫困户代替贫困人口等局限，对森林碳汇项目尺度的扶贫绩效评价指标、评价方法、评估模型的探讨和应用研究还较为粗浅，后续研究可面向乡村振兴战略实施，积极衔接后小康时代的相对贫困问题，深入开展以瞄准相对贫困人口的森林碳汇扶贫研究，以及针对森林碳汇项目实施周期长及其扶贫效应具有多样性、空间异质性、时间动态性与滞后性典型特征，以时序数据、面板数据为基础的森林碳汇扶贫绩效评价研究。

附　件

林业适应气候变化行动方案（2016—2020年）[①]

气候变化是人类共同面临的重大危机和严峻挑战，已经成为国际政治、外交、经济和生态领域的共同关切。应对气候变化应当减缓和适应并重。减缓气候变化是长期的艰巨任务，适应气候变化是更为现实的紧迫任务。林业是受气候变化影响最严重的领域之一，也是我国确定的适应气候变化的重点领域之一。做好林业适应气候变化工作对增强国家整体适应能力，维护生态安全、气候安全具有重大意义。

一　基本背景

（一）面临形势

联合国政府间气候变化专门委员会（以下简称“IPCC”）迄今发布了5次科学评估报告。在2008～2014年第五次评估期间发布了6份报告。其中，2012年发布的《管理极端事件和灾害风险，推进气候变化适应特别报告》是首部专门针对适应问题的科学评估报告，表明气候变化已对自然生态系统和人类生存发展产生了广泛而深远的影响，气候变化增温幅度的提高将加剧这种影响。2014年发布的IPCC第二工作组报告《气候变化2014：影响、适应和脆弱性》进一步确

① 资料来源：中国林业网，http：//www. forestry. gov. cn/main/4819/content－892744. html，2016年7月22日。

认了气候变化给社会经济系统、自然生态系统和人类生存发展带来的重大影响。研究表明，气候变化导致极端气候事件频发，生态系统受到威胁甚至会遭受不可逆转的损害，造成全球经济社会的重大损失。未来仅仅依靠生态系统自身的适应能力将不足以应对这些变化，需要通过主动适应措施帮助生态系统适应气候变化。2014 年，联合国环境规划署发布的首份《全球适应差距报告》指出，发展中国家在 2050 年前每年适应成本据估算需要 700 亿 ~ 1000 亿美元。《联合国 2015 年后发展议程综合报告》指出："人类活动引起的二氧化碳排放是导致气候变化的最大促成因素，适应可以减少气候变化的风险和影响。"国际社会高度关注适应气候变化工作，不论发达国家还是发展中国家，都把适应作为应对气候变化的重要方面。德国、荷兰、比利时等发达国家都出台了适应气候变化国家方案。易受气候变化不利影响的发展中国家，特别是最不发达国家和小岛屿国家，尤为重视适应气候变化工作，采取了一系列适应政策举措。

我国气候条件复杂，生态环境整体脆弱，易受气候变化不利影响。研究表明，气候变化会引起温度、湿度、降水及生长季节等变化，进而对林业发展构成现实和潜在影响。主要包括：森林火灾发生频度和强度将加剧，林业有害生物发生范围和危害程度会加大；一些珍稀树种分布区和一些野生动物栖息地将缩小；气候变化将使湿地水文资源状况发生改变，导致湿地缺水、面积萎缩、生物多样性下降及生态功能减退；我国西部草原可能退缩，全国荒漠化和水土流失总面积将呈扩大趋势；气候变化还可能导致我国东部亚热带、温带地区植被北移，物候期提前，影响林业建设布局。2008 年，发生在我国南方的大范围雨雪冰冻灾害致使森林资源遭受重大损失，反映了极端气候事件的严重危害，凸显了森林生态系统的脆弱性。减少气候风险，提升林业适应能力越发紧迫。

（二）存在问题

一是我国林业资源禀赋不足。我国森林覆盖率远低于全球 31% 的平均水平，人均森林面积仅为世界人均的 1/4，人均森林蓄积只有世界人均的

1/7；湿地率低于全球8.6%的平均水平，人均湿地面积仅为世界人均的1/5，湿地保护压力大、恢复难度大；雾霾天频现，沙尘暴多发，防沙治沙任务重；景观破碎化、物种濒危化加剧，生物多样性保护十分迫切。生态脆弱仍是我国的基本国情，生态产品短缺仍是突出短板，森林、湿地和荒漠生态系统对气候变化比较敏感，气候风险较大。二是林业适应气候变化工作基础薄弱。林业领域适应气候变化的意识普遍不高、能力相对薄弱、工作体系不够健全、人才队伍比较紧缺，各项工作亟待加强。

（三）编制依据

我国政府一直高度重视适应气候变化问题，先后出台了一系列重大举措。2007年发布的《中国应对气候变化国家方案》，明确了适应气候变化的重点领域和行动。2011年出台的国家“十二五”规划纲要，要求积极应对气候变化，增强适应能力，制定适应气候变化战略。2013年发布的《国家适应气候变化战略》，从战略层面对适应工作做出全面部署，明确了工作的重点领域和任务，要求编制部门适应气候变化方案，抓好贯彻执行。2014年出台的《国家应对气候变化规划》，专列一章，提出了林业等七大领域的适应气候变化工作。2015年发布的《中共中央 国务院关于加快推进生态文明建设的意见》（中发〔2015〕12号），进一步对适应气候变化工作做出安排。为深入贯彻落实中央要求，抓好林业适应气候变化工作，特制定本行动方案。

二 总体要求

（一）指导思想

以党的十八大和十八届三中、四中、五中全会及习近平总书记系列重要讲话精神为指导，以建设生态文明和美丽中国为总目标，以落实国家应对气候变化总体部署和适应气候变化战略要求为总任务，科学造林、科学保护、科学经营，加强监测预警、加强风险管理、加强队伍建设，全面提升林业适应气候变化能力，为促进低碳发展和建设生态文明做出新贡献。

（二）基本原则

一是坚持对接国家战略的原则。林业适应气候变化行动目标要与国家适应气候变化战略和规划相衔接，突出林业适应行动特点，支撑国家适应气候变化工作。二是坚持适应与减缓并重的原则。优先采取具有减缓和适应协同效益的措施。三是坚持趋利避害的原则。积极利用气候变化带来的有利因素，采取科学措施，最大程度规避各种可能风险，使林业资源开发利用最优化、损失最小化，促进林业可持续发展。四是坚持主动适应、预防为主的原则。加强监测预报预警，确立有序适应目标，从适应技术到适应政策，提高各个层面林业适应气候变化能力。五是坚持促进全社会广泛参与的原则。加强绿色低碳发展、应对气候变化的理念传播与宣传引导，普及林业适应气候变化政策与知识，提高公众意识，探索社会参与机制，努力构建良好的社会氛围。

（三）主要目标

到2020年，林木良种使用率提高到75%以上，森林覆盖率达23%以上，森林蓄积量达165亿立方米以上，森林火灾受害率控制在0.9‰以下，主要林业有害生物成灾率控制在4‰以下，国家重点保护野生动植物保护率达95%，湿地面积不低于8亿亩，50%以上可治理沙化土地得到治理，森林、湿地和荒漠生态系统适应气候变化能力明显增强。到2020年，林业适应气候变化工作全面展开，适应意识普遍提高，基础能力得到进一步加强，人才队伍初步建立，工作体系基本形成，服务国家适应气候变化工作的能力明显提升。

三　重点行动

（一）加快优良遗传基因的保护利用，大力培育适应气候变化的良种壮苗

加强林木种质资源的调查收集和保存利用，强化林木良种基地建设，开展树种改良研究和试验的技术攻关，加大林木良种选育和使用力

度，科学培育适应温度和降水因子极端变化情况下保持抗逆性强、生长性好的良种壮苗，提高造林绿化良种壮苗供应率和使用率。

（二）适应气候条件变化，适地适树科学造林绿化

根据温度、降水等气候因子变化，适应物种向高纬度高海拔地区转移的趋势，科学调整造林绿化树种和季节时间。坚持因地制宜、适地适树，提高乡土树种和混交林比例，增加耐火、耐旱（湿）、耐贫瘠、抗病虫、抗极温、抗盐碱等树种造林比例，合理配置造林树种和造林密度，优化造林模式，培育健康森林。尤其是旱区造林绿化，要宜乔则乔、宜灌则灌、宜草则草、乔灌草结合，加快植被恢复，努力构建适应性好、植被类型多样的森林生态系统。

（三）运用近自然经营理念，积极推进多功能近自然森林经营

借鉴运用近自然森林经营理念和技术，加快研究适应气候变化的森林培育方向和经营模式，推进森林可持续经营。制订森林经营计划要综合考虑未来气候变化情景，尤其是极端天气情况。针对纯林多、密度不尽合理、林分退化及服务功能脆弱等问题，要结合气候变化因素科学开展森林抚育经营，优化森林结构，提高林地生产力和森林质量及服务功能，增强森林抵御自然灾害和适应气候变化能力。

（四）加强林业灾害监测预警，不断提升适应性灾害管理水平

考虑气候变化因素，建立和完善森林火灾、林业有害生物灾害及沙尘暴监测体系，利用遥感等现代手段开展森林状况监测，提升预报预警能力。深化林业灾害发生规律研究，加强灾害风险评估，重点研究评估洪涝、干旱、雪灾、冻雨、台风等气象灾害和滑坡、泥石流等地质灾害的发生条件及对林业的影响。加强灾害防治基础设施和应急处置能力建设，做好物资、技术储备，采取先进管理模式，提升林业灾害防治水平，控制灾害影响范围，防止次生灾害发生，努力降低灾害引发的损失。

（五）加强自然保护区建设和管理，严格保护生态脆弱区和相关物种

加强林业自然保护区建设和适应性管理，建立自然保护区网络及物种迁徙走廊，加强典型森林生态系统和生态脆弱区保护。提高野生动物疫源疫病监测预警能力，加大重点物种保护力度，拯救极小种群，优先保护种群数量相对较少、分布范围狭窄、栖息地割裂或生境破坏严重的陆生野生动植物，提高气候变化情景下的重要物种和珍稀物种的适应能力。强化景观多样性保护，推进森林公园建设，保护自然生态系统的原真性和完整性，努力构建完整的生态保护网络。

（六）加大湿地恢复力度，努力提升湿地生态系统适应气候变化能力

实施湿地恢复工程，开展重点区域湿地恢复与综合治理，优化湿地生态系统结构，增加湿地面积、恢复湿地功能、增强湿地储碳能力。加强湿地资源监测，加大湿地生态系统生物多样性保护，推进湿地功能退化风险评估。提升湿地生态系统适应气候变化能力。

（七）加快沙区植被恢复，努力提升荒漠生态系统适应气候变化能力

运用生物措施和工程措施，推进京津风沙源治理工程和沙化土地封禁保护区建设，加大岩溶地区水土流失和石漠化治理。加强沙区物种保护，开展沙区植被状况和荒漠化动态监测，加快沙化土地植被恢复进程。通过治理，改良土壤条件，提高植被更新条件，增加林草植被覆盖，增强荒漠生态系统适应气候变化能力。

（八）强化林业适应气候变化科学研究

深入开展林业适应气候变化的敏感性及其风险评估，加强森林、湿地、荒漠生态系统对气候变化的响应和适应规律研究。推进对历史时期气候状况与森林灾害关系的研究。开发适用的森林生态系统脆弱性评估工具，促进地方使用。推进林业适应气候变化能力评价指标体系研发，研究提出适应对策。应用和推广符合中国国情的林业适应气候变化技术，构建适应技术体系。加强林业适应气候变化的政策措施、成本效益与适应效果评价研究，不断提高科技支撑政策决策的能力。

（九）深化林业适应气候变化国际合作

建设性参加国际气候谈判和 IPCC 报告的研究、编写和评估，把握林业适应气候变化国际进程和发展趋势。积极推进双边和多边林业适应气候变化广泛务实合作，开展多渠道、多层次、多样化交流。促进发达国家向发展中国家提供开展适应行动在资金、技术及能力建设方面的支持，利用国际资源推动国内林业适应行动。引导和支持国内外企业、民间机构、非政府组织开展林业适应气候变化技术交流，推进务实合作。

四 保障措施

（一）加强组织领导

各级林业主管部门要进一步提高对林业适应气候变化工作重要性和紧迫性的认识，将林业适应气候变化工作列入重要日程，加强组织领导，建立健全工作机制，落实责任单位。要加强部门合作，特别是要与发展改革、财政、气象等部门合作，形成林业适应行动的合力。各地要根据本地实际，制定具体的落实措施，确保本方案确定的林业适应行动扎实开展，取得实效。

（二）加大政策扶持

各级林业主管部门要把林业适应气候变化行动目标任务纳入“十三五”本级林业发展规划总体安排。要将林业适应与林业减缓工作有机结合，协同推进。要根据国家和地方规划，细化年度建设任务，制定分解落实方案，抓好贯彻执行和督导检查。要积极探索政策创新，完善多元投入机制，调动社会、企业和个人参与林业建设的积极性，努力构建林业适应气候变化政策保障体系。要推进建立服务林农林业灾害保险，探索调整支持灾害采伐政策。要多渠道筹集林业适应气候变化资金，保持资金投入的持续性和稳定性，确保适应工作经费需求。

（三）夯实基础能力

要加强森林火险预警体系和林业有害生物防控体系建设，加大森林防火道路、装备及林业有害生物测报站、检疫检查站等基础设施投入力度，为提高灾害处置能力提供基础保障。要开展森林、湿地、荒漠生态系统脆弱性评估所需数据和信息体系建设。

（四）加强宣传培训

要将适应列为林业应对气候变化培训重点，组织专题培训和研修，培养适应方面专门人才。要加大宣传力度，重点针对林业系统的干部职工开展气候变化相关知识普及和政策讲授，提高适应意识。要积极开展林业适应气候变化试点示范，总结推广试点经验。

生态扶贫工作方案[①]

为贯彻落实《中共中央　国务院关于打赢脱贫攻坚战的决定》，国务院《“十三五”脱贫攻坚规划》精神，充分发挥生态保护在精准扶贫、精准脱贫中的作用，切实做好生态扶贫工作，按照国务院扶贫开发领导小组统一部署，国家发展改革委、国家林业局、财政部、水利部、农业部、国务院扶贫办共同制定本工作方案。

一　准确把握生态扶贫工作总体要求

（一）指导思想

深入学习和全面贯彻党的十九大精神，深刻领会和认真落实习近平总书记关于脱贫攻坚的重要指示精神，坚决执行党中央、国务院的决策部署，牢固树立和践行绿水青山就是金山银山的理念，把精准扶贫、精准脱贫作为基本方略，坚持扶贫开发与生态保护并重，采取超常规举措，通过实施重大生态工程建设、加大生态补偿力度、大力发展生态产业、创新生态扶贫方式等，切实加大对贫困地区、贫困人口的支持力度，推动贫困地区扶贫开发与生态保护相协调、脱贫致富与可持续发展相促进，使贫困人口从生态保护与修复中得到更多实惠，实现脱贫攻坚与生态文明建设“双赢”。

① 资料来源：国家发展和改革委员会网站，http：//www. ndrc. gov. cn/gzdt/201801/t20180124_ 875024. html，2018 年 1 月 18 日。

（二）基本原则

坚持中央统筹、地方负责。实行中央统筹、省负总责、市县抓落实的工作机制。中央有关部门负责制定政策，明确工作部署，强化考核监督。省级政府有关部门负责完善政策措施，加强协调配合。市县级政府有关部门负责做好本行政区域内的生态扶贫各项工作，确保政策措施落到实处。

坚持政府引导、主体多元。创新体制机制，广泛动员各方面力量共同参与生态扶贫工作，拓宽社会力量扶贫渠道，形成社会合力。充分调动贫困地区广大群众保护修复家乡生态环境的积极性、主动性、创造性，发扬自强自立、艰苦奋斗精神，依靠自身努力改变贫困落后面貌。

坚持因地制宜、科学发展。协调好扶贫开发与生态保护的关系，把尊重自然、顺应自然、保护自然融入生态扶贫工作全过程。进一步处理好短期扶贫与长期发展的关系，着眼长远，立足当前，综合考虑自然资源禀赋、承载能力、地方特色、区域经济社会发展水平等因素，合理确定生态扶贫工作思路，统筹推进脱贫攻坚与绿色发展。

坚持精准施策、提高实效。精确瞄准 14 个集中连片特困地区的片区县、片区外国家扶贫开发工作重点县和建档立卡贫困户，突出深度贫困地区，坚持问题导向和目标导向，聚焦贫困人口脱贫，加强脱贫政策衔接，有针对性地制定和实施生态扶贫政策措施，确保生态扶贫工作取得实效。

二 生态扶贫工作目标

到 2020 年，贫困人口通过参与生态保护、生态修复工程建设和发展生态产业，收入水平明显提升，生产生活条件明显改善。贫困地区生态环境有效改善，生态产品供给能力增强，生态保护补偿水平与经济社会发展状况相适应，可持续发展能力进一步提升。力争组建 1.2 万个生态建设扶贫专业合作社（其中造林合作社（队）1 万个、草牧业合作社 2000 个），吸纳 10 万贫困人口参与生态工程建设；新增生态管护员岗位40万个（其中生态护林员30万个、草原管护员10万个）；通过大力发展生态产业，带动约1500万贫困人口增收。

三 通过多种途径助力贫困人口脱贫

（一）通过参与工程建设获取劳务报酬

推广扶贫攻坚造林专业合作社、村民自建等模式，采取以工代赈等方式，组织贫困人口参与生态工程建设，提高贫困人口参与度。政府投资实施的重大生态工程，必须吸纳一定比例具有劳动能力的贫困人口参与工程建设，支付贫困人口合理的劳务报酬，增加贫困人口收入。

（二）通过生态公益性岗位得到稳定的工资性收入

支持在贫困县设立生态管护员工作岗位，以森林、草原、湿地、沙化土地管护为重点，让能胜任岗位要求的贫困人口参加生态管护工作，实现家门口脱贫。在贫困县域内的国家公园、自然保护区、森林公园和湿地公园等，优先安排有劳动能力的贫困人口参与服务和管理。在加强贫困地区生态保护的同时，精准带动贫困人口稳定增收脱贫。

（三）通过生态产业发展增加经营性收入和财产性收入

在加强保护的前提下，充分利用贫困地区生态资源优势，结合现有工程，大力发展生态旅游、特色林产业、特色种养业等生态产业，通过土地流转、入股分红、合作经营、劳动就业、自主创业等方式，建立利益联结机制，完善收益分配制度，增加资产收益，拓宽贫困人口增收渠道。在同等质量标准条件下，优先采购建档立卡贫困户的林草种子、种苗，增加贫困户经营性收入。

（四）通过生态保护补偿等政策增加转移性收入

在安排退耕还林还草补助、草原生态保护等补助资金时，优先支持有需求、符合条件的贫困人口，使贫困人口获得补助收入。

四 全力推进各项任务实施

（一）加强重大生态工程建设

加强贫困地区生态保护与修复，在各类重大生态工程项目和资金安排上进一步向贫困地区倾斜。组织动员贫困人口参与重大生态工程建设，提高贫困人口受益程度。

1. 退耕还林还草工程

调整贫困地区25度以上陡坡耕地基本农田保有指标，加大贫困地区新一轮退耕还林还草力度。将新增退耕还林还草任务向中西部22个省（区、市）倾斜，省（区、市）要优先支持有需求的贫困县，特别是深度贫困地区。各贫困县要优先安排给符合条件的贫困人口。在树种、草种选择上，指导贫困户发展具有较好经济效益且适应当地种植条件的经济林种、草种，促使贫困户得到长期稳定收益，巩固脱贫成果。确保2020年底前，贫困县符合现行退耕政策且有退耕意愿的耕地全部完成退耕还林还草。

2. 退牧还草工程

在内蒙古、陕西、宁夏、新疆、甘肃、四川、云南、青海、西藏、贵州等省区及新疆生产建设兵团符合条件的贫困县实施退牧还草工程，根据退牧还草工程区贫困农牧民需求，在具备条件的县适当增加舍饲棚圈和人工饲草地年度任务规模。

3. 青海三江源生态保护和建设二期工程

深入推进三江源地区森林、草原、荒漠、湿地与湖泊生态系统保护和建设，加大黑土滩等退化草地治理，完成黑土滩治理面积220万亩，有效提高草地生产力。为从事畜牧业生产的牧户配套建设牲畜暖棚和贮草棚，改善生产条件。通过发展高原生态有机畜牧业，促进牧民增收。

4. 京津风沙源治理工程

推进工程范围内53个贫困县（旗）的林草植被保护修复和重点区域沙化土地治理，提高现有植被质量和覆盖率，遏制局部区域流沙侵蚀，安排营造林315万亩、工程固沙6万亩，吸纳贫困人口参与工程建设。

5. 天然林资源保护工程

以长江上游、黄河上中游为重点，加大对贫困地区天然林资源保护工程建设支持力度。支持依法通过购买服务开展公益林管护，为贫困人口创造更多的就业机会。

6. 三北等防护林体系建设工程

优先安排三北、长江、珠江、沿海、太行山等防护林体系建设工程范围内226个贫困县的建设任务，加大森林经营力度，推进退化林修复，完成营造林1000万亩。加强国家储备林建设，积极利用金融等社会资本，重点在南方光热水土条件较好、森林资源较为丰富、集中连片贫困区域，发展1000万亩国家储备林。

7. 水土保持重点工程

加大长江和黄河上中游、西南岩溶区、东北黑土区等重点区域水土流失治理力度，对纳入相关规划的水土流失严重贫困县，加大政策和项目倾斜力度，加快推进坡耕地、侵蚀沟治理和小流域综合治理。在综合治理水土流失的同时，培育经济林果和特色产业，实施生态修复，促进项目区生态经济良性循环，改善项目区农业生产生活条件。

8. 石漠化综合治理工程

坚持“治石与治贫”相结合，重点支持滇桂黔石漠化区、滇西边境山区、乌蒙山区和武陵山区等贫困地区146个重点县的石漠化治理工程，采取封山育林育草、人工造林、森林抚育、小流域综合治理等多种措施，完成岩溶治理面积1.8万平方公里。

9. 沙化土地封禁保护区建设工程

在内蒙古、西藏、陕西、甘肃、青海、宁夏、新疆等省（区）及新疆生产建设兵团的贫困地区推进沙化土地封禁保护区建设，优先将贫困县498万亩适宜沙地纳入工程范围，实行严格的封禁保护。加大深度贫困地区全国防沙治沙综合示范区建设，提升贫困地区防风固沙能力。

10. 湿地保护与恢复工程

在贫困地区的国际重要湿地、国家级湿地自然保护区，实施一批湿地保护修复重大工程，提升贫困地区涵养水源、蓄洪防涝、净化水质的能力。支持贫困县实施湿地保护与恢复、湿地生态效益补偿、退耕还湿试点等项目，完善湿地保护体系。

11. 农牧交错带已垦草原综合治理工程

统筹推进农牧交错带已垦草原治理工程，加大向贫困地区倾斜力度，通过发展人工种草，提高治理区植被覆盖率，建设旱作优质饲草基地，结合饲草播种、加工机械的农机购置补贴，引导和支持贫困地区发展草食畜牧业，在实现草原生态恢复的同时，促进畜牧业提质增效。

（二）加大生态保护补偿力度

不断完善转移支付制度，探索建立多元化生态保护补偿机制，逐步扩大贫困地区和贫困人口生态补偿受益程度。

1. 增加重点生态功能区转移支付

中央财政加大对国家重点生态功能区中的贫困县，特别是“三区三州”等深度贫困地区的转移支付力度，扩大政策实施范围，完善补助办法，逐步加大对重点生态功能区生态保护与恢复的支持力度。

2. 不断完善森林生态效益补偿补助机制

健全各级财政森林生态效益补偿补助标准动态调整机制，调动森林保护相关利益主体的积极性，完善森林生态效益补偿补助政策，推动补偿标准更加科学合理。抓好森林生态效益补偿资金监管，保障贫困群众的切身利益。

3. 实施新一轮草原生态保护补助奖励政策

在内蒙古、西藏、新疆、青海、四川、甘肃、云南、宁夏、黑龙江、吉林、辽宁、河北、山西和新疆生产建设兵团的牧区半牧区县实施草原生态保护补助奖励政策，及时足额向牧民发放禁牧补助和草畜平衡奖励资金。

4. 开展生态综合补偿试点

以国家重点生态功能区中的贫困县为主体，整合转移支付、横向补偿和市场化补偿等渠道资金，结合当地实际建立生态综合补偿制度，健全有效的监测评估考核体系，把生态补偿资金支付与生态保护成效紧密结合起来，让贫困地区农牧民在参与生态保护中获得应有的补偿。

（三）大力发展生态产业

依托和发挥贫困地区生态资源禀赋优势，选择与生态保护紧密结合、市场相对稳定的特色产业，将资源优势有效转化为产业优势、经济优势。支持贫困地区创建特色农产品优势区，在国家级特优区评定时，对脱贫攻坚任务重、带动农民增收效果突出的贫困地区适当倾斜。引导贫困县拓宽投融资渠道，落实资金整合政策，强化金融保险服务，着力提高特色产业抗风险能力。培育壮大生态产业，促进第一、第二和第三产业融合发展，通过入股分红、订单帮扶、合作经营、劳动就业等多种形式，建立产业化龙头企业、新型经营主体与贫困人口的紧密利益联结机制，拓宽贫困人口增收渠道。

1. 发展生态旅游业

健全生态旅游开发与生态资源保护衔接机制，加大生态旅游扶贫的指导和扶持力度，依法加强自然保护区、森林公园、湿地公园、沙漠公园、草原等旅游配套设施建设，完善生态旅游行业标准，建立健全消防安全、环境保护等监管规范。积极打造多元化的生态旅游产品，推进生态与旅游、教育、文化、康养等产业深度融合，大力发展生态旅游体验、生态科考、生态康养等，倡导智慧旅游、低碳旅游。引导贫困人口由分散的个体经营向规模化经营发展，为贫困人口兴办森林（草原）人家、从事土特产销售和运输提供便利服务。扩大与旅游相关的种植业、养殖业和手工业发展，促进贫困人口脱贫增收。在贫困地区打造具有较高知名度的50处精品森林旅游地、20条精品森林旅游线路、30个森林特色小镇、10处全国森林体验和森林养生试点基地等，依托森林旅游实现增收的贫困人口数量达到65万户、200万人。

2. 发展特色林产业

在保证生态效益的前提下，积极发展适合在贫困地区种植、市场需求旺盛、经济价值较高的木本油料、特色林果、速丰林、竹藤、花卉等产业。建设林特产品标准化生产基地，推广标准化生产技术，促进特色林产业提质增效，因地制宜发展贫困地区区域特色林产业，做大产业规模，加强专业化经营管理。以发展具有地方和民族特点的林特产品初加工和精深加工为重点，延长产业链，完善仓储物流设施，提升综合效益。充分发挥品牌引领作用，支持龙头企业发展企业品牌，提高特色品牌的知名度和美誉度，扩大消费市场容量。为深度贫困地区特色林产品搭建展销平台，充分利用电商平台、线上线下融合、“互联网+”等各种新兴手段，加大林特产品市场推介力度。

3. 发展特色种养业

立足资源环境承载力，充分发挥贫困地区湖泊水库、森林、草原等生态资源优势，积极发展林下经济，推进农林复合经营。大力发展林下中药材、特色经济作物、野生动植物繁（培）育利用、林下养殖、高产饲草种植、草食畜牧业、特色水产养殖业等产业，积极推进种养结合，促进循环发展。加快发展农林产品加工业，积极发展农产品电子商务，打造一批各具特色的种养业示范基地，形成“龙头企业+专业合作组织+基地+贫困户”的生产经营格局，积极引导贫困人口参与特色种养业发展。

（四）创新对贫困地区的支持方式

1. 开展生态搬迁试点

结合建立国家公园体制，多渠道筹措资金，对居住在生态核心区的居民实施生态搬迁，恢复迁出区原始生态环境，帮助贫困群众稳定脱贫。按照“先行试点、逐步推开”的原则，在祁连山国家公园体制试点（甘肃片区）核心保护区先行开展生态搬迁试点，支持搬迁群众安置住房建设（购买）、后续产业发展和转移就业安排、迁出区生态保护修复等。在及时总结可复制可推广经验做法基础上采取“一事一议”

的办法稳步推开。

2. 创新资源利用方式

推进森林资源有序流转，推广经济林木所有权、林地经营权等新型林权抵押贷款改革，拓宽贫困人口增收渠道。地方可自主探索通过赎买、置换等方式，将国家级和省级自然保护区、国家森林公园等重点生态区范围内禁采伐的非国有商品林调整为公益林，实现社会得绿，贫困人口得利。推进贫困地区农村集体产权制度改革，保障农民财产权益，将贫困地区符合条件的农村土地资源、集体所有森林资源，通过多种方式转变为企业、合作社或其他经济组织的股权，推动贫困村资产股份化、土地使用权股权化，盘活农村资源资产资金。

3. 推广生态脱贫成功样板

积极探索通过生态保护、生态修复、生态搬迁、生态产业发展、生态乡村建设带动贫困人口精准脱贫增收的模式，研究深度贫困地区生态脱贫组织形式、利益联结机制、多业增收等措施和政策，及时总结提炼好的经验模式，打造深度贫困地区生态脱贫样板，积极推广好经验、好做法，在脱贫攻坚中更好地保护生态环境，帮助贫困群众实现稳定脱贫。

4. 规范管理生态管护岗位

研究制定生态管护员制度，规范生态管护员的选聘程序、管护范围、工作职责、权利义务等，加强队伍建设，提升生态资源管护能力。加强生态管护员上岗培训，提升业务水平和安全意识。逐步加大贫困人口生态管护员选聘规模，重点向深度贫困地区、重点生态功能区及大江大河源头倾斜。坚持强化“县建、乡管、村用”的管理机制，对贫困程度较深、少数民族、退伍军人家庭优先考虑。

5. 探索碳交易补偿方式

结合全国碳排放权交易市场建设，积极推动清洁发展机制和温室气体自愿减排交易机制改革，研究支持林业碳汇项目获取碳减排补偿，加大对贫困地区的支持力度。

五 制定切实可行的保障措施

（一）层层落实责任

国家发展改革委、国家林业局、财政部、农业部、水利部、国务院扶贫办等部门按照职责分工，加强指导和支持，强化沟通协作，统筹推进生态扶贫各项工作，形成共商共促生态扶贫工作合力。地方政府有关部门要细化落实《生态扶贫工作方案》，将生态扶贫作为重点工作纳入年度工作计划，制定出台年度工作要点，对各项任务进行项目化、责任化分解，逐项明确责任单位、责任人、时间进度。要把生态扶贫工作作为重点工作进行部署安排，一级抓一级，层层传导责任和压力，形成生态扶贫责任体系。

（二）加大投入力度

各类涉及民生的专项转移支付资金、中央预算内投资要进一步向贫困地区和贫困人口倾斜。以生态扶贫为主要脱贫攻坚措施的地方要积极调整和优化财政支出结构，统筹整合各渠道资金，切实把生态扶贫作为优先保障重点。创新政府性资金投入方式，规范运用政府与社会资本合作等模式，撬动更多资源投向生态扶贫。优先安排深度贫困地区的生态扶贫任务，在新增资金、新增项目、新增举措、惠民项目、涉农资金整合、财政转移支付、金融投入、资本市场、保险机构、建设用地指标等方面加大对深度贫困地区的支持力度。

（三）加强技术培训

积极组织技术专家深入贫困地区开展精准帮扶活动，加大对生态产业经营大户、合作社和企业的技术指导，在贫困地区培养一批活跃在贫困人口身边的“看得见、问得着、留得住”的乡土专家和技术能手。加大对基层生态扶贫工作人员和贫困户的培训力度，提高基层生态扶贫工作人员的能耐，提升贫困人口自我发展能力、市场意识和风险防控能力。

（四）强化监督管理

建立生态扶贫工作动态管理和监督制度，统筹做好组织实施、日常调度、跟踪检查工作，对年度重点工作实行台账管理、定期调度，将工作情况作为对各地脱贫攻坚成效考核的参考依据。对落实不力、进度滞后的进行挂牌督办，对真抓实干、成效明显的给予表扬激励，确保工作方案顺利推进。对生态扶贫资金监管实行“零容忍”，完善使用管理办法，加大审计、检查、约谈力度，发现问题要严肃查处、严厉问责，确保资金在阳光下运行，切实保障贫困群众利益。

后　记

本书系在我主持的国家社会科学基金一般项目“推进西南民族地区森林碳汇扶贫的政策研究”（项目批准号为15BJY093）研究报告基础上形成的专著。在此，首先要感谢国家社会科学基金的资助和四川省社科规划办的大力支持。

全球气候变暖给人类生存、社会经济发展带来了重大影响，直接或间接加剧贫困。在世界各国共同应对气候变化和贫困这两个全球性重大挑战，中国大力实施精准扶贫精准脱贫、乡村振兴战略和推进生态文明建设等之际，将课题研究成果付梓成书，以期能够为关注、关心、参与和推动森林碳汇扶贫研究和实践的人们，更好地在中国落实《巴黎协定》，在积极参与和引领世界应对气候变化的进程中，推动森林碳汇更多地惠及贫困地区的贫困人口提供参考与启发，为中国乃至世界实现应对气候变化和减贫的双赢尽绵薄之力。

本课题的研究得到了众多人士和机构的悉心指导、无私帮助和倾力支持。包括但不限于中国国际扶贫中心黄承伟研究员，中国人民大学汪三贵教授，北京师范大学张琦教授，西南林业大学董文渊教授，四川大学陈勇教授，四川省社会科学院杜受祜、郭晓鸣、张克俊研究员，西南财经大学徐承红教授，美国路易斯安那州立大学 Krishna P. Paudel 教授，四川省林业和草原局包建华副局长、骆建国总工程师、周古鹏和任童伟处长，四川省科技厅景世刚副厅长、蔡红处长，四川省农村科技发展中心主任王敬东研究员，四川省扶贫和移民工作局刘维嘉副局长、张兵和薛兵处长，云南省腾冲市姜雪梅副市长、林业局谢武副局长，西双版纳傣族自治州林业局张勇、赵燕副局长，凉山彝族自治州林业和草原局杨利民副局长，四川省大渡河造林局邓林局长、苏贤文副局长和梁秀清、王怀品、龚巧媛同志，四川省绿化基金会凌林秘书长和唐才富高级工程师，四川大自然保护协会赵铭石博士，以及云南勐象竹业有限公司，贵州省扎佐林场，四川凉山彝族自治州越西县、美姑县、雷波县、昭觉县、甘洛县和越西申果庄、甘洛马鞍山、雷波麻咪泽三个自然保护区，四川阿坝藏族羌族自治州理县、茂县和绵阳市平武县等的领导和工作人员，在此一并诚挚致谢。借此机会，还要感谢我所在的团队——西南减贫与发展研究中心师生在课题入户调研、资料收集、数据处理和报告撰写等过程中付出的汗水和艰辛。而最需要感谢的当属我们的重点研究对象，那些在边远贫困山区营造、管护和支持碳汇林建设的当地社区农户，在生计资源非常有限的情况下，为了全人类的未来，把土地、人力和时间都贡献出来。正因如此，我们有义务，更有责任，通过扎实客观的研究和实践，让他们更加有效地参与到全球气候变化治理的主体中来，并公平合理地分享参与收益。

本书在撰写过程中，尽最大努力将所参考的文献资料陈列在每页下方，以表达对原作者所做工作的敬意和感谢，但其中遗漏可能难以避免，由此造成的不当之处，敬请原作者予以谅解。尽管我们试图将自己的作品打造成精品，但由于学识和水平有限，疏漏和欠缺在所难免，敬请读者批评指正。本书的出版得到了社会科学文献出版社的大力支持，在此特别感谢陈凤玲女士、田康先生为本书的出版所付出的辛苦工作。

从项目批准立项、完成研究报告，到成书出版，项目组全体人员召开了多次研讨会，对研究思路、技术路线、研究难点、调研提纲、问卷设计、理论框架、章节大纲等进行了深入讨论乃至争论，它是一项集体劳动、协作攻关的成果。本专著各章节的主要写作分工及其修订完善如下：曾维忠负责第一章、第二章、第十四章、第十五章；杨帆负责第六章、第九章、第十章、第十二章；庄天慧负责第三章、第四章、第五章；杨浩负责第八章、第十一章；程荣竺负责第十六章、第十七章；龚荣发负责第七章、第十三章。除此之外，参与本项目研究和写作的人员还有：傅新红、漆雁斌、戴小文、黄成毅、张海霞、何勇、邱玲玲、胡原、成蓥、曾梦双、黄婉婷、刘胜、曾圣丰、张维康等。在各章节写作基础上，由曾维忠、杨帆对最终成果转化的专著全稿进行了补充、修订和润色。

森林碳汇扶贫是全球气候变化研究、森林碳汇研究、生态补偿研究、扶贫研究等多领域研究的交叉命题与实践前沿课题。课题研究工作不仅面临森林碳汇本身尚处于试点与探索阶段，课题组对森林碳汇扶贫认知和实践不足导致研究典型性不够的困难，而且面临西南少数民族地区农户居住分散、语言沟通障碍、交通不便、调研成本高等诸多困难。纵然如此，我们的研究依然得到了顺利推进，取得了初步成果，这是最令我感到欣慰的。对此，我们始终认为，强化森林碳汇扶贫功能，不仅是提升森林碳汇市场吸引力、降低森林碳汇产业发展不确定性的客观要求，也是降低项目交易成本和实践风险，赢得项目社区农户广泛合作、长期支持，确保森林碳汇项目可持续经营的重要保障。我们始终坚信，虽然世界各国应对气候变化挑战的立场和具体举措存在分歧，2016 年签署的《巴黎协定》也并不完美，但是人类合作应对气候变化、保护我们赖以生存的地球家园这一大的趋势不会改变。这既是森林碳汇扶贫理论研究与实践工作的重大契机，也是严峻挑战。我们将继续和各界同道并肩前行，并期望能抛砖引玉，有更多的成果问世，更好地推动应对气候变化与扶贫的双赢。在此，谨将此书献给所有为全球气候变化治理和减贫事业辛勤工作、默默付出的人们！

曾维忠

2019 年 6 月于成都

图书在版编目（CIP）数据

森林碳汇扶贫：理论、实证与政策 / 曾维忠，杨帆著. -- 北京：社会科学文献出版社，2019.12

ISBN 978-7-5201-5707-0

Ⅰ.①森… Ⅱ.①曾… ②杨… Ⅲ.①森林-二氧化碳-资源管理-研究-中国②扶贫-研究-中国 Ⅳ.①S718.5②F126

中国版本图书馆 CIP 数据核字（2019）第 216329 号

森林碳汇扶贫：理论、实证与政策

著　　者 / 曾维忠　杨　帆

出 版 人 / 谢寿光
组稿编辑 / 陈凤玲　田　康
责任编辑 / 田　康
文稿编辑 / 王红平

出　　版 / 社会科学文献出版社 · 经济与管理分社（010）59367226
地址：北京市北三环中路甲 29 号院华龙大厦　邮编：100029
网址：www.ssap.com.cn
发　　行 / 市场营销中心（010）59367081　59367083
印　　装 / 三河市东方印刷有限公司

规　　格 / 开　本：787mm × 1092mm　1/16
印　张：23.5　字　数：337 千字
版　　次 / 2019 年 12 月第 1 版　2019 年 12 月第 1 次印刷
书　　号 / ISBN 978-7-5201-5707-0
定　　价 / 128.00 元